U0193742

"十三五"国家重点出版物出版规划项目

国家出版基金项目
NATIONAL PUBLICATION FOUNDATION

中国生态环境演变与评估

环渤海沿海地区
生态环境评估

卫 伟 汪东川 陈利顶 等 著

科学出版社
北京

内 容 简 介

本书依托"全国生态环境十年变化遥感调查与评估"项目，基于遥感、地理信息系统、数理统计等基本手段，集成地面调查、统计年鉴和定位监测数据，系统阐述了社会经济高速发展和城市化不断加快背景下，环渤海沿海地区生态系统格局、资源开发强度、生态承载力、生态环境质量、生态环境胁迫的十年变化规律，从人口、土地、产业、围填海、交通运输等诸多方面分析了人类活动的动态足迹，并结合典型案例，在探讨区域土地利用政策和资源开发对生态用地流失和环境污染的影响基础上，提出生态保护的相关建议、对策及其实现途径。

本书可作为景观生态学、自然地理学、资源与环境科学领域的研究生和本科生参考用书，也适合该领域的专家学者和管理人员参阅。

图书在版编目（CIP）数据

环渤海沿海地区生态环境评估／卫伟等著．—北京：科学出版社，2017. 1
（中国生态环境演变与评估）

"十三五"国家重点出版物出版规划项目　国家出版基金项目
ISBN 978-7-03-050447-0

Ⅰ.①环… Ⅱ.①卫… Ⅲ.①环渤海经济圈-沿海-环境生态评价
Ⅳ.①X145②X826

中国版本图书馆 CIP 数据核字（2016）第 264504 号

责任编辑：李　敏　张　菊　杨逢渤／责任校对：张凤琴
责任印制：肖　兴／封面设计：黄华斌

科 学 出 版 社　出版
北京东黄城根北街 16 号
邮政编码：100717
http://www.sciencep.com

中国科学院印刷厂　印刷
科学出版社发行　各地新华书店经销
*
2017 年 1 月第 一 版　开本：787×1092　1/16
2017 年 1 月第一次印刷　印张：18 3/4
字数：500 000
定价：176.00 元
（如有印装质量问题，我社负责调换）

总　　序

　　我国国土辽阔，地形复杂，生物多样性丰富，拥有森林、草地、湿地、荒漠、海洋、农田和城市等各类生态系统，为中华民族繁衍、华夏文明昌盛与传承提供了支撑。但长期的开发历史、巨大的人口压力和脆弱的生态环境条件，导致我国生态系统退化严重，生态服务功能下降，生态安全受到严重威胁。尤其 2000 年以来，我国经济与城镇化快速的发展、高强度的资源开发、严重的自然灾害等给生态环境带来前所未有的冲击：2010 年提前 10 年实现 GDP 比 2000 年翻两番的目标；实施了三峡工程、青藏铁路、南水北调等一大批大型建设工程；发生了南方冰雪冻害、汶川大地震、西南大旱、玉树地震、南方洪涝、松花江洪水、舟曲特大山洪泥石流等一系列重大自然灾害事件，对我国生态系统造成巨大的影响。同时，2000 年以来，我国生态保护与建设力度加大，规模巨大，先后启动了天然林保护、退耕还林还草、退田还湖等一系列生态保护与建设工程。进入 21 世纪以来，我国生态环境状况与趋势如何以及生态安全面临怎样的挑战，是建设生态文明与经济社会发展所迫切需要明确的重要科学问题。经国务院批准，环境保护部、中国科学院于 2012 年 1 月联合启动了"全国生态环境十年变化（2000—2010 年）调查评估"工作，旨在全面认识我国生态环境状况，揭示我国生态系统格局、生态系统质量、生态系统服务功能、生态环境问题及其变化趋势和原因，研究提出新时期我国生态环境保护的对策，为我国生态文明建设与生态保护工作提供系统、可靠的科学依据。简言之，就是"摸清家底，发现问题，找出原因，提出对策"。

　　"全国生态环境十年变化（2000—2010 年）调查评估"工作历时 3 年，经过 139 个单位、3000 余名专业科技人员的共同努力，取得了丰硕成果：建立了"天地一体化"生态系统调查技术体系，获取了高精度的全国生态系统类型数据；建立了基于遥感数据的生态系统分类体系，为全国和区域生态系统评估奠定了基础；构建了生态系统"格局-质量-功能-问题-胁迫"评估框架与技术体系，推动了我国区域生态系统评估工作；揭示了全国生态环境十年变化时空特征，为我国生态保护与建设提供了科学支撑。项目成果已应用于国家与地方生态文明建设规划、全国生态功能区划修编、重点生态功能区调整、国家生态保护红线框架规划，以及国家与地方生态保护、城市与区域发展规划和生态保护政策的制定，并为国家与各地区社会经济发展"十三五"规划、京津冀交通一体化发展生态保护规划、京津冀协同发展生态环境保护规划等重要区域发展规划提供了重要技术支撑。此外，项目建立的多尺度大规模生态环境遥感调查技术体系等成果，直接推动了国家级和省级自然保护区人类活动监管、生物多样性保护优先区监管、全国生态资产核算、矿产资源开发监管、海岸带变化遥感监测等十余项新型遥感监测业务的发展，显著提升了我国生态环境保护管理决策的能力和水平。

《中国生态环境演变与评估》丛书系统地展示了"全国生态环境十年变化（2000—2010年）调查评估"的主要成果，包括：全国生态系统格局、生态系统服务功能、生态环境问题特征及其变化，以及长江、黄河、海河、辽河、珠江等重点流域，国家生态屏障区，典型城市群，五大经济区等主要区域的生态环境状况及变化评估。丛书的出版，将为全面认识国家和典型区域的生态环境现状及其变化趋势、推动我国生态文明建设提供科学支撑。

因丛书覆盖面广、涉及学科领域多，加上作者水平有限等原因，丛书中可能存在许多不足和谬误，敬请读者批评指正。

《中国生态环境演变与评估》丛书编委会

2016 年 9 月

前　言

　　以城市化为核心代表的全球变化及其区域响应是当前国际研究的热点。据联合国预测，2030 年全球城市人口将突破 50 亿，从而使得 2/3 的世界人口居住在都市，且其增长源头主要集中在发展中国家。城市化进程在带动区域社会经济发展的同时，难以避免会对土地资源、产业结构和资源环境带来持续干扰和影响，处理不好必将严重损害区域生态安全和人类福祉的可持续性。以我国为例，高速发展的经济水平和快速增加的城市人口对资源环境提出了更高的要求，而长期粗放、掠夺式的发展模式已使生境不堪重负，严重损害土壤、大气、水和生态系统的健康安全，而相关保护工作亟待加强，任重道远。系统评估区域生态环境变化趋势，摸清家底、找出问题，是开展针对性保护的关键一环。

　　环渤海沿海地区，地处我国北方核心地带，也是未来华北地区城市建设和经济发展的重点开发区。其突出特点是工业发达、生态负荷严峻、人地矛盾突出，已成为区域可持续发展的瓶颈和短板。而生态安全对于社会经济的长期稳定健康发展和城乡居民福祉具有重要支撑作用，也是确保我国未来生态环境质量总体趋好的关键。因此，进一步加强重点区域生态退化特点及其与人类活动关系研究，剖析生态保护中存在的突出问题并给予对策指导，对于促进区域人地关系和谐、产业有序开发和资源环境协调发展、持续增进人类健康福祉都有重要的科学价值和现实意义。

　　在此背景下，本书依托"全国生态环境十年变化遥感调查与评估"项目资助，基于遥感、地理信息系统、数理统计分析等基本手段，结合地面调查、统计年鉴和定位监测数据分析，经多位同仁团结协作编写而成。本书系统揭示了 2000～2010 年环渤海沿海重点地区生态系统格局、资源开发强度、生态承载力、生态环境质量、生态环境胁迫等方面的十年变化规律，在探讨区域土地利用政策、产业发展和资源开发对生态环境影响的基础上，提出生态保护的相关建议、对策及其实现途径。

　　全书共有十一章内容。第 1 章主要介绍了研究区的自然地理和社会经济概况，并重点阐述了该地区所处的战略地位及其重要研究价值（由卫伟和汪东川撰写）；第 2 章在科学划分生态系统类型的基础上，定量评估了该地区生态系统格局的时空演变特征和趋势（由汪东川和卫伟撰写）；第 3 章探讨了社会经济高速发展和城市化背景下，生态环境质量的变化特征（主要由王德和汪东川撰写）；第 4 章从产业、土地、经济、围填海、交通运输等多个角度分析了人类活动强度及其动态变化特征（由汪东川和张利辉撰写）；第 5 章定量评估了区域生态承载力时空变异特征及其动态轨迹（由卫伟和肖鲁湘撰写）；第 6 章基于人口密度、大气、水、固体废弃物等污染特征刻画了区域生态环境的胁迫效应及其变化过程（由汪东川和陈文刚撰写）；第 7 章深入探讨了区域资源开发与产业发展对生态用地流失和环境污染的影响（由肖鲁湘、陈文刚和桑梦琴撰写）；第 8 章至第 10 章是典型区域的案例分析（由侯光辉、张贞、卫伟和汪东川撰写）；第 11 章由卫伟和汪东川撰写。部分研究生参与了本书的前期工作和书稿章节撰写。全书由卫伟、汪东川和陈利顶统稿，书稿框架设计与内容审核由陈利顶研究员完成。

我们希望本书可以抛砖引玉，暨以进一步推动并深化我国城市化建设过程中的生态保护相关研究。本书的出版可为从事城市规划、景观生态、自然地理、生态保育和环境保护的教学与科技工作者提供参考，也可为相关地区国土、林业和环境保护部门的管理者和决策者提供参考。但限于作者水平和时间，本书难免有不足和缺憾之处，敬请读者批评赐教。

卫伟

2016 年北京

目　　录

第1章 环渤海沿海地区概况

本章重点介绍了环渤海沿海地区的自然环境概况、社会经济与人类活动以及该地区存在的突出生态环境问题。自然环境概况主要从区位、地形地貌、气候、水文、土地利用、资源优势等几个方面阐述；社会经济与人类活动从人口、经济、城市化、开发区建设、围填海等几个方面展开。通过综合分析，指出了研究区存在的突出生态环境问题，主要包括：海水入侵/土壤盐渍化，湿地退化，水体污染/富营养化，海洋环境污染加剧，近岸海域渔业资源衰竭以及围填海工程加剧所导致的自然海岸带锐减六大突出问题。

1.1 自然环境概况

1.1.1 区位优势

渤海深入华北平原，状如豆荚，是我国唯一的半封闭型内海（崔正国，2008），毗邻我国大陆边缘面向太平洋的四大海域之一。它三面与大陆相邻，被辽东半岛、山东半岛和华北大平原"C"字形所环抱，是我国东北地区、华北地区、西北和华东部分地区的主要出海口。渤海通过渤海海峡与黄海相通，海峡口宽59海里[①]，是京津地区的海上门户，地势极为险要。东北三省及内蒙古东四盟的农牧产品和石油等、西北地区的煤炭和皮毛等、华北地区的石油、轻纺产品等，甚至青海、新疆等地的货物都要经过渤海海峡运往世界各地（王慧，2013）。

鉴于渤海本身的属性及其区域位置的极端重要性，早在党的"十四大"，就已提出要加快环渤海沿海地区的开发和开放的战略部署，并将该地区列为全国开发开放的一个重点区域，从而正式确立了"环渤海沿海经济区"的概念，并对其进行了单独的区域规划。区域间经济合作的加强，横向联合，优势互补为环渤海沿海地区开拓了广阔的发展空间。环渤海地区国民经济都取得了较快发展，特别是环渤海沿海地区，如今已成为中国北方经济发展的"引擎"，被经济学家誉为继珠江三角洲、长江三角洲之后的中国经济第三个"增长极"（曲明哲和邢军伟，2010；汪东川，2013；孙才志等，2014；赵东霞等，2015）。进入21世纪以来，特别是在2014年，京津冀协同发展战略上升为国家战略，逐步实现京津冀优势互补、促进环渤海经济区发展，将环渤海沿海地区的重要性更加突出地显示出来。

---

① 1海里=1.852km，下同。

本文以"环渤海沿海地区"为核心研究区,整个地区中仍以第二产业为主,其中重工业比例较大,包括冶金、石化、能源、装备等产业。由于经济发展所依托的特定工业布局,在经济迅速增长的同时,环渤海沿海地区生态资源环境压力更趋增大,生态环境保护尤为重要,其生态环境的好坏直接影响我国北方大部分地区未来生态安全总体水平,决定区域环境质量演变趋势。

与此同时,环渤海沿海地区港口众多,是我国最为密集的港口群。环渤海沿海地区处于东北亚经济圈的中心地带。向南,它联系着长江三角洲、珠江三角洲、港澳台地区和东南亚各国;向东,它沟通韩国和日本;向北,它联结着蒙古国和俄罗斯远东地区。作为中国交通网络最为密集的区域之一,该地区是我国海运、公路、铁路、航空以及通信网络的枢纽地带,形成了以港口为中心、陆海空为一体的立体交通网络,成为沟通东北、西北和华北经济和进入国际市场的重要集散地。这种独特的地缘优势,为环渤海沿海地区经济的快速发展、开展国内外多领域的合作交流提供了有利的环境条件,同时也正是由于该地区人口稠密、交流频繁,经济活动活跃,其生态环境质量是否能得到保障极为重要和敏感。

本文主要立足于该地区生态环境最敏感的区域——环渤海沿海各个地级市辖区,主要包括大连、营口、盘锦、锦州、葫芦岛、秦皇岛、唐山、天津滨海新区、沧州、滨州、东营、潍坊和烟台等三省一市的大部分地区。主要位于北纬 35°42′~42°08′、东经 115°41′~123°32′(图 1-1)。

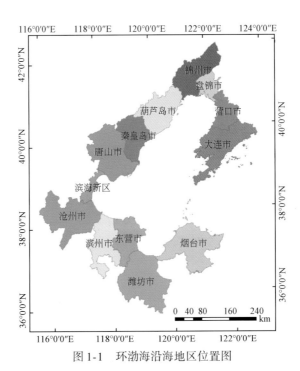

图 1-1　环渤海沿海地区位置图

1.1.2 地形地貌

研究区总面积约 12.9 万 km², 海岸线长 2600 多千米, 位于我国北方地区辽河、黄河和海河流域的下游, 海岸地貌突显, 包括东北地区、华北地区以及华东地区, 涉及京津冀大都市连绵区、辽中南城镇群、山东半岛城镇群的核心区域, 既是人口和产业的高度密集区, 也是基础性、战略性产业的主要分布区。

研究区整体上地势平缓, 坡度较小, 这里拥有黄河口和辽河口两大河口湿地、大面积的沿海滩涂。研究区多为海蚀平原, 海岸地貌有基岩海岸、砂质海岸、淤泥质海岸。由北向南、由西向东表现出明显的阶梯状降低的地貌特征。自然植被稀少, 多为次生林; 区域内地带性土壤以棕壤和褐土为主, 暗棕壤只在辽宁有少量分布, 此外还有水稻土、潮土、风沙土、盐土、草甸土和沼泽土等非地带性土壤分布。土壤母质以冲积物和洪积物为主 (吕真真等, 2014)。研究区正处在中生代古老地台活化地区, 位于冀中、黄骅、济阳三拗陷边缘, 经历了各个地质时期的构造运动和地貌演变, 形成湖盆, 并在其上覆有 1~7km 巨厚松散沉积层。因此, 研究区几乎全为第三纪沉积物, 形成典型的粉砂淤泥质海岸。又因几经海水进退作用, 使海湾西岸遗存有沿岸泥炭层和三条贝壳堤 (天津贝壳堤)。海底沉积物均来自河流挟带的大量泥沙, 经水动力的分选作用, 呈不规则的带状和斑块状分布。一般来说, 沿岸粒度较粗, 多粉砂和黏土粉砂, 东北部沿岸多砂质粉砂; 海湾中部粒度较细, 多黏土软泥和粉砂质软泥。

1.1.3 气候

由于渤海半封闭的内陆浅海特征, 环渤海沿岸地区气候变化特征与我国其他沿海地区有较大差异。在全球气候变化的背景下, 研究区出现了气温升高、降水减少的气候暖干化趋势 (李琰等, 2016)。研究区位于中纬度亚欧大陆东岸, 且地处北温带, 主要受季风环流的支配, 是东亚季风盛行的地区, 属温带—暖温带、湿润—半湿润大陆性季风性气候 (钞锦龙, 2011; 彭飞和韩增林, 2013)。主要气候特征是四季分明, 雨热同期, 作物生长期长, 春季多风, 干旱少雨; 夏季炎热, 雨水集中; 秋季气爽, 冷暖适中; 冬季寒冷并干燥少雪 (王慧, 2013)。东部辽东半岛和山东半岛丘陵分布较多, 对夏季风有一定的阻挡作用, 受西伯利亚高气压影响, 西北方向风力较大, 且西北地区荒漠化严重, 导致该区域春季沙尘严重, 易遭受沙尘暴袭击。年平均温度 10~13℃, 最冷时 1 月, 最热时多在 7 月、8 月, 年极端最高温度 34~44℃, 年极端最低温度为 -29~-13℃ (吕真真等, 2014)。年日照时数达 2500~2900h, 年辐射总量 5000~5800MJ/m²。平均年降水量 560~916mm, 丰枯年降水量相差 3~5 倍, 降水量主要集中在 6~9 月, 占全年降水量的 60%~75%, 1 月和 12 月降水量最少。风速等值线与海岸线平行且密集, 大陆岸线年平均风速为 4~5m/s, 成山头一带较大, 为 6.7m/s, 海岛风速为 6~7m/s (王慧, 2013)。

1.1.4　水文

渤海沿岸河流含沙量大，滩涂广阔，淤积严重，流入海湾的主要河流有黄河、海河、蓟运河和滦河。大气降水和季节性冰雪融水为主要水源，汛期较短，有夏汛和春汛，结冰期长，含沙量较大（黄河），水量不大，冬季有凌汛（如黄河下游），径流季节变化大。

因为受到气温的影响，渤海海水表层温度的温带型季节变化特征非常典型，水温变化具有周期性，空间分布较均匀（崔毅等，1996；周诗贲等，1997；刘哲等，2003）。以1月最低，略低于0℃；夏季沿岸水温最高出现在8月，约为28℃，水温年变差在28℃左右。冬季常结冰，冰期为3~4个月。在空间分布上，冬季辽东湾海区海水温度最低，海峡附近和中部海区相对较高，沿岸水温比外海低；垂直分布上，表层、底层水温分布基本一致。由于受到全球气候变暖的影响，自20世纪50年代末，渤海海水表层温度呈逐渐上升趋势，平均每年上升温度可达0.015℃，到目前为止，温度升高了约0.66℃（方国洪等，2002；刘哲等，2003）。

渤海表层海水盐度表现出一定的季节性变化，其中春季一般为30.85‰左右，夏季一般为30.00‰左右，相对下降，秋季略有上升，一般为30.42‰左右，冬季继续上升，处于全年最高值（崔毅等，1996；刘哲等，2003；吴德星等，2004，2005）。自20世纪50年代末，渤海表层海水盐度总体呈明显上升趋势。40多年来，渤海表层盐度年变化率为0.057‰，渤海盐度平均升高2.5‰左右。特别是自80年代初，黄河年径流量整体上表现出减小趋势，主要是由于黄河断流期整体上呈不断加长趋势等原因，导致黄河口附近水域盐度升高更大，合计平均升高10‰左右（吴德星等，2004）。

渤海潮汐以不正规半日潮为主。大部分水域潮差为2~3m，对于渤海沿岸水域，平均潮差秦皇岛市沿岸附近不到2m，为最小；处于辽东湾顶的营口市沿岸水域潮差可达5.4m，为最大；渤海湾顶的天津滨海新区沿岸水域潮差可达5.1m。辽东湾、渤海湾和莱州湾的大部分地区潮流基本为正规半日潮流；渤海中部为不正规半日潮流。渤海潮流大部分呈扁长椭圆形，在辽东湾呈东北—西南向，其余海域呈东西向。受地形影响，潮流在渤海湾、辽东湾和莱州湾形成许多漩涡，致使渤海潮波系统更为复杂（方国洪和杨景飞，1985；黄祖珂，1991；崔正国，2008）。

1.1.5　土地利用

研究区各类土地利用所占的比例中农田最大，其次是森林和城镇，湿地占环渤海重点开发区面积的比例较小，草地和其他未利用地合计占总面积的比例最小。已利用土地面积占84%以上，土地开发利用的广度远高于全国平均水平，后备土地资源匮乏，潜力有限。由于研究区各种土地利用类型的变化在不同地区空间分布差异明显，天津、河北部分地区、山东部分地区以耕地转化为建设用地这一变化分布最广，而辽宁部分地区则耕地转化为林地的变化分布最广。同一土地利用变化类型在不同地区的空间分布状况也不尽相同，如唐山、天津的耕地到城乡居住建设用地变化的分布类型明显不同。

作为中国经济发展的三大增长极之一，环渤海沿海地区工业化、城镇化快速推进过程中，土地利用变化迅速且变化量巨大，耕地面积持续减少、建设用地面积逐年扩张，区域土地利用发生了显著变化（王国刚等，2013）。尽管国家规定建设占用多少农田，各地人民政府就应补充划入多少数量和质量相当的农田，但事实上，从整个区域来看，农用地的流失和建设用地的增加是呈负相关的，耕地属于受人类影响最为剧烈的地类，在环渤海沿海城市开发建设过程中，大量耕地被用于工业建设使得耕地流失严重，而建设用地面积大量增加（郭丽英等，2009；王国刚等，2013；孙才志等，2014；吴莉等，2014）。在国家"十一五"、"十二五"战略发展阶段内，研究区土地利用变化速度较快，林地、草地面积略有增加，变化较大的为水域、未利用地、城乡居民点及工矿用地。城乡居民点及工矿用地所占比例增大，年变化率高于全国平均水平。这也说明环渤海沿海地区作为国家经济发展的战略要地，对国家发展起着非常重要的作用。同时，海域作为沿海地区的重要自然资源，其开发与利用与当地经济发展息息相关。唐山曹妃甸港口的建设、天津港建设等使得大部分海域转化为建设用地（李秀梅等，2013），为环渤海沿海地区经济发展起到极大促进作用。

1.1.6　资源优势

研究区水资源匮乏，总量平均仅占全国的 5.5%，人均水资源量仅为全国水平的 1/4，生态环境急需改善。但是研究区自然资源十分丰富，特别是能源和矿产资源在我国沿海地区十分丰富。而且这些资源分布较为集中，开发和投产相对容易，资源互补性很强。首先，研究区拥有大量的矿产资源、油气资源和煤炭资源等；研究区矿产资源十分丰富，矿产资源储量大且种类多；石油储量丰富，是石油蕴藏的富集地区，埋藏着丰富的油气资源；煤炭最丰富，探明储量在全国占较大比例。其次，研究区拥有丰富的海洋资源，渤海是我国最大的内海，素有"天然鱼池"之称，盛产多种鱼、虾、贝类水产品；除了上述各种生物资源外，海底还有石油、天然气、煤、铁、铜、硫和金等矿物，藏量也相当丰富。此外，还有极其丰富的海洋能源资源，包括潮汐能、波浪能、温差能、风能、潮流能等。但是长期形成的结构性矛盾和粗放型增长方式导致该地区能源对外依存度高、资源供给不充足。产业科技方面，环渤海沿海地区是中国最大的工业密集区，同时由于该地区科研院所和高等院校云集，科技人才优势与资源优势必将对国际资本产生强大的吸引力（杨劲和杨艳娟，2015）。除此之外，研究区的旅游资源也相当丰富，自然景观和人文景观丰富多彩、特点突出，吸引众多国内外游客纷纷前来。

1.2　社会经济与人类活动

1.2.1　人口

研究区总人口有 5500 多万，人口密度非常大。从历年数据来看，研究区常住人口增速呈现加快趋势，其中天津的人口增加趋势最为显著，目前研究区整体上人口经济已超载。研究区的人均生态承载力一直呈下降趋势，并且研究区区内人均生态承载力分布不均，其中北岸开发区最大，其次是南岸开发区，西岸开发区人均承载力最低。据统计，天津市人口机械增长率明显高于研究区内其他地市，天津市人口增长率逐年上升，尤其从2003年以来该指标快速提高，并于2006年超过了北京，说明天津市已成为环渤海沿海地区吸引外来人口最具潜力的地区，可见人口增长主要是由人口的迁移引起的。与此同时，研究区人口分布趋于均衡。从年度变动上看，2006～2007年，以地级以上城市全市（含所辖县、市）为单元计算变异系数，研究区的结果略有扩大，与全国的变化趋势基本一致；而如果以地级以上城市市辖区为单元计算变异系数，则其结果有缩小趋势，这一点却与全国变化情况相反（陈耀等，2010；孙才志等，2013）。

1.2.2　经济

研究区是国家战略集中的重点地区，是能够与世界上160多个国家和地区贸易往来的通道，从国外进口的设备、资金、商品要从这里进入中国的北方市场。过去十多年间，随着改革开放的进一步深化，区域间的经济合作、资源互补与横向联合为该地区经济快速发展开拓了广阔的空间。研究区内生产总值、全社会固定资产投资总额、外贸进出口总额等经济指标都大幅度提高，表明研究区的经济发展状况良好，呈现跃进式发展状态。在工业方面，环渤海沿海地区是我国的重工业基地，是我国最大的工业密集区，拥有一大批具有重要战略地位的大型企业。在党中央、国务院的领导和关怀下，研究区的国民经济取得了迅速发展：综合实力显著增强，对外开放进一步扩大，第三产业发展加快，如今已成为中国经济第三个"增长极"，是中国北方经济发展的"引擎"。"十二五"发展规划纲要区域发展总体战略中，对环渤海沿海地区的京津冀地区、首都经济圈、辽宁沿海经济带、河北沿海地区、山东半岛蓝色经济区的发展均提出了具体要求，为研究区的发展指出了更明确的方向，环渤海沿海地区经济发展迎来新的契机。虽然研究区内城市的经济总量水平处于全国大中城市的中游，但内部经济发展存在较大的不平衡性，尤其在其农村经济发展的差异上表现更为突出（张明莉等，2009；雷仲敏和杨涵，2014）。研究区要想更好地发展，不能单靠区域内任何一个城市、地区的力量，环渤海经济圈要大发展，需要区域内各个城市协同发展。

1.2.3　城市化

近年来，国家加大了对环渤海沿海地区的政策倾斜力度，一系列国家战略的相继投放使该地区城市化进程不断加快（范斐和孙才志，2010）。研究区当前城市化进程稳步推进且速率波动较小，处于稳定发展阶段，国民生产总值的增长逐渐趋于稳定，为区域各项经济活动提供了坚实的基础（郑元文，2014）。城市各项基础设施投资额不断增加，推动城市生产生活环境逐步完善。综合土地城市化、经济城市化和人口城市化来看，环渤海沿海地区城市化强度不断增大，城市化率、人均 GDP、全社会货运量等社会发展方面指标就已经高于全国平均水平。社会交通发展状况良好，城市绿植覆盖面积的逐年递增，城市环境水平在不断的提高，城市化的发展已经不只关注于经济利益，更多地考虑到了可持续发展问题。但是由于研究区中各地区城市化水平差异仍然较大（孟林，2012），实现研究区内经济生活的融合仍有一定的难度；与此同时，城市化过程中对生态环境的影响应该加强认识，才能够有效提高生态环境质量。因此，研究区内城市化水平区位差异及其变动趋势，对于科学统筹研究区区内的城市化发展策略，实现环渤海沿海地区一体化的和谐发展具有重要的意义（范斐和孙才志，2010）。

1.2.4 开发区建设

研究区是由辽宁沿海、天津沿海、河北沿海和山东沿海四个区域组成。将整个环渤海沿海地区分为以大连为核心的北岸开发区、以滨海新区和曹妃甸为中心的西岸开发区和以烟台为主要增长极点的南岸开发区（陈吉宁，2013）。研究区内北岸开发区依托东北老工业基地振兴和辽宁沿海经济带开发战略，积极推进石化、装备制造等重点产业统筹发展；西岸开发区基于统筹发展的思路，发挥滨海新区大型装备制造业、现代制造业、电子信息产业等辐射和带动作用；南岸开发区围绕黄河三角洲高效生态经济区和山东半岛蓝色经济区建设，发挥装备制造、石化、轻纺等产业优势，加快新型工业化进程，率先实现产业生态化转型。随着天津滨海新区、辽宁沿海经济带、山东蓝色半岛经济区、河北沿海地区先后上升为国家战略，环渤海沿海地区已成为未来开发建设的重点和热点区域，目前已经形成的重点产业聚集区有大连长兴岛临港工业区、营口产业沿海基地、盘锦辽滨沿海经济区、锦州西海工业区、葫芦岛北港工业区、唐山曹妃甸新区、天津滨海新区、沧州渤海新区、滨州临海产业区、东营临港产业区、潍坊临港产业区和莱州临港产业区，研究区的GDP 平均值已经大幅领先于全国开发区水平，是环渤海经济圈最具活力的组成部分。

1.2.5 围填海

随着研究区工业化和城市化的迅猛推进，土地资源性短缺和土地结构性短缺成为制约该地区经济发展的重要"瓶颈"，这时，作为一种既可以拓展土地空间又可以在一定程度上避免政策制约的方法，向海洋要地的"围填海模式"成为一剂"良方"。

环渤海沿海地区在不同时期都有大量的围填海活动，按分布来看，围填海面积较大的区域主要集中在唐山市、天津市、东营市和大连市；按时间来看，2000 年之前年均围填海面积较小，2000～2010 年年均围填海面积增加较快，且在 2005～2010 年围填海面积最大（马万栋等，2015）。在围填的土地上，建起了不同的基地，这对推进区域经济建设和提高国民生活质量起到了很大的推动作用。但随着渤海地区人口增加和大众需求的增长，大规模围填海造成的生态环境系统失调和污染业已成为渤海地区各级政府不可回避的一个社会经济问题（兰香，2009）。大规模的围填海活动导致生态系统和环境质量明显衰退，严重破坏了海岸带生态环境，已引起相关领域学术界的持续关注（马万栋等，2015）。

1.3 存在的生态环境问题

总体而言，由于工农业的发展和人类活动的持续影响，该地区生态系统与环境质量明显衰退，造成一系列的生态环境问题，尤其在近十年城市化快速发展中表现明显。具体生态环境问题主要包括海水入侵/土壤盐渍化、水体污染/富营养化、滨海湿地退化、生态服务供给能力下降等若干方面。

（1）海水入侵/土壤盐渍化

近年来，我国沿海地区海水入侵淡水含水层屡屡发生，而以环渤海沿海地区海水入侵尤为严重，2003 年海水入侵达 2457km²，比 1980 年增加 937km²，年均增加 62km²。海水入侵使地下水咸化，造成群众饮水困难，土地盐渍化，多数农田减产 20%～40%，严重的达到 50%～60%，非常严重的达到 80%，个别地方甚至绝产。

（2）湿地退化

随着过度捕捞、海水养殖业不合理发展、海岸湿地围垦及城市化进程的推进，湿地面积缩小、湿地环境容量减少、生态功能逐渐衰退。初步统计，滨海湿地累计丧失面积已占我国湿地面积的 50%。

（3）水体污染/富营养化

渤海作为半封闭内海，水交换能力弱，受河流影响强烈，环渤海河流水质特性直接影响陆海生态系统的稳定与健康。绝大多数环渤海区水体富营养化，接近半数入海河流呈现重度富营养化，已经成为制约经济社会发展的核心瓶颈。

（4）海洋环境污染加剧

环渤海沿海地区人类活动频繁，使得海洋生态环境遭到破坏。海洋环境污染表现多样，包括陆地污染的延续、石油污染、过度捕捞等，同时大规模的围填海工程不仅直接造成大量的工程垃圾，加剧海洋污染，而且大规模的围填海工程使海岸线发生变化，海岸水动力系统和环境容量发生急剧变化，大大减弱了海洋的环境承载力，减少了海洋环境容量。

（5）近岸海域渔业资源衰竭

近岸海域是海洋生物栖息、繁衍的重要场所，人类的过度捕捞使海域渔业资源衰竭，同时大规模的围填海工程改变了水文特征，影响了鱼类的洄游规律，破坏了鱼群的栖息环境、产卵场，很多鱼类生存的关键生态环境遭到破坏，渔业资源锐减。

（6）围填海工程加剧，自然海岸带锐减

人类大规模的建设活动，使得内陆可用土地越来越少。围填海造地是现代人类开发利用海洋资源的重要方式之一，也是缓解土地供需矛盾、扩大社会发展空间的有效途径。一直以来，沿海地区城市进行围填海活动是向海要地的一种主要方式。尤其是最近几年，人地矛盾突出，围填海活动更加剧烈。环渤海沿海地区海岸带最突出的特征就是大量滩涂、盐田、水域等转化为建设用地，扩张速度远远高于全国平均水平，其直接后果就是环渤海自然岸线比例持续下降。以天津港、曹妃甸港口建设尤为突出。大规模围填海的同时，又不可避免地会侵占大量的滨海湿地和浅海资源，改变自然海岸线，影响自然景观，破坏鸟类、鱼类和底栖生物的繁殖场所。目前，环渤海沿海地区大部分海岸带都受到人类活动的影响，自然岸线越来越少。

本书以环渤海沿海地区（图 1-1）为核心研究区，系统开展区域生态环境调查，结合遥感解译分析和地面调查校准，以及国家生态系统观测网络长期监测数据，系统调查和定量分析环渤海沿海地区 2000～2010 年生态系统格局、开发强度、生态环境胁迫、生态环境问题等的 10 年变化规律和趋势，同时结合区域人口、社会、经济统计资料、年鉴和问卷调查，综合分析评价环渤海沿海地区未来资源开发、产业发展与快速城市化等对区域生态环境支撑能力的影响。在此基础上，针对快速工业化和城市化带来的各种问题，以深入分析该地区资源环境承载力为重要切入点，科学评估区域生态格局和生态环境质量，深入分析生态环境胁迫因子和关键生态环境问题。通过该研究，可以充分了解并明晰该地区生态系统和环境质量的各方面特征，建立生态环境信息基础数据库、为该地区生态环境演变及其驱动机制分析、重点经济区关键生态环境问题的甄别与辨识、生态环境有效管理政策、相关制度的保障体系建设等提供必要的技术和理论依据。为该地区生态环境保护、生态服务功能改善以及可持续发展提供对策和决策依据。

|第2章| 　环渤海沿海地区生态系统评估

结合研究区实际情况和有关生态系统概念的具体内涵,本文中具体生态系统构成是指森林、草地、湿地、农田、城镇等几大类生态系统的覆盖面积及其在整个研究区内的比例。生态系统格局主要是指生态系统的空间格局,即不同生态系统在空间上的配置模式。环渤海沿海地区人类活动频繁,对生态系统格局产生强烈的影响。人为开发利用和局地的生物物理条件形成了该区域特有的景观格局。然而,受高强度人类活动干扰下的格局-过程-功能之间的动态响应机制尚未得到科学诠释。而通过分析生态系统构成及其空间格局的动态变化情况,可以为景观格局变化与生态过程之间关系研究提供基础数据支撑。

本章在环渤海沿海地区各地市 2000 年、2005 年、2010 年三个年份土地覆被图的基础上,通过评价陆地生态系统类型、分布、比例与空间格局,分析各类型生态系统相互转化特征,具体内容为:生态系统类型与分布;各类型生态系统构成与比例变化;生态系统类型转换特征分析与评价;生态系统格局特征分析与评价。了解不同生态系统类型在空间上的分布与配置、数量上的比例等状况,评价陆地生态系统类型、分布、比例与空间格局,分析各类型生态系统的相互转化特征。研究表明,环渤海沿海地区主要用地类型为农田,生态环境十年变化以城镇建设用地增加为主,占用大量农田和部分生态用地。总体上,2000~2010 年的十年间,生态系统变化以城市化过程、港口建设为主要驱动因素,经济开发对农田和湿地、滩涂等生态用地的大量占用为主要特点。

2.1　数据处理与分析

2.1.1　遥感数据收集

遥感影像数据类型包括光学遥感影像至微波雷达影像、低分辨率至高分辨率,时相为 2000~2010 年。

(1) 低分辨率卫星影像

以 MODIS 为主,覆盖全国 2000~2010 年数据。数据类型主要为 250m 分辨率的 16 天合成的 NDVI 数据(MOD13Q1)。

(2) 中分辨率卫星影像

中分辨率遥感卫星数据包括 2000 年、2005 年和 2010 年三个时相,范围覆盖全国。其中，2000 年和 2005 年以 Landsat TM/ETM 数据为主，2010 年以 HJ-1 卫星 CCD 数据为主，数据有缺失的地区以同等分辨率同一时相的数据作为补充。

（3）中高分辨率卫星影像

中高分辨率数据以 SPOT-5 2.5m 全色和 10m 多光谱数据为主，辅助以 ALOS、RapidEye、福卫-2、CBERS-02B HR 等数据。范围为覆盖国家级自然保护区和部分重要生态功能区，约 $500 \times 10^4 \text{km}^2$。

2.1.2　遥感数据检查

全国生态环境遥感调查主要是以中低分辨率遥感数据为主，主要包括覆盖全国 2000 ~ 2010 年的 MODIS、2000 年和 2005 年的 Landsat TM/ETM 数据以及 2010 年的 HJ-1 卫星 CCD 数据，在对遥感数据进行土地覆盖信息提取及其生态参量估算时，要对影像的时相、云量、波段、噪声、变形、条带、像元大小等进行检查。

（1）时相

选择调查年份 6 ~ 9 月数据，用于土地覆盖的遥感数据可选用调查年份的 1 月、11 月、12 月数据，对受人为干扰影响相对较小、变化不明显的区域，时相可适当放宽；对用于估算生态参量的遥感数据要求选择 6 ~ 9 月生长季遥感数据。

（2）云量要求

要求单景影像平均云量覆盖度小于 10%，同时对受人为干扰影响比较大、易发生态变化的重点区域，云量覆盖度要求更低。

（3）噪声

单景影像噪声面积小于 10%。

（4）变形、条带

在拍摄过程中可能受到传感器拍摄角度、飞机旋转速度、地面接收等的影响，致使影像变形、有条带，情况严重，不符合质量要求。

2.1.3　遥感数据处理

遥感数据处理包括大气校正、几何校正、影像融合、影像镶嵌、彩色增强、投影变换、精度检验、影像分幅等，生成正射影像产品集、融合影像产品集、镶嵌影像产品集、多种分幅影像产品集。

中分辨率卫星遥感数据处理包括大气校正、正射校正和几何校正等，为规范中分辨率卫星遥感数据投影信息，将中分辨率卫星遥感数据的地理投影参考定义如下。

1）大地基准：2000 年国家大地坐标系。

2）投影方式：全国采用 Albers 投影，中央经线：110°，原点纬度：10°，标准纬线：北纬 25°、北纬 47°；区域采用高斯–克里格投影。

3）高程基准：1985 年国家高程基准。

2.1.3.1　大气校正

首先，根据专题参数反演的需要，对部分中分辨率卫星数据进行大气校正。大气校正应以基于辐射传输模型的校正方法为主。

HJ-CCD 及 LandsatTM 等影像采用 6S 模型进行大气纠正，这种模式考虑了目标高程、表面的非朗伯体特性、新的吸收分子种类的影响（CO、N_2O 等），适用于可见光波段和近红外波段的多角度数据。

2.1.3.2　正射校正

为保证中分辨率卫星数据正射校正精度，需要注意以下几点。

（1）数据基础

1）控制资料。用于控制点选取的参考数据为：①高精度参考影像库；②高精度控制点库；③1∶50 000 比例尺的地形图 DRG 库；④野外高精度 GPS 点。

2）DEM 数据。用于中分辨率遥感数据正射校正的 DEM 数据，分辨率应不低于 90m。

（2）控制点选取

控制点选取原则如下。

1）地面控制点一般选择在图像和地形图上都容易识别定位的明显地物点，如道路、河流等交叉点，田块拐角、桥头等。

2）地面控制点的地物应不随时间的变化而变化，尽量选择地物不易变化的控制点。

3）控制点要有一定的数量，要求在影像范围内尽量均匀分布。

在影像放大 2~3 倍的条件下完成控制点选取；

根据纠正模型和地形情况等条件确定控制点个数：TM、CBERS、IRS-P6、ASTER 一景不少于 16 个，环境卫星影像一景不少于 40 个。

（3）校正模型

校正模型采用有理函数模型（rational function model）进行校正。

（4）控制点残差要求

正射校正所选控制点须均匀分布，其残差应满足表 2-1 的要求。

表 2-1　正射校正控制点残差

数据类型	控制点残差（影像分辨率）	
	平原和丘陵	山地
待校正影像	≤1 倍	≤2 倍

对明显地物点稀疏的山区、沙漠、沼泽等，精度可放宽至原有精度的 2 倍。

1）重采样方式。正射影像采用原影像分辨率，重采样方法为双线性内插。

2）校正精度要求。正射校正结果影像上的同名地物点相对于实地同名地物点的误差
（表 2-2）。

表 2-2　正射校正校正精度

地形类型	平原和丘陵	山地
点位中误差（影像分辨率）	≤2 倍	≤3 倍

2.1.3.3　几何校正

在对影像进行大气校正与正射校正后，需对影像进行几何校正，为保证中分辨率卫星
数据几何校正精度，需要注意以下几点。

（1）数据基础

控制资料用于控制点选取的参考数据为：①高精度参考影像库；②高精度控制点库；
③1：50 000 比例尺的地形图 DRG 库；④野外高精度 GPS 点。

（2）控制点选取

几何校正时，控制点的选取原则与正射校正控制点的选取原则一致。如 2.1.3.2 节中
第（2）点所述。

（3）校正模型

校正模型采用多项式纠正法进行校正。

（4）控制点残差要求

几何校正所选控制点须均匀分布，其残差应满足表 2-3 的要求。

表 2-3　几何校正控制点残差

数据类型	控制点残差（影像分辨率）	
	平原和丘陵	山地
待纠正影像	≤1 倍	≤2 倍

对明显地物点稀疏的山区、沙漠、沼泽等，精度可放宽至原有精度的 2 倍（表 2-4）。

1）重采样方式。采用原影像分辨率，重采样方法为双线性内插。

2）校正精度要求。几何校正结果影像上的同名地物点相对于实地同名地物点的误差。

表 2-4　几何校正校正精度

地形类型	平原和丘陵	山地
点位中误差（影像分辨率）	≤2 倍	≤3 倍

2.1.4　数据镶嵌与分幅

正射影像镶嵌主要过程见图 2-1。

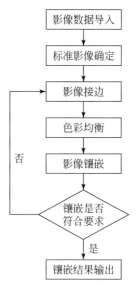

图 2-1　正射影像镶嵌流程图

1）影像数据导入：导入需要进行镶嵌的影像。

2）标准影像确定：为确保影像镶嵌质量，首先应在进行影像镶嵌的数据中选取一幅影像作为标准影像，标准影像往往选择处于研究区中央的影像。

3）影像接边：当调查区涉及多景数据时，须对重叠带进行严格配准，确保配准误差满足要求。按分辨率不同，影像数据接边精度应满足表 2-5、表 2-6 和表 2-7 的要求。

表 2-5　中分辨率遥感影像接边限差

地形类别	接边限差（影像分辨率）
平原、丘陵	≤2 倍
山地	≤3 倍

表 2-6　中高分辨率遥感影像接边限差

地形类别	接边限差（影像分辨率）
平原、丘陵	≤3 倍
山地	≤7.5 倍

表 2-7　高分辨率遥感影像接边限差

地形类别	接边限差（影像分辨率）
平原、丘陵	≤3 倍
山地	≤15 倍

不同分辨率影像接边时，以低分辨率计算。侧视角相差较大、地形复杂地区同名地物不存在错误。

4）色彩均衡：使其整体色调基本一致。

5）影像镶嵌：须保证整体色调均匀，色调均匀采用直方图法，接边重叠带无模糊或重影现象。为保证接边自然，接边影像保证有 10 ~ 50 个像素的重叠。镶嵌后的影像同一地类色彩统一、无模糊现象，边界清晰、无明显错位。

6）影像镶嵌质量检查：进行影像接边及颜色等方面的检查。

7）区域分幅产品生成。在正射影像和无缝镶嵌遥感影像产品基础上，按行政区划（全国、省/自治区）、五大战略环评区、重要城市化区域、重点流域、重点生态脆弱区、矿产资源开发区、重要湿地区、国家级自然保护区、生物多样性保护优先区、国家生态安全屏障等区域进行分幅。具体流程见图 2-2。

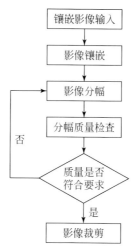

图 2-2 按区域分幅流程图

1）镶嵌影像输入：调入分块镶嵌影像；

2）影像镶嵌：按照省、自治区或市等调查区域边界范围，挑选分块镶嵌影像，并进行镶嵌；

3）影像重采样：按照省、自治区或市等调查区域边界范围，挑选分块镶嵌影像，并进行重采样；

4）影像分幅质量检查：进行影像接边及色调、色彩、对比度的检查；

5）影像裁剪：按照省、自治区或市等调查区域边界范围裁切镶嵌影像。

2.2 生态系统分类与制图

构建生态系统分类体系，采用基于面向对象的分类方法，对遥感影像分类解译，获得 2000 年、2005 年和 2010 年土地覆盖分类数据。

2.2.1 数据源与信息特征

为完成 2000 年、2005 年、2010 年土地覆盖分类，需要收集的数据包括遥感影像、辅助数据及相关资料，遥感影像和辅助数据需求列表分别见表 2-8、表 2-9。

表 2-8 遥感数据列表

卫星种类	传感器	分辨率/m	时相
HJ-1	CCD	30	2010 年（生长季、非生长季）
Landsat	TM ETM+	30	2000 年、2005 年、2010 年（生长季、非生长季）
SPOT5		5/2.5	2010 年
ENVISAT ASAR ERS 1/2	Radar	30	2000 年、2005 年、2010 年

表 2-9 辅助数据列表

基础数据	数据时间	数据格式	投影格式	比例尺（分辨率）
数字高程（DEM）	2010 年	栅格 .grid	国家 2000 或 WGS84	1：25 万 1：5 万
	2010 年	栅格 .tif	国家 2000 或 WGS84	30m 和 90m STER 数据
行政边界	2010 年	矢量 .shp	国家 2000 或 WGS84	1：100 万
气象数据	2000～2010 年	txt		
流域分区	2010 年	矢量 .shp	国家 2000 或 WGS84	1：25 万 1：5 万
河网	2010 年	矢量 .shp	国家 2000 或 WGS84	1：25 万
植被类型	2010 年	矢量 .shp	国家 2000 或 WGS84	1：100 万
生态系统类型分布	2010 年	矢量 .shp	国家 2000 或 WGS84	1：100 万
土地利用数据	2000～2010 年	矢量 .shp	国家 2000 或 WGS84	1：10 万
土壤类型	2010 年	矢量 .shp	国家 2000 或 WGS84	1：100 万

2.2.2 生态系统分类体系

生态系统格局评估主要利用遥感解译获取的 2000 年、2005 年和 2010 年三期全国生态系统类型与分布。全国生态系统分类见表 2-10。主要包括森林生态系统、草地生态系统、湿地生态系统、农田生态系统、城镇生态系统、沙漠生态系统、冰川生态系统和无植被土地等几大类，其中各个大类中包含二级和三级分类。研究区位于东部沿海地区，基本没有沙漠和冰川生态系统，无植被土地也较少，最终确定分类为森林、草地、湿地、农田、城镇和其他六类生态系统。由于围填海是环渤海沿海地区的主要人类活动，对该地区生态环境具有较大的影响，所以为了研究区域内围填海面积变化情况，采用 2010 年陆地面积边界为最终研究区边界。在前两个时间节点中，边界内未发生围填海的区域赋予"海域"属性，即在原有六大生态系统类型的基础上，加上海域生态系统类型。

表 2-10 生态系统多级分类表

Ⅰ级 分类代码	Ⅰ级 生态系统	Ⅱ级 分类代码	Ⅱ级 生态系统	Ⅲ级 分类代码	Ⅲ级 生态系统
1	森林 生态 系统	11	阔叶林	111	常绿阔叶林
				112	落叶阔叶林
		12	针叶林	113	常绿针叶林
				114	落叶针叶林
		13	针阔混交林	115	针阔混交林
		14	稀疏林	116	稀疏林
		15	阔叶灌木	121	常绿阔叶灌木林
				122	落叶阔叶灌木林
		16	针叶灌木	123	常绿针叶灌木林
		17	稀疏灌木林	124	稀疏灌木林
2	草地 生态 系统	21	草地	211	草甸
				212	草原
				213	草丛
				214	稀疏草地
3	湿地 生态 系统	31	沼泽	311	森林湿地
				312	灌丛湿地
				313	草本湿地
		32	湖泊	321	湖泊
				322	水库/坑塘
		33	河流	331	河流
				332	运河/水渠

Ⅰ级 分类代码	Ⅰ级 生态系统	Ⅱ级 分类代码	Ⅱ级 生态系统	Ⅲ级 分类代码	Ⅲ级 生态系统
4	农田 生态系统	41	农田	411	水田
				412	旱地
		42	园地	413	乔木园地
				414	灌木园地
5	城镇 生态系统	51	居住地	511	居住地
		52	城市绿地	521	乔木绿地
				522	灌木绿地
				523	草本绿地
		53	工矿	531	工业用地
				532	交通用地
				533	采矿场
6	沙漠生态系统	61	沙漠	611	沙漠/沙地
7	冰川	71	冰川/永久积雪	711	冰川/永久积雪
8	无植被土地	81	裸地	811	苔藓/地衣
				812	裸岩
				813	裸土
				814	盐碱地

2.2.3　生态系统分类结果验证

土地覆盖验证方法采用分层随机抽样方法，统计土地覆盖类型的面积比例，利用野外调查和高分辨率影像的真实数据进行样本抽查。

受实际道路可达性的限制，野外调查中部分样地无法到达，所需的样本则采用遥感高分辨率影像进行辅助抽样。样地采用 1m 分辨率的遥感数据，可选择的数据有 QB、WordView、Ikonos、OrbView 等以及同一年代的航片数据，一个样区一景数据，大小为 8km×8km。2000 年、2005 年的土地覆盖监测结果验证，用相应年份 1～5m 分辨率卫星数据进行验证。分类结果与同期 30m 网格同等大小范围进行面积统计，提供分类精度。

2.3　生态系统类型及分布特征

生态系统分类结果见表 2-11。

表 2-11 环渤海沿海地区各类土地利用类型比例表 （单位:%）

ID	区域	森林	草地	湿地	农田	城镇	其他	合计
1	北岸开发区	32.66	0.59	6.09	50.59	9.72	0.35	100
2	西岸开发区	14.14	4.20	8.89	58.97	13.52	0.28	100
3	南岸开发区	12.52	2.91	10.96	57.49	13.91	2.21	100
4	环渤海沿海地区	19.72	2.52	8.72	55.63	12.40	1.01	100

注：保留两位小数。

在环渤海沿海地区，2010 年各类土地利用所占的比例中农田最大，达 55.63%，其次是森林和城镇，占比分别为 19.72% 和 12.40%，湿地占环渤海沿海地区面积的 8.72%，草地和其他未利用地合计占总面积的 3.53%。

从开发区分布来看，北岸开发区森林资源丰富，比例为 32.66%，草地、湿地、农田和城镇面积比例均低于西岸开发区和南岸开发区，主要原因是北岸开发区部分处于丘陵地带，有大片森林存在。南岸开发区则以湿地为主，其 10.96% 的比例高于北岸开发区和西岸开发区，湿地具体分布则主要以黄河三角洲湿地为主。

根据遥感影像解译结果制作环渤海沿海地区 2000 年、2005 年和 2010 年土地覆被一级分类图（图 2-3）和二级分类图（图 2-4），并对各类用地面积进行统计列表（表 2-12、表 2-13）。

(a) 2000年一级生态系统分类图 　　　　(b) 2005年一级生态系统分类图

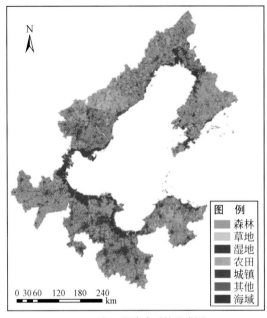

(c) 2010年一级生态系统分类图

图 2-3　环渤海沿海地区 2000 年、2005 年和 2010 年土地覆被一级分类图

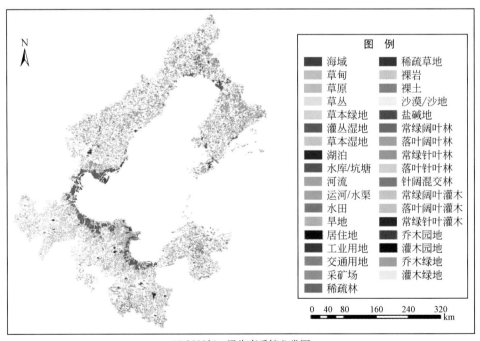

(a) 2000年二级生态系统分类图

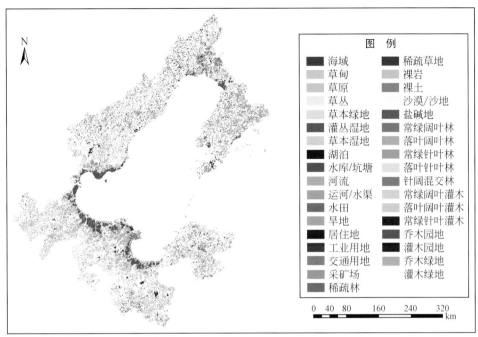

图 例

■	海域	▨	稀疏草地
	草甸		裸岩
	草原		裸土
	草丛		沙漠/沙地
	草本绿地	■	盐碱地
■	灌丛湿地		常绿阔叶林
	草本湿地		落叶阔叶林
■	湖泊		常绿针叶林
	水库/坑塘		落叶针叶林
	河流		针阔混交林
	运河/水渠		常绿阔叶灌木
	水田		落叶阔叶灌木
	旱地	■	常绿针叶灌木
■	居住地		乔木园地
	工业用地		灌木园地
	交通用地		乔木绿地
	采矿场		灌木绿地
	稀疏林		

0 40 80   160   240   320 km

(b) 2005年二级生态系统分类图

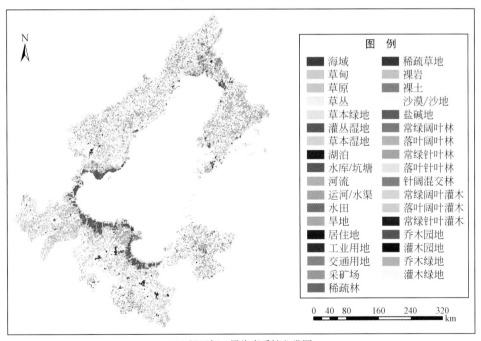

图 例

■	海域	▨	稀疏草地
	草甸		裸岩
	草原		裸土
	草丛		沙漠/沙地
	草本绿地	■	盐碱地
■	灌丛湿地		常绿阔叶林
	草本湿地		落叶阔叶林
■	湖泊		常绿针叶林
	水库/坑塘		落叶针叶林
	河流		针阔混交林
	运河/水渠		常绿阔叶灌木
	水田		落叶阔叶灌木
	旱地	■	常绿针叶灌木
■	居住地		乔木园地
	工业用地		灌木园地
	交通用地		乔木绿地
	采矿场		灌木绿地
	稀疏林		

0 40 80   160   240   320 km

(c) 2010年二级生态系统分类图

图 2-4 环渤海沿海地区 2000 年、2005 年和 2010 年土地覆被二级分类图

从图 2-3、图 2-4 中可以看出，森林和草地生态系统主要分布在南岸和北岸地区，以北岸山区分布为主，西岸地区森林和草地生态系统分布较少。而农田生态系统在西岸和南

岸地区所占比例较大，基本超过研究区面积的一半。而海岸带的变化从三个节点的分布图（图2-3、图2-4）中也能清楚地得到体现。

表 2-12　环渤海沿海地区一级生态系统构成特征

年份	统计参数	林地	草地	湿地	耕地	人工表面	其他	海域
2000	面积/km²	22 080.37	3426.00	9846.09	76 801.13	11 614.38	1417.50	917.37
	比例/%	17.51	2.72	7.81	60.90	9.21	1.12	0.73
2005	面积/km²	22 010.00	3284.95	10 272.77	75 577.94	12 786.16	1329.76	841.25
	比例/%	17.45	2.60	8.15	59.93	10.14	1.05	0.67
2010	面积/km²	22 021.85	3265.66	10 325.38	73 053.01	16 352.02	1080.07	0.00
	比例/%	17.46	2.59	8.19	57.93	12.97	0.86	0.00

注：保留两位小数。

表 2-13　二级生态系统构成特征

代码	Ⅱ级分类	2000 年		2005 年		2010 年	
		面积/km²	比例/%	面积/km²	比例/%	面积/km²	比例/%
101	常绿阔叶林	0.0	0.0	0.0	0.0	0.0	0.0
102	落叶阔叶林	17.0	12.2	16.9	12.1	16.8	12.1
103	常绿针叶林	1.4	1.0	1.4	1.0	1.4	1.0
104	落叶针叶林	0.6	0.4	0.6	0.4	0.6	0.4
105	针阔混交林	0.2	0.2	0.2	0.2	0.2	0.2
106	常绿阔叶灌木林	0.0	0.0	0.0	0.0	0.0	0.0
107	落叶阔叶灌木林	4.4	3.2	4.4	3.2	4.4	3.2
108	常绿针叶灌木林	0.0	0.0	0.0	0.0	0.0	0.0
109	乔木园地	0.7	0.5	0.7	0.5	0.7	0.5
110	灌木园地	0.1	0.1	0.1	0.1	0.1	0.1
111	乔木绿地	0.0	0.0	0.0	0.0	0.0	0.0
112	灌木绿地	0.0	0.0	0.0	0.0	0.0	0.0
21	草甸	0.7	0.5	0.5	0.4	0.6	0.4
22	草原	0.1	0.0	0.1	0.0	0.1	0.0
23	草丛	3.0	2.1	2.9	2.1	2.9	2.1
24	草本绿地	0.1	0.1	0.1	0.1	0.1	0.1
32	灌丛湿地	0.2	0.2	0.4	0.3	0.0	0.0
33	草本湿地	1.4	1.0	1.4	1.0	1.5	1.1
34	湖泊	0.4	0.3	0.4	0.3	0.4	0.3
35	水库/坑塘	7.6	5.5	7.9	5.7	8.2	5.9
36	河流	1.1	0.8	1.1	0.8	1.2	0.9
37	运河/水渠	0.1	0.1	0.2	0.1	0.2	0.1

代码	Ⅱ级分类	2000 年		2005 年		2010 年	
		面积/km²	比例/%	面积/km²	比例/%	面积/km²	比例/%
41	水田	4.3	3.1	4.3	3.1	4.4	3.1
42	旱地	81.0	58.2	79.6	57.2	76.8	55.2
51	居住地	11.6	8.3	12.7	9.1	15.3	11.0
52	工业用地	0.7	0.5	0.8	0.5	1.9	1.4
53	交通用地	0.5	0.4	0.6	0.4	0.8	0.6
54	采矿场	0.1	0.1	0.1	0.1	0.2	0.1
61	稀疏林	0.0	0.0	0.0	0.0	0.0	0.0
63	稀疏草地	0.0	0.0	0.0	0.0	0.0	0.0
65	裸岩	0.1	0.0	0.1	0.0	0.1	0.0
66	裸土	1.1	0.8	1.0	0.8	0.7	0.5
67	沙漠/沙地	0.0	0.0	0.0	0.0	0.0	0.0
68	盐碱地	0.3	0.2	0.3	0.2	0.4	0.3
7	区域内海域	1.0	0.7	1.0	0.7	0.0	0.0

注：保留一位小数。

土地覆盖一级分类中农田所占比例最大，2000~2010 年呈逐渐减少的趋势，且减少面积较大，农田流失总面积为 3700 多平方千米。其中旱地是环渤海沿海地区所占面积比例最大的生态系统类型，2000 年、2005 年和 2010 年所占整个环渤海沿海地区比例分别为 58.2%、57.2% 和 55.2%，呈逐年下降趋势，这在一定程度上与环渤海沿海地区人地关系紧张有着密不可分的关系。随着城市化的快速发展，建设用地的需求量快速增加，绝大多数新增建设用地都是以占用农耕地来获取的。尽管国家规定建设占用多少农田，各地人民政府就应补充划入多少数量和质量相当的农田，但事实上，从整个区域来看，农用地的流失和建设用地的增加是呈负相关的。这一点可以从居住地（建筑用地的主要组成部分）的变化情况得到验证，2000 年、2005 年和 2010 年居住地所占比例从 8.3% 到 9.1%，一直到 2010 年的 11.0%，增长迅速。但单纯从统计数据中很难看出新增建设用地就是从旱地转换而来，通过下文的土地覆盖转换空间分布图和转移矩阵可以得到进一步分析。

除了农田以外，环渤海沿海地区占地比例较大的还有森林，其总量在 2000~2010 年比例变化不大，但由于其总体面积较大，森林变化面积也达到了将近 60km²。其中，落叶阔叶林和落叶阔叶灌木林所占比例 2000 年为 12.2% 和 3.2%，共计 15.4%；2005 年为 12.1% 和 3.2%，共计 15.3%；2010 年为 12.1% 和 3.2%，共计 15.3%。除了 2000~2005 年发生了微小变化外，整个区域面积基本保持不变。这得益于环渤海沿海地区的森林资源保护和生态修复工程，国家严格执行征用、占用森林的审批管理，执行征用、占用森林的补偿制度，各个省市也建立健全了森林保护管理制度。虽然我国每年造林面积不少，新造森林增长较快，但由于现有森林被侵占等原因，致使每年净增加的森林面积却不多，这已成为影响林业发展的关键问题。近几年来，有关部门为加强森林保护管理也作出了规定，但执行情况差强人意，尚存在林业主管部门责任落实和监管督查不到位等突出问题。

研究区范围内草地面积较小，2000 年、2005 年和 2010 年所占区域比例分别为 2.72%、2.60% 和 2.59%，呈降低趋势，尤其是 2000~2005 年减少幅度较大。从降低速度上看，2000~2005 年减少草地面积 140 多平方千米，降低了 4.12%。2005~2010 年控制较好，面积略有下降。草地二级分类中主要是草甸发生了较大变化，草丛和草本绿地基本变化不大。

湿地是环渤海沿海地区比较敏感的地类，从一级分类总量来看，湿地研究区面积的比例从 2000 年的 7.81%，到 2005 年的 8.15%，再到 2010 年的 8.19%，呈现出逐年增长的趋势，说明从整体上看，环渤海沿海地区对保护湿地采取了一定的措施。但从二级分类来看，灌丛湿地到 2010 年基本减少为 0，湿地的增加主要表现在人工湿地和水库/坑塘上，从 2000 年的 5.5%，到 2005 年的 5.7%，再到 2010 年的 5.9%，增长较为迅速。表明环渤海沿海地区在进行经济建设的同时，注意到了湿地保护问题，在天然湿地越来越少的同时，从人工湿地方面对湿地进行了补偿。

海域是指以 2010 年海岸线为沿海边界，前两期土地覆盖图中仍未进行围填海的部分海域。2000 年面积为 917.37km²，2005 年为 841.25km²，围填海 70 多平方千米，到 2010 年全部该部分海域都被围填海。

除以上生态系统类型外，其他用地主要包括裸土和盐碱地等区域，面积也呈逐年减少趋势。

2.4 生态系统类型转换特征

通过 ArcGIS 的空间分析功能，制作研究区相邻时间节点之间的生态系统类型转换空间分布图，从空间特征、变化趋势等方面分为一级、二级生态系统，评估生态系统分布、构成和格局及其变化特征，主要包括 2000~2005 年、2005~2010 年、2000~2010 年生态系统格局变化特征，基于一级、二级生态系统分类计算研究区生态系统类型转移矩阵。最终得到 2000~2005 年、2005~2010 年以及 2000~2010 年一级生态系统变化分布图（图 2-5）、生态系统构成转移矩阵（表 2-14）以及生态系统相互转化强度表（表 2-15）。

从图 2-5 可以看出，研究区的主要土地利用变化类型为农田向城镇的转换，主要发生在城镇或农村居民点附近。而海岸带地区主要变化类型为围填海，以海域向城镇系统转换为主，主要分布在西岸开发区，其中以唐山市和天津滨海新区最为突出。

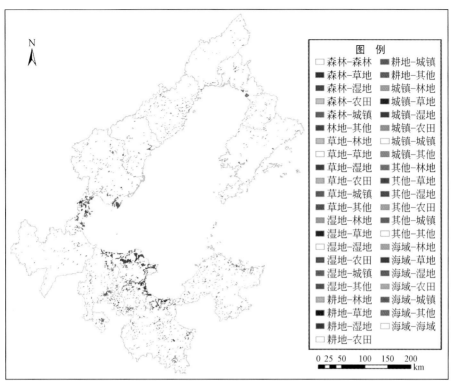

(a) 环渤海地区一级生态系统变化图(2000~2005年)

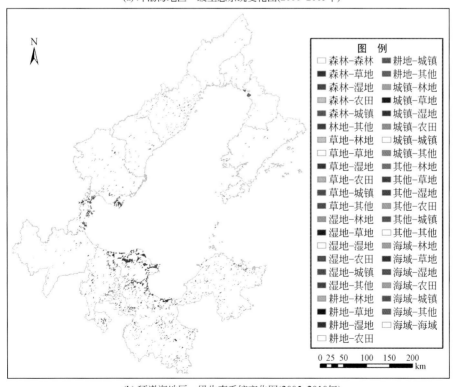

(b) 环渤海地区一级生态系统变化图(2005~2010年)

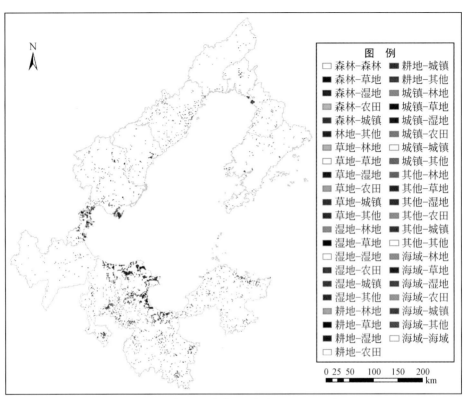

(c) 环渤海地区一级生态系统变化图(2000~2010年)

图 2-5　环渤海沿海地区土地覆被一级分类变化图

表 2-14　一级生态系统分布与构成转移矩阵　　　　　（单位：km²）

年份	类型	森林	草地	湿地	农田	城镇	其他	海域
2000~2005	森林	21 457.7	60.4	24.3	458.8	80.3	3.2	0.0
	草地	77.4	3031.2	133.5	103.9	60.6	19.9	0.0
	湿地	25.0	35.4	9357.1	278.3	112.2	41.4	0.0
	农田	418.2	122.4	566.4	74 208.3	1479.8	14.0	0.0
	城镇	29.4	21.6	50.7	512.2	10 999.4	2.4	0.0
	其他	5.4	12.8	108.3	23.6	28.6	1240.4	0.0
	海域	1.4	1.6	35.8	0.7	27.1	10.2	847.2
2005~2010	森林	20 998.2	54.3	45.8	725.5	169.9	20.8	0.0
	草地	71.7	2803.9	217.4	113.9	71.5	6.9	0.0
	湿地	35.7	50.9	9231.9	451.0	269.0	237.8	0.0
	农田	812.2	137.6	458.3	71 007.6	3122.4	47.8	0.0
	城镇	93.8	32.7	73.0	671.6	11 908.3	8.5	0.0
	其他	5.8	187.0	281.7	90.9	25.6	740.6	0.0
	海域	9.3	0.0	22.2	2.0	794.3	19.5	0.0

续表

年份	类型	森林	草地	湿地	农田	城镇	其他	海域
	森林	21 209.4	7.7	36.2	621.2	191.7	18.6	0.0
	草地	42.5	2941.1	311.0	21.2	95.2	15.5	0.0
	湿地	25.2	43.8	8974.5	342.1	287.3	176.6	0.0
2000~2010	农田	663.6	63.7	571.0	71 766.8	3652.1	91.9	0.0
	城镇	69.7	18.9	46.4	213.5	11 258.7	8.5	0.0
	其他	5.1	189.1	349.0	94.9	36.5	744.6	0.0
	海域	11.2	2.1	42.0	2.9	839.4	26.3	0.0

注：保留一位小数。

表 2-15　一级生态系统类型相互转化强度　　　　　（单位：%）

年份	类型	森林	草地	湿地	农田	城镇	其他	海域
	森林	97.2	0.3	0.1	2.1	0.4		
	草地	2.3	88.5	3.9	3.0	1.8	0.6	
	湿地	0.3	0.4	95.0	2.8	1.1	0.4	
2000~2005	农田	0.5	0.2	0.7	96.6	1.9		
	城镇	0.3	0.2	0.4	4.4	94.7		
	其他	0.4	0.9	7.6	1.7	2.0	87.4	
	海域	0.2	0.2	3.9	0.1	2.9	1.1	91.7
	森林	95.4	0.2	0.2	3.3	0.8	0.1	
	草地	2.2	85.3	6.6	3.5	2.2	0.2	
	湿地	0.3	0.5	89.8	4.4	2.6	2.3	
2005~2010	农田	1.1	0.2	0.6	93.9	4.1	0.1	
	城镇	0.7	0.3	0.6	5.3	93.1	0.1	
	其他	0.4	14.0	21.2	6.8	1.9	55.6	
	海域	1.1		2.6	0.2	93.8	2.3	
	森林	96.0	0.0	0.2	2.8	0.9	0.1	
	草地	1.2	85.8	9.1	0.6	2.8	0.5	
	湿地	0.3	0.4	91.1	3.5	2.9	1.8	
2000~2010	农田	0.9	0.1	0.7	93.4	4.8	0.1	
	城镇	0.6	0.2	0.4	1.8	96.9	0.1	
	其他	0.4	13.3	24.6	6.7	2.6	52.5	
	海域	1.2	0.2	4.6	0.3	90.8	2.8	

注：保留一位小数。

　　根据以上转移矩阵表格（表 2-14、表 2-15）对研究区近十年生态系统构成转移情况进行分析。通过转移矩阵可以看出，虽然有的生态系统总体上面积变化不大，但其转入转出变化比较剧烈，表明生态系统正在承受人类活动的巨大影响。下面主要从生态用地角度对研究区用地转换进行分析。

（1）森林转入、转出情况分析

2000～2010年，森林总体面积变化不大，从 22 080.37km² 减少到 22 021.85km²，减少不到 60km²，占整个区域森林面积的 0.05%。但从转移矩阵来看，森林在过去十年中发生了较大变化，森林中有 4% 的面积转入其他生态系统类型，面积最大的为农田，达到 621.2km²，占森林面积的 2.8%，191.7km² 转入城镇，在十年中，后五年（2005～2010年）森林向农田和城镇的转换幅度远大于前五年（2000～2005年）。之所以出现上述森林转出现象，整个研究区森林面积仍总体保持稳定，是因为在转出的同时，研究区内同时存在面积相当的其他用地类型转入到森林，主要包括：①农田的面积最大，共计 663.6km²；②城镇为 69.7km²；③草地为 42.5km²，以及少量的其他用地类型。

（2）草地转入、转出情况分析

草地在研究区的总体面积变化情况呈现逐渐减少的趋势，占研究区比例从 2000 年的 2.72%，2005 年的 2.60%，到 2010 年的 2.59%，面积总体变化不大。但正如森林一样，其转入转出情况较为复杂。转出方面，十年中，草地主要转变方向为湿地和城镇，其他一部分转向森林、农田和其他用地。转入方面主要由农田、湿地和其他用地类型转入。

（3）湿地转入、转出情况分析

据前分析，湿地在研究时段内一直处于增加状态。由于湿地生态系统一般可理解为一个区域的"肺"，其变化情况常常被认为是一个地区生态环境变化的晴雨表，湿地的增加总体上可视为能促进该地区生态环境的良性转变，但仅仅根据湿地面积变化是不够的，湿地质量应该作为一个更为重要的指标去考量。

从湿地转出情况来看，8.9% 的原湿地面积流失，主要转移方向为农田、城镇和其他用地，其中转入农田面积为 342.1km²，占原湿地面积的 3.5%，转入城镇面积为 287.3km²，占原湿地面积的 2.9%，转入其他用地类型（主要转入二级类别裸土）的面积为 176.6km²，占 1.8%。只有一小部分湿地转变为森林和草地。从以上情况可以看出，过去十年中湿地流失其实是相当严重的，主要表现在农田和建设用地占用湿地资源，以及转化为裸地，而这些无疑都直接和人类活动及各种开发建设息息相关。

从湿地转入情况来看，主要来自草地、农田和其他用地。因为现实中湿地也可能长期覆盖草本植物，在解译时两者有较为相似的特征，其中草地的转入不排除因遥感影像获取时降水量的影响产生的解译误差，在遥感影像上常呈现出异物同谱的现象。同时也有地方政府利用草地和其他用地来建设人工湿地的可能，从而扩大湿地面积，提高生态环境质量。

但从总体上来看，湿地质量仍呈下降趋势，大量自然湿地被改造为农田或建设用地，而其他类型的转入使得人工湿地类型在湿地中的比例越来越大。下文中将结合变化轨迹方法，进一步分析相叠加行政区域内的湿地动态特征。

（4）农田转入、转出情况分析

从前文分析中可知，十年中研究区农田一直处于下降趋势，有 4.8% 的农田被转变为城镇，面积为 3652.1km^2，其中主要是旱地向居民地的转入（表 2-14），为 3069.5km^2，说明农田的流失主要是人类的建设活动所造成的。国家规定建设用地占用农田必须做到占补平衡，但从农田转入情况来看，十年间有 621.2km^2 的森林、342.1km^2 的湿地转入农田，这样对生态破坏的程度可想而知，这种占用森林和草地资源来满足占补平衡的做法在研究区内屡见不鲜。此外，还有 213.5km^2 的城镇被转变为农田。

综上所述，研究区内主要变化轨迹类型大都来源于人类的开发利用活动，人类干扰起到了至关重要的作用。因为研究区为沿海发达地区，经济的快速发展加速了人地矛盾，对土地需求量也急剧增加，而城市建设所需的土地后备资源短缺，土地资源的流转则成为人类获取土地资源的一种重要方式，各种人类活动成为了土地利用变化的主要驱动力。虽然有的生态系统总体上面积变化不大，但其生态用地间转入转出变化比较剧烈，表明生态系统正在承受人类活动的巨大影响。

1）"农田"变化最为剧烈，主要表现在农田的流失上。

2）"农田"向"城镇"的转换是研究区最大的变化类型，其中 2005～2010 年变化面积远大于 2000～2005 年，占用基本农田进行开发建设的现象更加严重。

3）围填海面积为 917.37km^2，其中大部分发生在 2005～2010 年。

4）湿地面积总体上变化不大，但其转入和转出量比例均较大，证明湿地内部的变化剧烈，湿地的破坏和人工湿地的补充同时进行。

2.5　生态系统动态变化轨迹分析

基于对景观格局分析现状及困境的认识，陈利顶等（2008）提出，景观格局分析应该从目前的静态格局描述发展到对动态格局的刻画，只有找到刻画动态格局的方法，才能将格局和过程有机联系在一起，通过多维景观格局分析，定量研究景观格局演变与生态过程之间的关系。

变化轨迹分析方法恰恰正是一个描述景观格局变化在时间尺度上的新方法，即对景观变化时间格局的动态刻画。轨迹分析也是一种综合的方法框架，在该框架下，可以将不同的具体方法集成应用。主要优点是该方法能够让人们从最高的过程完整性上来探求其变化规律性，而不是像其他模型一样割裂其基本变化过程来获取信息规律。轨迹分析是一种多变量数据分析技术，可以同时提供非连续现象与连续现象的估算，揭示自然系统运行的规律性，识别其驱动机制，最终找出其控制原则。该方法很容易被应用于时间序列的土地覆盖动态变化研究，与数据的来源无关（László，2009）。通过将变化历史与具体变化位置相结合，不仅可以描述格局的时序变化规律，而且可以同时考虑它们的连续性和方向性。过去的变化规律影响当前不同景观元素的生态特征，同时影响其在规划策略制定方面所起的作用，因此这种动态过程重建变得更加重要（Haines-Young，2005）。变化轨迹的研究目的就是通过基于每一点的变化过程进行研究，揭示自然系统运行的规律性，识别其驱动机制，最终找出问题所在及控制原则。

土地覆盖变化中的许多现象在变化前后均存在特殊的时间连续性，致使地物光谱空间产生独特的时序标志（Kennedy et al.，2007）。利用遥感影像数据进行变化轨迹分析可以拓宽研究范围，提高分析精度，从而获取更多、更精确的变化信息，将成为土地利用动态变化研究的发展方向，目前已有少数学者进行了初步探讨（Kennedy et al.，2007；Zhou et al.，2008a；Ruiz and Domon，2009）。Lambin 等（2000）认为通过变化轨迹格局能够比通过单期影像方法更好诠释景观变化过程。Southworth 等（2002）利用变化轨迹的景观指数推断出土地利用变化格局，但该研究仅侧重于某一种土地利用类型（如森林）的变化情况，而未进行不同类型之间的比较。Crews-Meyer（2004）通过分析地表覆盖类型的"像素历史"的景观指数评价了土地利用/覆盖的空间持续性，提取了格局指数的轨迹类别，然而该研究主要侧重于指数本身的变化轨迹，而非变化轨迹的指数。

在景观格局动态分析中，利用遥感影像数据进行变化轨迹分析，并将现有格局指数与轨迹分析相结合，建立适合变化轨迹分析的格局指数，定量分析土地利用动态特征成为一个新的研究方向。Zhou 等（2008b）将轨迹分析方法应用到塔里木盆地人口稀少的地区，在其研究中通过应用已有景观指数方法来定量评价土地覆盖变化的空间格局与人类活动及自然因素的关系。Wang 等（2012）将轨迹分析应用到天水耤河流域，分析土地利用变化轨迹与水系及地形等自然地理因子之间的关系，进一步为轨迹分析在土地利用动态变化研究中的应用提供了实例。

综上所述，目前研究中缺乏时空动态刻画的科学方法，而变化轨迹分析方法恰恰能够实现对景观变化时间格局的动态刻画，两者具有较好的结合前景。将变化轨迹分析方法应用到生态系统动态变化评价中，能较好反映景观格局变化轨迹在时间和空间不同维度上的变化规律，找出生态系统动态规律及其复杂驱动机制。

2.5.1 变化轨迹分析方法

变化轨迹分析方法是一个描述景观格局变化在时间尺度上的新方法，即对景观变化时间格局的动态刻画。轨迹分析也是一种综合的方法框架，在该框架下，可以将不同的具体方法集成应用。该方法通过栅格叠加计算将时间序列中不同节点的栅格状态记录在一个新的变化轨迹图谱中，通过与各种统计方法相结合（如计算其景观指数），对变化轨迹图谱进行空间统计分析，找出时间序列中所研究现象的时空动态变化特征，并可以借助地理信息系统空间分析功能，与其空间驱动因素有效叠加，开展深入分析。该方法的主要优点是能够让人们从最高的过程完整性上来探求其变化规律，而不是像其他模型一样割裂其基本变化过程来获取信息规律。

变化轨迹分析是一种可用来分析时序动态变化的新方法。该方法的首要前提是认为土地覆盖变化中的许多现象在变化前后均存在特殊的时间连续性，致使光谱空间产生独特的时序标志（Kennedy et al.，2007）。动态变化研究的主要目标是识别、量测和解释这种标志，是在整个光谱值的时序轨迹中寻找这些理想的标志，而不是在两个时间节点的影像中寻找单一的变化事件（Kennedy et al.，2007）。轨迹分析方法可以同时提供非连续现象（如干扰时间与强度）与连续现象（如干扰后的恢复）的估算。基于一种简单灵活、可以确保过程完整性的概念模型运转下，轨迹分析可以很好地探究动态系统规律性，并完成以上具体工作，这与将完整变化过程机械拆开并进行处理的抽象数学模型形成鲜明对比（László，2009）。

（1）轨迹分析的目标与特点

1）轨迹分析是一种多变量数据分析技术，旨在揭示自然系统运行的规律性，识别其驱动机制，最终找出其控制原则。

轨迹分析模型是一个简单的概念模型。该原型由三部分组成：射弹、弹道和驱动力。当它被用在自然植被/环境系统上时，射弹就变成了植被状态，弹道轨迹就变成了植被演化过程，驱动力就变成了驱动环境变量（László，2009）。模型结构比较简单，在自然环境下可以得到很好的限定，并且很容易被应用于时间序列的植被数据，与数据本身的具体来源无关。其目的就是通过基于每一点的变化过程进行研究，揭示自然系统运行的客观规律，识别其驱动机制，最终找出其控制原则。

2）轨迹分析主要用来识别景观随时间变化的轨迹过程。

通过将变化历史与具体变化位置相结合，不仅可以描述格局的时序变化规律，而且可以同时考虑它们的连续性和方向性。所以，强调变化轨迹很有用。例如，可以重建过去的变化过程，分析其变化的主要驱动力，或者基于相关的政治、经济和技术条件发生变化的情况下预测景观变化趋势等（Domon and Bouchard，2007；Ruiz and Domon，2009）。过去的变化规律影响当前不同景观元素的生态特征，同时影响其在规划策略制定方面所起的作用，因此这种动态过程重建变得更加重要（Haines-Young，2005）。

3）轨迹分析将时间维与景观格局相结合，同时，轨迹分析方法的多样性展现了这种结合所面临的挑战。

在轨迹分析中，每个轨迹是一条单维度的线，在定义了任何时间和空间上的点的轨迹状态的多维度空间中，表示状态随时间的变化趋势。轨迹的概念意味着要使用过去的历史序列数据，利用调查数据找出植被变化过程的定量模拟分析，进而揭示相关过程规律及管理的信息。

4）轨迹分析是一种综合的方法框架，在该框架下，可以将不同的具体方法集成应用。

在轨迹分析框架下，各种不同的分析方法可以被集成应用，如空间分析与多变量统计方法的合成等，表明了轨迹分析方法在景观动态变化分析方面具有较好的发展潜力（Ruiz and Domon，2009），可以应用各种光谱技术来探测植被变化的各方面信息，只要特有的时间或空间维度的最小要求得到满足，数据就可以用来分析处理，当然数据的详尽程度经常对结果具有限制作用。

5）轨迹分析的前提假设是变化具有随机性和规律性两大特性。

一般的生态过程表明随机变化可能控制了短期变化过程，特别是在具体的小尺度高度同质的环境下，如林隙动态（gap dynamics）。规律性变化是指环境变化在一定的时空尺度内的总体趋势，表示其变化的真实类型和强度。时空尺度并不会隔离变化的随机与规律性部分。随机变化与规律性变化在自然界内以波的层叠方式回旋前进，在整个系统内是密不可分的（László，2009）。与其他模型相比，轨迹分析模型的主要优点是该模型能够让我们从最高的过程完整性上来探求其变化规律性，而不是像其他模型一样割裂其基本变化过程，在初级水平上探讨植被动态来获取信息规律。

（2）基于栅格的变化轨迹图谱表达方法

时间序列过程中的变化轨迹可以用变化代码来表示，如 AAAAA、AABEE、11112、22233 等，表现形式多样，其中每一个代码的字母或数字等，代表每一个时期相应栅格上面的土地利用类型。这样就可以表示该栅格对应的地点在研究时序内各个时间节点上土地利用类型的变化轨迹。

当研究区土地利用类别数小于 10 时，可以简单地利用栅格运算实现基于每一个栅格的轨迹变化曲线（Wang et al.，2012）。

$$T_{ij} = (G1)_{ij} \times 10^{n-1} + (G2)_{ij} \times 10^{n-2} \cdots + (Gn)_{ij} \times 10^{n-n} \tag{2-1}$$

式中，T_{ij} 为轨迹分析结果栅格图像中第 i 行第 j 列栅格的轨迹曲线代码值，代表土地利用变化过程，无数学意义；n 为时间节点个数；$(G1)_{ij}$、$(G2)_{ij} \cdots (Gn)_{ij}$ 为各个时间节点的栅格图像的相应栅格土地利用类型代码值。

（3）变化轨迹斑块的意义

变化轨迹图谱中，相邻的相同轨迹代码所属栅格聚集形成变化轨迹斑块，具有较强的生态学意义。斑块代码可以表达该斑块范围在研究时间序列内发生了同样的变化。例如，斑块代码"445"（代表"农田—农田—城镇"）则可以明确表示该斑块的变化轨迹，在第一到第二个时间节点未发生变化，从第二到第三个时间节点上该斑块土地类型从农田变成了城镇。再如，斑块代码"22445"表示在时间序列的五个节点上变化轨迹为"草地—草地—农田—农田—城镇"。

综上所述，变化轨迹分析方法通过把时间序列中复杂的动态变化用简单的代码来代替，并通过相邻的同类代码形成斑块，将复杂的时空动态现象用二维图谱表示出来。同时也正因为这样，以前二维景观格局分析中的格局指数都可以借用来分析变化轨迹类型斑块在二维图谱中的分布、比例和空间格局，即时间序列变化动态在空间上的分布特征。

2.5.2 典型变化轨迹识别与选择

本文中的轨迹分析是基于研究区三个时间节点上的分类分别研究。鉴于二级类别偏多，所以在做格局变化轨迹分析时，主要采用一级分类来进行，即生态系统类型为森林、草地、湿地、农田、城镇和其他以及海域 7 种类型。由于 2005 年和 2010 年临海区域有部分是人工围填海形成的覆盖类型，在前一期数据中显示为 No data，要进行空间叠加计算的话，三层叠加也将出现无值区（No data），所以要先进行处理，用 2010 年的外边界为叠加计算边界，前两期数据中边界内 No data 区域赋值为 7，代表海域。这样，在进行叠加统计时就避免了数据的损失。土地利用类别包括森林、草地、湿地、农田、城镇、其他，以及海域 7 种，用代码 1～7 来代替（表2-16）。

表 2-16　土地利用类型对应代码表

类别	代码
森林	1
草地	2
湿地	3
农田	4
城镇	5
其他	6
海域	7

处理过程还是利用重分类（reclassification）和栅格计算的方法（raster calculation）。应用轨迹分析方法中的栅格计算，获取三个时间节点的生态格局动态变化轨迹图谱。

时间序列中三个时间节点，最多会出现 $7×7×7=343$ 种变化轨迹。实际处理结果共 245 种轨迹代码，图例太多无法显示。为了更加形象，将 111、222、333、444、555、666 等代表未发生过变化的栅格都设为无色，其他设置成彩色。

按照栅格数排列属性表，可以看出属性表中栅格数超过 3 万的轨迹代码共 36 种（图 2-6），包括 6 种未发生变化的代码，轨迹代码所占栅格数超过 3 万的栅格总数为 139 480 760，所占总栅格数比例为 99.5%（研究区栅格总数为 147 715 984）；所有发生变化的栅格数为 7 572 293，栅格数超过 3 万的发生变化的栅格总数为 6 909 362（30 种），占所有变化栅格数的 91.25%，所以可以将栅格数超过 3 万的发生变化的轨迹代码确定为研究区内主要的变化轨迹代码，共 30 种。

应用重分类功能将其他变化类型赋值为 999，未变化类型赋值为 0（ArcGIS 条件修改功能）；另外，由于围填海在区域内只有海岸带才会发生，不会遍布在整个区域，所以其面积也不会太大，在研究围填海开发强度时，可以再专门对涉及带有"7"的轨迹代码进行统计计算。此处先将排在前 30 种以外的变化类型忽略。对具体地类的动态变化情况进行分析时，将根据具体地类的相关代码对主要轨迹代码重新筛选。

数据处理流程如下。

1）将二级类别转成一级类别，共 6 类+海域合计 7 类。

2）应用一级类别数据进行轨迹计算，并反过来对一级类别数据进行检查，发现有异常变化值，再对原始数据进行反复修改。例如，轨迹代码中出现 673，按照代码内容，应该表示区域景观类别变化是"其他—海域—湿地"，通过已有知识和对研究区的经验判断，该代码存在误差的可能性较大，通过查阅资料和现场调研等方法发现，第一期数据应该是 7，因为前两期的海域数据为补充数据，处理过程中出现误差，所以把第一期数据中 6 改成 7，该代码为 773，即该区域以前一直是海域，在 2005～2010 年转变为湿地。

3）修改后数据做两两之间的转移矩阵和轨迹变化（相邻两期、三期轨迹）。由于原始数据在解译前矫正存在问题，所有不同时期数据中间出现少量偏移，为一个栅格左右，导致叠加分析结果出现鱼鳞状边界。应用 Boundary clean 方法去除由于斑块边界栅格错位而造成的误差。

4）轨迹代码中主要代码的选择，仍采取 CON 模块进行，将三期均未发生变化的代码，如 111、222、333，赋值为 0，将主要代码之外的其他代码赋值为 999，主要轨迹代码保持不变。

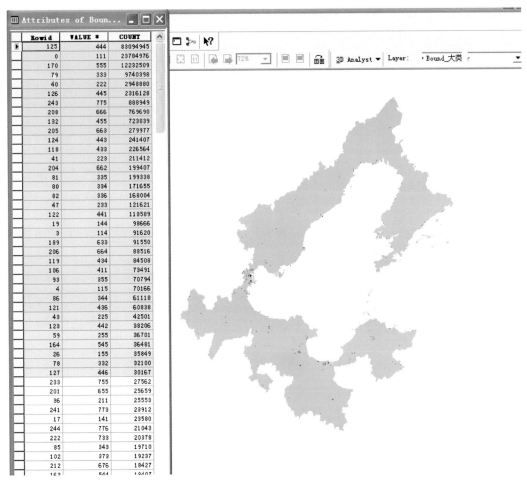

图 2-6　栅格数超过 3 万的变化轨迹范围示意图

2.5.3　主要变化轨迹空间分布图谱分析

（1）土地利用格局动态图谱制作

以地学信息图谱理论方法、地理信息系统时空复合体模型为依据，结合土地利用变化图谱研究方法，利用栅格轨迹计算方法，以各个时间节点的土地利用空间格局图谱信息为输入数据，计算研究区域内每一个图谱单元上的土地利用变化轨迹属性值，形成由"相对均质"的地理单元和"相对均质"的时序单元复合而成的空间—时间—属性—过程一体化的土地利用变化格局的时空动态图谱数据。

土地利用变化格局时空动态图谱制作方法见"基于栅格的变化轨迹图谱表达方法"。

（2）土地利用格局动态变化轨迹重分类

通过建立信息重映射表对图谱单元时空复合信息进行重新分类、提取与综合，即图谱重构。从三个层面分别对变化格局时空动态图谱数据进行重分类。

（3）土地利用变化二值图

将所有发生过土地利用变化的图谱单元属性值设为"1"，未发生变化的图谱单元属性设为"0"，构建研究区土地利用时空变化格局的二值图。用于后续空间分析中与驱动因子进行叠加来分析引起土地利用发生变化的总体因素。

（4）主要土地利用变化轨迹选择

通过图谱单元的轨迹计算获取的土地利用变化轨迹在理论上应该有上千种（图2-7，以每期6中土地利用类型为例），除去一部分不会出现，剩余类型也很难全部用于变化分析，而且对各种变化类型进行统计时不难发现大多数变化轨迹类型所占面积较小，并非主流变化趋势，且其中一部分为分类误差引起的。通过对变化轨迹分布图的属性表进行分析，按照所占面积大小选取30～50种主要轨迹变化类型进行分析，其他变化类型与无变化轨迹类型一起做背景值处理（值为0）。所选类型面积总和控制在占研究区变化轨迹总面积70%以上为宜，以期能够代表研究区主流变化趋势。

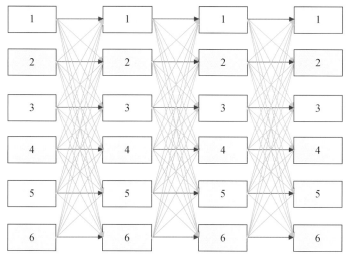

图 2-7　土地利用变化轨迹类型示意图

蓝色为"无变化"，绿色为"变化"。以每期6种土地利用类型为例，
图中每一列为每一时间节点的土地利用类型，1～6分别代替一种土地利用类型

（5）基于主要变化轨迹的轨迹重分类

根据主要变化轨迹的特点将其重新分类，具体类别根据研究区具体情况而定。例如，主要类别可以按照土地利用变化引起的林草覆盖度变化来划分，分为"良性变化"（如土地利用从农地或裸地转变为草地或森林，从而提高了林草覆盖度）、"一般变化"

和"恶性变化"（如森林被乱砍滥伐或毁林开荒变成裸地或农地，从而降低了林草覆盖度）等。

（6）基于景观指数的土地利用时空动态特征研究

景观格局的形成反映了不同的景观生态过程，与此同时景观格局又在一定程度上影响着生态过程的演变趋势，如景观中的物质流、能量流、信息交换、文化变革等。景观格局对生态过程的影响主要表现在 4 个方面（傅伯杰等，2002）：①景观格局的空间分布，如方位（坡向）、母质组成和坡度等；②景观结构将影响景观中生物迁移、扩散、物质和能量在景观中的流动；③景观格局同样影响由非地貌因子引起的干扰在空间上的分布、扩散与发生频率；④景观结构变化将改变各种生态过程的演变趋势及其在空间上的分布规律。从某种意义上说，景观格局是各种生态过程在空间中的瞬时表现。然而由于各种生态过程本身的复杂性和抽象性，很难定量直观地将具体生态过程和景观格局实时结合。为了更直观反映土地利用格局的演变过程，本书直接对连续空间的土地利用变化轨迹斑块（即土地利用格局时空动态图谱中的图谱单元，而非单个时间节点的土地利用斑块）进行景观指数计算，来直接获取土地利用变化轨迹的格局分布特征。

将以上通过不同聚类标准得到的各种土地利用重分类图谱中土地利用时空变化格局作为景观基底，对各类时空变化轨迹斑块类型进行景观指数分析，找出各种土地利用时空变化轨迹类型的特征以及整个研究区内各种变化轨迹的分布特征。

主要选择以下几个景观指数进行景观格局分析，如斑块数（number of patch，NP）、土地利用类型面积〔total（class）area，CA〕、所占百分比（percentage of landscape，PLAND）等，此外还包括分维数指数、景观形状指数、多样性指数、平均斑块大小、聚集度指数和散布与并列指数等。

变化轨迹分析方法是一个描述景观格局在时间尺度上发生变化的新方法，即实现对景观时序格局的动态刻画。时间节点可以从两期到多期，具体可根据研究需要设定。同时，时间序列内部相邻两期或任意两期时间节点之间的变化轨迹也可以随时调用，以供分析具体的变化细节。

2.5.4 环渤海沿海地区生态系统变化轨迹特征

通过 ArcGIS 栅格统计计算功能，获取研究区生态系统在各个时间节点的变化轨迹，并筛选主要的前 30 个轨迹进行统计制图（图 2-8）。

从图 2-8 可以看出，研究区内最大的变化轨迹类型为农田向城镇的转化，在研究区大部分区域内均有分布，包括转换类型"农田—农田—城镇"（轨迹代码 445）和"农田—城镇—城镇"（轨迹代码 455）；围填海所占比例排在第二位，仅有"海域—海域—城镇"转换类型（轨迹代码 775），转换发生在 2005～2010 年，主要分布在滨海新区和唐山市。

2.5.5 生态系统格局动态变化轨迹分析

生态系统构成是指全国或不同区域森林、草地、湿地、荒漠、农田、城市等生态系统

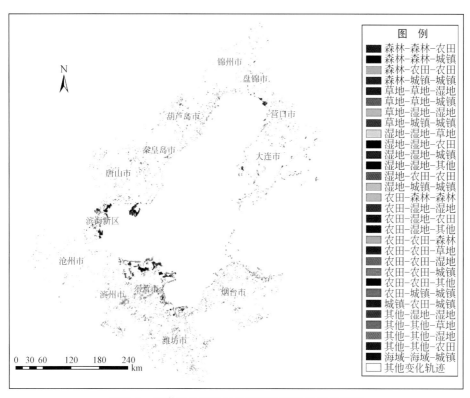

图 2-8　环渤海沿海地区生态系统变化轨迹分布图

的面积和比例。生态系统格局是指生态系统空间格局，即不同生态系统在空间上的配置。主要目的是评价陆地生态系统类型、分布、比例与空间格局，分析各类型生态系统相互转化特征。具体内容为：

1）生态系统类型与分布；

2）各类型生态系统构成与比例变化；

3）生态系统类型转换特征分析与评价；

4）生态系统格局特征分析与评价。

结合上节中变化轨迹分析方法生成变化轨迹斑块的生态意义，本书将生态系统格局指数应用到变化轨迹格局分析中。

本书中景观指数主要采用 FRAGSTATS 4.1 软件进行计算。主要选择了以下几个景观指数进行景观格局分析，首先包括一些常用的统计指标，如斑块数、土地利用类型面积、所占百分比等，此外还包括一些景观分析指标，如分维数指数、景观形状指数、多样性指数、平均斑块大小、聚集度指数和散布与并列指数等。其指标内容如下所述（邬建国，2007）。

（1）土地利用类型面积

土地覆被分类系统中，各类生态系统面积统计值。

$$CA = \sum_{j=1}^{m} a_{ij} \left(\frac{1}{10\ 000} \right) \tag{2-2}$$

式中，CA 为某一斑块类型中所有斑块的面积之和（m^2），除以 10 000 后转化为公顷（hm^2），即某斑块类型的总面积，单位为公顷，范围：CA>0。CA 度量的是景观的组分，具有很重要的生态意义，相关的斑块最小面积和最佳面积等也是极其重要的指数。同时，CA 也是计算其他指标的基础。

（2）分维数指数（fractal dimension index，FRAC）

分维或分维数（fractal dimension）可以直接地理解为不规则几何形状的非整数维数。而这些不规则的非欧几里得几何形状通称为分维（fractal）（邬建国，2007）。

FRAGSTATS 中，斑块的分维数用下式求得：

$$FRAC = \frac{2\ln(0.25P_{ij})}{\ln a_{ij}} \tag{2-3}$$

式中，P_{ij} 为斑块的周长（m）；a_{ij} 为斑块的面积（m^2）；分维数 FRAC 等于 2 乘以该斑块的周长的对数，其中 0.25 为校正常数，除以斑块面积的对数，$1 \leqslant FRAC \leqslant 2$。

在斑块类型与景观层次上，经常利用平均斑块分维数 MPFD 或面积加权平均斑块分维数 AWMPFD 来描述景观中斑块形状的复杂特征，在一定程度上可以反映出景观形状的变化，也在一定程度上反映了景观破碎化程度。斑块形状越复杂，分维数越大。

$$MPFD = \frac{\sum_{i=1}^{m} \sum_{i=1}^{n} \left[\frac{2\ln(0.25P_{ij})}{\ln a_{ij}} \right]}{N} \tag{2-4}$$

$$AWMPFD = \sum_{i=1}^{m} \sum_{i=1}^{n} \left[\frac{2\ln(0.25P_{ij})}{\ln a_{ij}} \left(\frac{a_{ij}}{A} \right) \right] \tag{2-5}$$

分维数指数是反映景观格局总体特征的重要指标，它在一定程度上也反映了人类活动对景观格局的影响。一般来说，受人类活动干扰小的自然景观的分维数值高，而受人类活动影响大的人为景观的分维数值低。

（3）景观形状指数（landscape shape index，LSI）

$$LSI = \frac{0.25E}{\sqrt{A}} \tag{2-6}$$

式中，E 为景观中所有斑块边界的总长度（m）；A 为景观总面积（m^2）。

景观形状指数 LSI 是指景观中所有斑块边界的总长度除以景观总面积的平方根，再乘以正方形校正常数。$LSI \geqslant 1$，无上限。当景观中只有一个正方形斑块时，$LSI = 1$；当景观中斑块形状不规则或偏离正方形时，LSI 值增大。

（4）聚集度指数（contagion index，CONTAG）

$$CONTAG = \left[1 + \frac{\sum_{i=1}^{m} \sum_{k=1}^{m} \left[(P_i) \left(\frac{g_{ik}}{\sum_{k=1}^{m} g_{ik}} \right) \right] \left[\ln(P_i) \left(\frac{g_{ik}}{\sum_{k=1}^{m} g_{ik}} \right) \right]}{2\ln(m)} \right] \times 100 \tag{2-7}$$

式中，CONTAG 为聚集度指数/%，$0 < CONTAG \leqslant 100$；P_i 为斑块类型 i 占景观的比例；g_{ik} 为斑块类型 i 与斑块类型 k 之间相邻的格网单元数目；m 为斑块类型总数。CONTAG 等于景观中各斑块类型所占景观面积比例乘以各斑块类型之间相邻的格网单元数目占景观内总

的斑块相邻格网单元数目的比例，与该值的自然对数相乘后的各斑块类型之和，除以 2 倍的斑块类型数的自然对数，其值加 1 后再转化为百分比的形式。

CONTAG 指标描述的是景观里不同斑块类型的聚集程度或延展趋势。CONTAG 值较小时表明景观中存在许多小斑块；趋于 100 时表明景观中有连通度极高的优势斑块类型存在。由于该指标包含空间信息，是描述景观格局的最重要的指数之一。一般来说，高聚集度值说明景观中的某种优势斑块类型形成了良好的连接性；反之则表明景观是具有多种要素的密集格局，景观的破碎化程度较高。聚集度与边界密度负相关，当边界密度非常低时，一般某一斑块类别占据了整个景观非常大的比例，聚集度很高，反之亦然。同时聚集度也受分散度与镶嵌度的影响，低的斑块类型分散度与镶嵌度值导致高聚集度值产生，反之亦然。同时研究发现聚集度和优势度这两个指标的最大值出现在同一个景观样区。

2.5.5.1 基于格局指数的变化轨迹时空动态分析

结合变化轨迹分析方法生成变化轨迹斑块的意义，本研究将生态系统格局指数应用到变化轨迹格局分析中。

（1）面积比例分析

由于指数 PLAND 为斑块类型占整个区域的比例，所以其值较小，而本研究主要是对研究区内时间序列中发生变化的区域进行研究，故考虑变化斑块面积占整个区域内所有变化斑块面积的比例，对轨迹斑块比例进行计算。结合图 2-6 的属性表，分别按照面积比例（表 2-17）和代码类型（表 2-18）进行排列做表，以便进一步对轨迹代码的分析提供便利。从表 2-17 和表 2-18 表格结构及其提供信息来看，统计变化轨迹代码类型的面积和所占比例，可以起到转移矩阵的功效，包括面积和比例转移矩阵信息，又能直接应用轨迹代码表明变化的时间节点。同时因为变化轨迹代码在空间地图上可以表现为斑块形式，所以又能提供每一种转移所发生的空间位置，为分析转移的空间分布提供便利。

表 2-17 主要轨迹代码面积统计表——按照栅格数（面积）排列

ID	轨迹代码	类型转换 （2000 年～2005 年～2010 年）	面积/hm^2	占变化总面积 的比例/%
1	445	农田-农田-城镇	208 452	30.59
2	775	海域-海域-城镇	80 005	11.74
3	455	农田-城镇-城镇	65 074	9.55
4	663	其他-其他-湿地	25 198	3.70
5	443	农田-农田-湿地	21 727	3.19
6	433	农田-湿地-湿地	20 391	2.99
7	223	草地-草地-湿地	19 027	2.79
8	662	其他-其他-草地	17 947	2.63
9	335	湿地-湿地-城镇	17 940	2.63
10	334	湿地-湿地-农田	15 449	2.27

ID	轨迹代码	类型转换 （2000 年~2005 年~2010 年）	面积/hm²	占变化总面积 的比例/%
11	336	湿地–湿地–其他	15 120	2.22
12	233	草地–湿地–湿地	10 946	1.61
13	441	农田–农田–森林	10 673	1.57
14	144	森林–农田–农田	8 880	1.30
15	114	森林–森林–农田	8 246	1.21
16	633	其他–湿地–湿地	8 240	1.21
17	664	其他–其他–农田	7 966	1.17
18	434	农田–湿地–农田	7 606	1.12
19	411	农田–森林–森林	6 614	0.97
20	355	湿地–城镇–城镇	6 371	0.93
21	115	森林–森林–城镇	6 315	0.93
22	344	湿地–农田–农田	5 501	0.81
23	436	农田–湿地–其他	5 475	0.80
24	225	草地–草地–城镇	3 825	0.56
25	442	农田–农田–草地	3 439	0.50
26	255	草地–城镇–城镇	3 303	0.48
27	545	城镇–农田–城镇	3 283	0.48
28	155	森林–城镇–城镇	3 226	0.47
29	332	湿地–湿地–草地	2 889	0.42
30	446	农田–农田–其他	2 715	0.40

表 2-18　主要轨迹代码面积统计表——按照代码类型排列

ID	轨迹代码	类型转换 （2000 年~2005 年~2010 年）	面积/hm²	占变化总面积 的比例/%
1	114	森林–森林–农田	8 246	1.21
2	115	森林–森林–城镇	6 315	0.93
3	144	森林–农田–农田	8 880	1.30
4	155	森林–城镇–城镇	3 226	0.47
5	223	草地–草地–湿地	19 027	2.79
6	225	草地–草地–城镇	3 825	0.56
7	233	草地–湿地–湿地	10 946	1.61
8	255	草地–城镇–城镇	3 303	0.48
9	332	湿地–湿地–草地	2 889	0.42
10	334	湿地–湿地–农田	15 449	2.27

ID	轨迹代码	类型转换 （2000 年～2005 年～2010 年）	面积/hm²	占变化总面积 的比例/%
11	335	湿地–湿地–城镇	17 940	2.63
12	336	湿地–湿地–其他	15 120	2.22
13	344	湿地–农田–农田	5 501	0.81
14	355	湿地–城镇–城镇	6 371	0.93
15	411	农田–森林–森林	6 614	0.97
16	433	农田–湿地–湿地	20 391	2.99
17	434	农田–湿地–农田	7 606	1.12
18	436	农田–湿地–其他	5 475	0.80
19	441	农田–农田–森林	10 673	1.57
20	442	农田–农田–草地	3 439	0.50
21	443	农田–农田–湿地	21 727	3.19
22	445	农田–农田–城镇	208 452	30.59
23	446	农田–农田–其他	2 715	0.40
24	455	农田–城镇–城镇	65 074	9.55
25	545	城镇–农田–城镇	3 283	0.48
26	633	其他–湿地–湿地	8 240	1.21
27	662	其他–其他–草地	17 947	2.63
28	663	其他–其他–湿地	25 198	3.70
29	664	其他–其他–农田	7 966	1.17
30	775	海域–海域–城镇	80 005	11.74
31	999	其他转换	59 664	8.75

从表 2-17 可以看出，研究区内占变化总面积比例最大的三个轨迹代码为 445（农田–农田–城镇）、775（海域–海域–城镇）和 455（农田–城镇–城镇），分别为 30.59%、11.74% 和 9.55%。三个代码都是向城镇转换，总计比例为 51.88%，超过变化总面积的一半。代码 445 和 455 都代表农田向城镇的转换，总计占变化总面积的 40.14%，其中2005～2010 年（代码 445）变化面积远大于 2000～2005 年（代码 455），说明时间序列中后一阶段比前一阶段占用农田进行开发建设现象更加严重。且从空间分布来看，这两种代码多分布在原城镇周围和农田交界处，较大程度上代表城市扩展或城镇化进程。而 775 代表海域向城镇的转换，发生时间为 2005～2010 年，空间位置主要是原海岸线扩张，由人工围填海造成。由于代码 755（海域–城镇–城镇）面积较小，未进入前三十，此处先不做分析，将在后文专门就围填海强度进行分析。

紧接着排在第 4～12 的九个代码中除了代码 662 为其他向草地的转换外，其他 8 个轨迹代码（663、443、433、223、233、335、334、336）都涉及湿地转换的问题，面积比例从 1.61% 到 3.70%。其中代码 663、443、433、223、233 为各类用地向湿地转入的轨迹代码面积比例，而 335、334、336 等代表湿地向其他各类用地转换。表明研究区湿地面积虽然总体上变化不大，但其转入转出量比例均较大，证明研究区内部湿地变化剧烈，自然湿地的破坏和人工湿地的补充同时进行。

此外，农田生态系统类型属于受人类干扰最为剧烈的地类，涉及农田转换的代码 16 个，占研究区变化总面积比例达到 58.92%。其中涉及农田转出的代码占研究区变化总面积的 51.68%，表明农田变化主要表现在农田的流失上。

（2）其他格局指数计算与分析

景观指数主要采用 FRAGSTATS 4.1 软件进行计算。主要选择了以下几个景观指数进行景观格局分析，首先包括一些常用的统计指标，如斑块数、土地利用类型面积、所占百分比等，此外还包括一些景观分析指标，如景观类型平均斑块大小（AREA_MN）、景观形状指数（LSI）、平均斑块类型分维数指数（FRAC_MN）和聚集度指数（CONTAG）等。其中 CA 和 PLAND 指数在前面已经讨论过，此处重点对其他指数进行讨论。几个指标在景观意义上分布与景观类型破碎度、景观类型规则性、景观类型连通性和人类干扰程度相关，用表 2-19 来表示。

表 2-19　景观指数所代表的景观特征

指数	相关特征	关系	
		指数	相关特征
AREA_MN	破碎度	↗	↘
LSI	规则性	↗	↘
FRAC_MN	人类干扰程度	↗	↘
AI	连通性	↗	↗

景观类型平均斑块大小（AREA_MN）可以指征斑块的破碎程度，其值越小，破碎度越大；类形状指数（LSI）表征类斑块形状的规则性，其值越大，越不规则；平均斑块类型分维数指数（FRAC_MN）是规则性与破碎度的一个结合体，在一定程度上反映了人类活动的干扰。一般受人类活动干扰小的景观类型的分维值较高，受人类活动干扰大的景观类型分维数低。聚集度指数（CONTAG）描述景观里不同斑块类型的聚集程度或延展趋势，一般 AI 值较小时，景观中存在着较多小斑块，趋于 100 时，有连通极高的优势斑块类型存在。轨迹代码格局指数计算结果见表 2-20。

表 2-20　轨迹代码格局指数计算

轨迹代码	NP	AREA_MN	LSI	FRAC_MN	AI
114	1 511	5.43	39.30	1.02	61.44
115	1 558	4.07	42.21	1.02	52.67
144	803	11.09	29.95	1.03	72.09

续表

轨迹代码	NP	AREA_MN	LSI	FRAC_MN	AI
155	323	10.03	19.24	1.03	70.59
223	254	74.89	15.19	1.04	90.67
225	761	5.01	26.71	1.02	61.76
233	271	40.38	13.58	1.03	89.06
255	321	10.31	17.05	1.02	74.47
332	215	13.43	13.43	1.03	78.73
334	1 484	10.43	31.14	1.03	78.00
335	823	21.78	22.47	1.03	85.45
336	509	29.72	16.53	1.03	88.52
344	818	6.73	26.39	1.02	68.78
355	404	15.72	21.89	1.04	76.03
411	505	13.03	21.97	1.02	76.37
433	2 666	7.67	46.33	1.03	71.26
434	1604	4.76	31.73	1.01	67.88
436	42	130.37	3.72	1.02	96.65
441	2 123	5.01	43.48	1.02	62.46
442	263	13.08	11.21	1.01	84.01
443	3 917	5.54	62.86	1.03	61.90
445	31 962	6.52	199.64	1.03	60.76
446	320	8.47	17.50	1.03	70.91
455	11 095	5.88	108.65	1.03	61.89
545	694	4.78	26.92	1.02	58.84
633	234	35.24	13.23	1.03	87.74
662	112	160.34	11.93	1.04	92.61
663	425	59.17	19.35	1.04	89.51
664	144	55.29	10.17	1.03	90.62
775	1 200	66.61	29.51	1.06	90.89

从平均斑块类型分维数指数（FRAC_MN）来看，表中所有变化轨迹斑块类型对应的分维数值都不高，最大为1.06，说明研究区内这些主要的景观格局变化都与人类干扰有着密不可分的联系。由于研究区地处渤海沿岸，大都属于东部沿海经济发达地区，人类活动密集，目前的经济增长主要依赖于人类对自然生态的改造和开发利用。经济增长加速各项基础设施建设，进而促使用地需求趋于紧张，城镇用地的大规模扩展，必将占用其他各类用地（尤其是农田）。而为了有效解决土地问题，同时利用沿海地区的海域优势，向海域要地，促使围填海工程在各个地区展开。这一系列人类活动难以避免地对区域生态环境造

成扰动和破坏，也是生态系统格局发生剧变的核心驱动。这一点表 2-20 中各个变化轨迹内涵也能清楚地反映出来。变化轨迹代码的分布情况更能说明问题。变化轨迹类型几乎遍布研究区内的各个角落，尤以城镇（居住地等）周边分布较为严重。

类平均斑块大小（AREA_MN）较大，且聚集度指数（CONTAG）值较高的变化轨迹斑块类型有 662、663、664、436、223、775 等，其中前四种变化轨迹都涉及了其他类型（主要的二级类型为裸岩、裸土和盐碱地）的转变。223 为草地向湿地的转换，而 775 为围填海的表现。较大的评价斑块面积和较高的聚集度表明这几种变化轨迹可能是人类有组织有规模的大型开发活动。尤其是在用地紧张的情况下，经济开发占用大量农田，而农田占用又要满足"占补平衡"，变化轨迹 664 即为利用裸土或盐碱地补充农田的实例。从表面看补充了农田面积，但农田质量却大大降低。

与以上变化类型相对应，一些变化类型，如 115、225、445、455 等，其类平均斑块大小（AREA_MN）较小（大都小于 10），且在研究区内聚集度值较低，但其斑块数（NP）较高，且形状指数较高。这与目前人类开发过程中城镇用地获取的特征有关。目前，由于政府也逐渐加强了对生态系统的保护意识，在城镇，尤其是建设用地的审批方面比较严格，一次性大面积的建设用地审批较少。例如，居民建设用地一般以宗地的形式出现，且对其他类型的占用也要考虑诸多因素，所以会出现平均面积较小，且聚集度不高的现象。但极高的斑块数表明其变化强度之大，如变化轨迹 445 和 455，斑块数达到 31 962 和 11 095，其破碎度可想而知，占地面积更为可观。综上所述，通过格局指数判断，研究区内主要变化轨迹类型大都来源于人类的开发利用活动。人类干扰起了至关重要的作用。

2.5.5.2 环渤海沿海各子区域变化分析

由于研究区范围较大，分布在四个省份，所以每个地区情况不一。在分析整个研究区生态系统变化情况的基础上，本节针对沿海各个地级市辖区，主要包括大连、营口、盘锦、锦州、葫芦岛、秦皇岛、唐山、天津滨海新区、沧州、滨州、东营、潍坊和烟台等进行分区统计分析。分区统计采用 ArcGIS 软件中分区统计模块 Tabulate Area，以各个地级市、区行政范围为统计边界，对各个子区域内各种土地类型面积分布和主要变化轨迹代码进行统计。

（1）子区域土地类型面积统计及动态度分析

子区域各种土地类型面积分布统计见表 2-21。根据表 2-21，并依据动态度计算公式（2-18）计算子区域各种土地类型 10 年间的变化动态度，生成子区域各土地类型动态度统计图。

$$R = \sqrt[n-1]{\frac{A_e}{A_i}} - 1 \qquad (2\text{-}8)$$

式中，R 为土地开发动态度；A_i 为初期土地开发强度；A_e 为末期土地开发强度；n 为时间调查时间长度（年），取整。

由于"海域"类型是采用 2010 年海岸线作为沿海部分边界，同时对 2000 年和 2005 年分类结果进行补充，将边界范围内无数据区域（No data）赋值为海域，所以在 2000 年和 2005 年的土地覆盖分类中有"海域"的覆盖类型,而 2010 年研究区范围内没有海域类型,故本次统计动态度时暂对"海域"不做考虑,在第 3 章中将专门对围填海强度进行分析。

子区域生态系统类型 10 年间变化动态度统计结果见表 2-22,并生成子区域各生态系统类型动态度统计图(图 2-9)。

表 2-21 子区域内一级地类面积统计表 （单位：hm²)

时间	地区	森林	草地	湿地	农田	城镇	其他	海域
2000 年	滨海新区	873	6 105	102 296	56 502	30 332	5 454	33 697
	唐山市	170 968	55 172	122 016	814 220	174 282	1 723	27 776
	秦皇岛市	326 182	69 933	12 447	320 972	46 461	1 696	502
	沧州市	13 670	1 078	94 765	1 139 754	160 969	844	23
	大连市	402 303	0	80 086	702 113	99 328	4 512	13 304
	锦州市	233 406	5 438	38 416	622 197	81 777	1 040	816
	营口市	250 709	282	37 945	171 898	62 588	259	845
	盘锦市	382	934	96 094	208 587	45 197	608	900
	葫芦岛市	457 728	1 602	14 675	508 487	41 880	1 342	1 324
	东营市	2 204	42 157	118 760	447 873	76 866	68 665	4 411
	烟台市	236 446	81 495	51 380	878 487	105 094	8 404	5 171
	潍坊市	103 770	71 444	113 239	1 134 529	146 179	24 127	2 966
	滨州市	9 396	6 958	102 490	674 493	90 487	23 077	3
2005 年	滨海新区	990	5 031	101 147	51 783	41 848	3 129	31 331
	唐山市	170 915	55 555	122 578	802 420	187 355	1 599	25 734
	秦皇岛市	326 044	69 791	13 113	314 904	52 278	1 573	489
	沧州市	13 790	1 303	96 978	1 135 992	162 268	752	21
	大连市	398 655	0	78 366	698 643	110 729	4 420	10 832
	锦州市	232 839	5 576	38 025	618 750	86 321	919	660
	营口市	244 007	274	38 478	171 101	69 769	271	625
	盘锦市	361	913	96 249	204 700	49 006	610	863
	葫芦岛市	456 380	1 598	14 889	505 110	46 484	1 398	1 179
	东营市	2 466	34 536	143 658	423 377	83 760	68 743	4 397
	烟台市	239 977	79 061	55 417	854 948	124 264	7 771	5 038
	潍坊市	105 020	67 982	119 997	1 114 885	162 826	22 588	2 955
	滨州市	9 556	6 875	108 381	661 180	101 707	19 202	2
2010 年	滨海新区	988	5 157	95 036	47 300	81 993	4 753	0
	唐山市	171 162	54 229	123 263	794 154	222 055	1 270	0
	秦皇岛市	325 887	69 695	12 648	311 495	56 726	1 716	0

时间	地区	森林	草地	湿地	农田	城镇	其他	海域
2010 年	沧州市	14 572	1 570	97 373	1 129 873	167 024	653	0
	大连市	398 462	0	75 880	696 734	121 975	8 547	0
	锦州市	233 682	5 642	38 074	615 245	88 397	1 979	0
	营口市	244 618	378	32 290	167 616	78 296	1 273	0
	盘锦市	413	935	93 478	205 252	51 492	1 117	0
	葫芦岛市	449 187	1 661	16 184	487 567	70 712	1 673	0
	东营市	2 605	36 972	146 114	393 728	126 258	55 211	0
	烟台市	243 795	77 501	54 874	788 368	192 180	9 704	0
	潍坊市	106 699	67 791	127 660	1 050 016	229 974	14 095	0
	滨州市	10 114	5 035	119 665	617 952	148 120	6 017	0

表 2-22　子区域内一级地类十年变化动态度统计表

ID	地区	森林	草地	湿地	农田	城镇	其他
1	滨海新区	0.012	−0.017	−0.007	−0.018	0.105	−0.014
2	唐山市	0.000	−0.002	0.001	−0.002	0.025	−0.030
3	秦皇岛市	0.000	0.000	0.002	−0.003	0.020	0.001
4	沧州市	0.006	0.038	0.003	−0.001	0.004	−0.025
5	大连市	−0.001	0.000	−0.005	−0.001	0.021	0.066
6	锦州市	0.000	0.004	−0.001	−0.001	0.008	0.067
7	营口市	−0.002	0.030	−0.016	−0.003	0.023	0.173
8	盘锦市	0.008	0.000	−0.003	−0.002	0.013	0.063
9	葫芦岛市	−0.002	0.004	0.010	−0.004	0.054	0.022
10	东营市	0.017	−0.013	0.021	−0.013	0.051	−0.022
11	烟台市	0.003	−0.005	0.007	−0.011	0.062	0.014
12	潍坊市	0.003	−0.005	0.012	−0.008	0.046	−0.052
13	滨州市	0.007	−0.032	0.016	−0.009	0.051	−0.126

　　各子区域内,最能直观地表示人类活动的人工用地变化动态度均为正值,最低为 0.04(沧州),最高为 0.105(滨海新区),而农田动态度均为负值,从 −0.018 到 −0.001。表明该区域近十年间一直处于人类的改造和开发建设之中,这也是近十年环渤海地区经济快速发展、用地需求紧张的结果。

　　从各个区域来看,滨海新区生态用地类型中除了森林受到很好保护(动态度 0.012)外,草地、湿地以及农田面积都逐年降低,而其城镇变化动态度(0.105)却是研究区内最大的。这与研究时段内滨海新区高度开放的现代化经济建设密不可分。尤其是 2006 年 7月,国务院进一步明确天津的城市定位,并研究推进滨海新区开发开放,天津滨海新区在

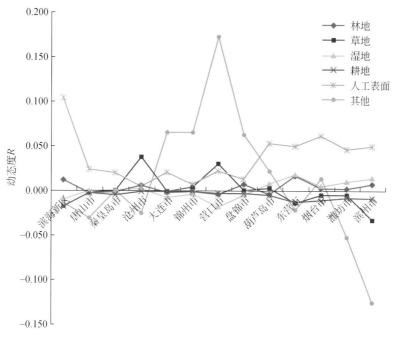

图2-9　子区域各生态系统类型动态度统计图

进一步深化改革与开放开发方面出现新局面，成为带动区域发展经济增长极。同时，天津滨海新区的管理体制改革也正式启动。一系列开发开放活动正是研究区内土地覆盖动态的主要驱动力，即政策驱动。

除天津滨海新区外，城镇动态度较大的还有山东省的四个地市，但从整体上来看，城镇的增加并没有降低湿地面积；相反地，该区域内湿地面积动态度均为正值，且在环渤海沿海地区遥遥领先。说明山东省四个地市在经济开发的过程中注意到了湿地保护，在阻止生态用地的流失方面采取的措施较为有力。

从森林动态度来看，研究区内除大连市、营口市和葫芦岛市为负值外，其他地市均为正值，以东营市和滨海新区领先，最高达到0.017。其动态度为负值的三个地市森林降低程度不大，其中大连市为−0.001，营口市和葫芦岛市为−0.002。

综上所述，研究区生态系统动态度最大为城镇，整体来看，十年中一直处于动态增加状态，而城镇的增加伴随着农田的减少和对草地、湿地和其他的占用。森林资源基本得到了保护。

（2）子区域内的主要变化轨迹代码统计与分析

对各个子区域各种土地类型的面积分布进行统计，总体上能够看出每个子区域内各土地类型的面积及其比例以及三个时间节点间各个地类面积的增减情况，但不能反映子区域内各个地类的空间变化情况。所以，在统计土地类型面积分布的同时，需对各个子区域内的主要变化轨迹代码进行统计，并根据变化轨迹代码本身的意义分三个表格列出，包括各个子区域湿地动态变化情况统计表（表2-23）、城镇增加情况统计表（表2-24）和农田动态变化情况统计表（表2-25）。并主要针对以上三种情况进行分区分析。

表 2-23 子区域湿地动态变化情况统计表

（单位：hm²）

轨迹代码	滨海新区	唐山市	秦皇岛市	沧州市	大连市	锦州市	营口市	盘锦市	葫芦岛市	东营市	烟台市	潍坊市	滨州市
113	0	78	17	5	496	42	0	0	395	2	212	106	1
133	0	40	47	22	50	2	0	0	7	0	41	2	0
223	81	144	68	0	0	1	0	0	0	12 679	128	2 723	3 202
233	353	8	52	13	0	0	0	0	0	6 501	434	3 350	235
263	0	0	0	0	0	0	0	0	0	0	0	114	0
433	1 351	1 969	435	1 677	246	284	748	459	392	6 342	1 865	3 382	1 235
443	700	2 106	54	739	924	277	215	500	1 158	5 818	1 051	4 837	3 381
453	75	16	0	0	0	0	0	0	5	20	4	17	2
533	383	105	26	519	0	0	0	4	0	0	12	21	0
553	157	35	164	79	43	423	7	24	80	31	16	20	13
633	1 236	0	0	11	24	8	0	1	5	1 388	420	1 553	3 581
653	270	0	0	0	1	0	0	0	0	0	0	0	0
663	508	514	0	0	29	2	2	2	15	12 949	261	4 899	6 043
733	317	156	0	0	1 113	97	22	9	90	0	0	0	0
773	146	44	307	0	639	194	76	314	196	0	0	145	0
转入小计	5 577	5 215	1 170	3 065	3 565	1 330	1 070	1 313	2 343	45 730	4 444	21 169	17 693
322	274	117	0	0	0	4	0	0	0	8	40	40	2
324	66	0	3	0	0	0	0	0	0	0	0	74	0
331	12	25	5	0	9	3	2	9	5	0	99	48	336
332	246	27	80	183	0	0	0	0	0	1 729	91	527	5
334	427	1 301	470	256	551	378	276	1 022	382	8 564	316	1 233	283
335	3 109	866	62	284	1 439	289	5 487	2 155	367	822	142	3 041	21
336	3 508	4	0	0	2 132	339	321	237	60	7 908	453	68	246

续表

轨迹代码	滨海新区	唐山市	秦皇岛市	沧州市	大连市	锦州市	营口市	盘锦市	葫芦岛市	东营市	烟台市	潍坊市	滨州市
344	468	1 314	156	92	1 493	702	84	167	38	44	222	652	61
345	392	6	6	3	0	0	7	0	6	0	1	10	0
355	3 240	264	4	403	1 814	11	80	103	361	0	58	8	6
356	52	0	0	0	0	0	0	0	1	0	48	0	0
362	7	0	0	0	0	0	0	0	0	0	0	90	0
365	319	0	0	0	0	0	0	0	2	0	4	0	0
366	189	0	0	0	61	82	3	1	35	1	555	1	8
转出小计	12 309	3 924	786	1 221	7 499	1 808	6 260	3 695	1 257	19 076	2 029	5 792	968
湿地变化	-6 732	1 291	384	1 844	-3 934	-478	-5 190	-2 382	1 086	26 654	2 415	15 377	16 725

表 2-24　子区域城镇增加情况统计表

（单位：hm²）

轨迹代码	滨海新区	唐山市	秦皇岛市	沧州市	大连市	锦州市	营口市	盘锦市	葫芦岛市	东营市	烟台市	潍坊市	滨州市
355	3 360	288	0	400	1 792	0	64	112	400	0	64	0	0
335	2 944	944	80	320	1 360	240	5 408	1 952	464	784	160	3 168	16
455	3 728	10 576	5 360	2 000	3 344	3 680	2 576	1 808	2 432	5 360	8 800	9 760	6 160
445	2 784	5 904	3 664	2 592	3 584	1 904	3 696	1 680	15 296	33 120	44 192	49 296	39 344
775	29 888	24 288	80	16	7 264	96	144	240	656	4 208	4 480	2 224	0
合计	42 704	42 000	9 184	5 328	17 344	5 920	11 888	5 792	19 248	43 472	57 696	64 448	45 520

表 2-25　子区域农田动态变化情况统计表

（单位：hm²）

轨迹代码	滨海新区	唐山市	秦皇岛市	沧州市	大连市	锦州市	营口市	盘锦市	葫芦岛市	东营市	烟台市	潍坊市	滨州市
114	16	0	256	272	1 152	528	896	0	4 000	16	128	672	80
144	0	128	16	0	784	512	4 400	0	2 848	0	160	48	0
334	560	1 536	480	336	592	432	224	960	368	8 624	240	1 376	304
344	336	1 424	176	80	1 440	736	128	144	64	48	240	560	64
664	0	0	0	0	0	0	0	0	16	1 552	96	192	6 000
转入合计	912	3 088	928	688	3 968	2 208	5 648	1 104	7 296	10 240	864	2 848	6 448
411	112	352	48	0	80	480	192	0	1 888	160	2 576	928	0
433	1 488	2 016	464	1 680	240	288	688	512	288	6 400	1 936	3 200	1 168
436	0	0	0	0	16	0	32	0	0	5 328	0	16	16
441	0	368	80	1 424	304	192	1 296	0	400	208	4 544	2 080	176
442	1 184	240	368	112	0	16	16	0	16	1 216	160	320	0
443	688	2 112	32	704	896	304	208	480	1 072	6 032	1 216	4 928	3 152
445	2 784	5 904	3 664	2 592	3 584	1 904	3 696	1 680	15 296	33 120	44 192	49 296	39 344
446	48	128	16	0	560	96	0	0	96	880	400	0	416
455	3 728	10 576	5 360	2 000	3 344	3 680	2 576	1 808	2 432	5 360	8 800	9 760	6 160
转出合计	10 032	21 696	10 032	8 512	9 024	6 960	8 704	4 480	21 488	58 704	63 824	70 528	50 432

本节中的分析情况基于与分析地类相关的代码的面积排序对主要变化轨迹进行重新选择。

（3）子区域湿地动态变化情况统计与分析

从整个环渤海沿海地区湿地一级分类变化总量来看，湿地面积的比例从 2000 年的 7.81%，到 2005 年的 8.15%，再到 2010 年的 8.19%，呈现出逐年增长的趋势。说明从整体上看，环渤海沿海地区对保护湿地采取了一定的措施。而从二级分类来看，自然湿地越来越少，增加的湿地大都为人工湿地。因此，基本可以认定湿地数量在增加，但质量有所降低。下面 6 个段落将专门对区域内各个行政地市内湿地变化情况做出分析和对比。

所选代码为湿地转换相关代码中按照面积筛选的前 30 个轨迹代码，代码所占总面积达到了所有湿地动态变化相关（代码 333 除外）代码总面积的 90.9%，可以用来代表湿地的整体变化情况。将所选 30 个代码按照湿地转入、转出情况进行统计，并通过转入与转出求差计算湿地子区域整体变化情况。

从整体上看，各地湿地增减不一，其中山东的四个地级市均为增加趋势，尤其是东营市、滨州市和潍坊市，分别增加 26 652hm²、16 724hm² 和 15 375hm²，在整个环渤海沿海地区遥遥领先，这些都得益于大量的草地、农田和其他向湿地的转化。东营市、滨州市全部和潍坊市北部各区都属于黄河三角洲地区，"十一五"期间山东省对黄河三角洲地区进行了规划开发，在旅游产业上将着力打造黄河入海口旅游区，突出黄河入海奇观和原始湿地自然风光，依托黄河百里绿色生态长廊、艾里湖等，开发湿地生态和黄河生态文化观光旅游；开发东营、滨州城市生态旅游。通过一系列的规划活动，相关地市的湿地资源大大增加，但同时给湿地打上了人类影响的显著烙印。

河北省唐山、沧州和秦皇岛三个地级市，湿地面积均呈现增加趋势，但增加幅度远小于山东各个地市。其中唐山市和沧州市分别增加 1290hm² 和 1843hm²，而秦皇岛市总体变化不大，仅仅 386hm²。其变化特点主要表现为湿地和农田之间的相互转换，包括转入变化轨迹 433、443 和转出变化轨迹 334 和 344 等。由于农田包括旱地和水田，而水田与湿地在遥感影像上的区分较为困难（湿地表明经常被草本植物所覆盖），同时湿地划分不统一，有时甚至把水田直接划分为湿地（人工湿地）的一部分。所以湿地和农田（水田）之间的转换，尤其是面积不大的情况下，某种程度上并不能说明湿地的实际变化情况。而且变化轨迹代码中湿地与城镇直接的转换面积较小（533、553、335、355 等）。相对于其他省市来说，河北省的三个地级市区域湿地动态变化情况较为温和，且受人类活动影响较小。

辽宁省的几个地级市中除了葫芦岛湿地动态为正外，其他四个地市都是转出大于转入，其中锦州为 -478hm²，变化不大。而营口市、大连市和盘锦市分别为 -5189hm²、-3934hm² 和 -2382hm²，其中营口市和盘锦市转出面积最大的变化轨迹编码均为 335，即在 2005 ~ 2010 年向城镇的转换，分别达到 5487hm² 和 2155hm²。转入方向基本集中在农田转入（433、443）和海域转入（733、773）。转出方向较为分散，主要面向农田（334、344）、城镇（335、355）和其他（336）。所以在过去十年中，其湿地生态系统流失较为严重，急待加强湿地保护措施，降低湿地流失风险。

天津滨海新区湿地变化面积为$-6732hm^2$，为环渤海沿海地区湿地总体面积减少最多的区域。滨海新区湿地（尤其是自然湿地）面积呈现持续减少趋势，城镇（335、355）和其他（336）是其主要转出方向。出于城市建设的需要，占用了大量的坑塘、滩涂湿地，取代天然湿地的是大片的人工景观，以鱼虾养殖场、盐池、工业用地和城镇交通用地等为主。水面消失以及大面积湿地的萎缩、破碎化，使得天津的自然岸线仅剩下不到33%。随着人口、社会经济发展的不断扩大，人类对景观过程的干预能力也在不断增强。

综上所述，虽然整个环渤海地区湿地面积呈逐年增加趋势，但各地情况不一。湿地流失主要发生在天津滨海新区和辽宁省的几个地市，而山东省的几个地市湿地大幅度增加，但增加湿地多为人工湿地，自然湿地仍然呈逐年减少趋势。

（4）子区域城镇增加情况统计与分析

城镇是人类活动的结果，城镇的增加表明人类对生态系统干扰活动的增强。研究区内所有子区域城镇的动态变化情况都呈增加趋势，但增加程度和转入方向有所不同。现主要对表示转入城镇的几个主要代码（355、335、455、445和775）进行分析，面积统计情况见表2-24。

天津滨海新区和唐山市城镇的转入主要是海域的转入（775），即围填海所得，占区域内城镇增加面积的57.9%和50.8%，且主要发生在2005～2010年。山东省的四个地市，城镇的转入面积均较大，其转入方向主要是农田（455和445），且2005～2010年（445）转入面积远远大于2000～2005年（455）。在东营、烟台和潍坊海域也是人工用地的一种转入途径，但所占比例有限，且与天津滨海新区和唐山相比相差甚远。

（5）子区域农田动态变化情况分析

研究区内所有子区域农田变化动态度均为负值，农田呈逐年减少趋势。这与城镇情况恰恰相反，且呈极强的负相关关系。同城镇一样，农田变化也主要是人类活动对生态系统干扰的结果。表明该区域近十年间一直处于人类的开发改造之中，这也是近十年环渤海地区经济快速发展、用地需求紧张的结果。

各个子区域中大量农田转向人工用地（445、455），在城镇动态分析中已有涉及。此外，农田向湿地的转换（433、443）在湿地动态分析中也有涉及。其中以山东省内几个地级市的转换最为强烈，从而为山东各地市湿地面积增加做了贡献，但增加的湿地均为人工湿地，自然湿地向农田的转换也普遍存在（334、344），以东营市334代码所占面积为最大，为$8624hm^2$，唐山市在两个时间段变化面积均较大，分别为$1536hm^2$（334）和$1424hm^2$（344）。此外，在滨州市，其他向农田转换（664）面积为$6000hm^2$。营口市和葫芦岛市还包括较大面积的森林向农田转换的实例（114、144）。

第3章 | 环渤海沿海地区生态环境质量评估

为研究环渤海沿海地区环境质量现状及历史演变趋势，厘清其在社会经济发展中出现的突出环境问题以及关键制约因素，揭示区域社会经济发展同环境质量变化的耦合关系，本研究以环渤海区经济与环境的和谐发展为愿景，在收集已有环境领域调查数据的基础上，结合补充监测、遥感图像解译，系统总结区域环境质量现状和演变趋势。

生态系统质量主要表征生态系统自然植被的优劣程度，反映生态系统内植被与生态系统的整体状况。生态系统质量评估主要针对环渤海地区生态系统质量进行时空动态变化监测，评估包括地上生物量、植被覆盖度、叶面积指数、NDVI 和净初级生产力等指标。

本章对环保部提供的原始数据进行处理（本章中，2000 年的部分数据由于获取不全，采用 2001 年数据代替，分析时按照 2000～2010 年进行分析），统计计算出各指标每年内逐月数据，并在此基础上计算年内平均值及变异系数。生态系统质量评估主要利用遥感解译获取的 2000～2010 年逐旬/逐年生态系统地表参量（地上 FC、LAI、NDVI、NPP），评估生态系统的叶面积指数（LAI）、植被指数（NDVI）、植被覆盖度（FC）、地上生物量（biomass）、净初级生产力（NPP）的变化状况及其空间格局变化，明确生态系统质量十年变化（2000～2010 年）趋势与特征。

研究结果表明，环渤海沿海地区 2000～2010 年，植被覆盖度除唐山市和秦皇岛市略有减少外，整体呈增加趋势；湿地总面积略有增加，但各区域之间存在着差异；环渤海沿海地区所属三个流域中，辽河流域污染最为严重，海河流域状况也不容乐观，水质污染严重，黄河流域的 4 个入境断面的水质呈现两极分化现象。渤海作为半封闭内海，水体交换能力差，陆源污染物是影响渤海水环境的主要因素。受节能减排和污染治理力度加大影响，环渤海沿海部分地市主要污染物浓度出现下降趋势。

3.1 基于遥感数据植被/地表信息提取

（1）概述

基于遥感数据与地面数据，开展植被参数（植被覆盖度、叶面积指数、净初级生产力、生物量）及水热通量（地表温度、蒸散发）等遥感产品生产。

（2）数据源

生态参量反演所用到的数据源如表 3-1 所示，除遥感数据之外，生态参量的提取还需要土地覆盖数据、气候数据以及地面样地调查数据（植被覆盖度、叶面积指数及生物量）的支持。

表 3-1 遥感数据列表

参量	空间分辨率	数据源	辅助数据	时相（逐句）
植被覆盖度	250m	MODIS NDVI	植被覆盖度地面调查数据	2000～2010 年
	30m	Landsat TM /HJ-1		2000 年、2005 年、2010 年
植被指数	250m	MODIS NDVI	—	2000～2010 年
	30m	Landsat TM /HJ-1	—	2000 年、2005 年、2010 年
净初级生产力	250m	MODIS NDVI	气象数据	2000～2010 年
	30m	Landsat TM /HJ-1	气象数据	2000 年、2005 年、2010 年
叶面积指数	250m	MODIS NDVI	地面 LAI 测量数据	2000～2010 年
	30m	Landsat TM /HJ-1		2000 年、2005 年、2010 年
生物量	250m	MODIS NDVI	森林、灌木草地、农田、灌木以及湿地生物量	2000 年、2005 年、2010 年

注："—"表示无数据。

3.2 地上生物量

地上生物量是指某一时刻单位面积内实存生活的有机物质（干重）总量，单位：g/m^2 或 t/hm^2。地上生物量是林地生态系统生产力最好的指标，是林地生态系统结构优劣和功能高低的最直接的表现，是林地生态系统环境质量的综合体现。此外，该指标还能体现植物碳储量，衡量生态系统碳源碳汇能力。

3.2.1 生物量遥感估算方法

对于地上生物量的估算可以采取两种方法：方法一为植被指数–生物量统计模型法。该方法使用较为简单，但对样地数量需求比较高，尤其是在历史样地数据获取困难的情况下，其应用会受到一定限制；方法二为植被生长模型法。模型法则需要少量的样地进行标定即可，具有更大的应用潜力。

(1) 植被指数–生物量法

采用实地测量的植被生物量的数据和遥感数据建立统计模型，然后在遥感数据的基础上反演得到区域范围内植被生物量。

参数 1：生物量。通过设置森林、灌木、草地、湿地、农田以及荒漠样地，调查单位面积内地上干生物量重。

参数 2：植被指数。直接利用 MODIS 250m NDVI 产品及融合后的 30m NDVI 产品。

(2) 生长模型法

1）森林生态系统地上生物量

对于森林生态系统，采用多源遥感数据协同反演的方法实现地上生物量的估算。通过 ICESat GLAS 星载激光雷达数据与光学数据相结合获取全国地上森林生物量监测结果，在此基础上，依据"LTSS-VCT"方法获取植被扰动信息，并从中提取树龄信息，分别外推不同年份的森林地上生物量数据。

具体步骤如下。

①基于星载激光雷达实现对森林树高的建模反演，获取离散光斑点的森林树高估算结果。

基于 GLAS 数据建模反演森林树高的模型有很多，常用方法有如下几个。

A. 平坦地形下的冠层树高估算

$$H = b_0(w - b_1 g) \tag{3-1}$$

式中，H 为冠层高度（最高）；w 为 GLAS 波形宽度；g 为地形因子（m）；b_0 为波形高度的调整系数；b_1 为地形因子的调整系数。

B. 复杂地形下的冠层树高估算

假定地形为一个平滑的线性的坡面和一个粗糙的非线性的平面的混合体，这样在原有的方程中引入一个森林冠层高度和波形宽度之间的非线性关系：

$$H = b_0[f(w) - b_1 g] + b_2 \tag{3-2}$$

式中，H 为冠层高度（最高）；w 为 GLAS 波形宽度；$f(w)$ 为 w 的一个非线性函数，可以通过地面实测数据统计分析获取；g 为地形因子（m）；b_0 为波形高度的调整系数；b_1 为地形因子的调整系数；b_2 为一个常量，主要用于表达观测数据和模型本身的误差项。

Xing 等（2010）在长白山的研究表明，对数关系能够更好地表达波形宽度与冠层高度之间的关系：

$$H = b(\ln w) - a \tag{3-3}$$

式中，H 为冠层高度（最高）；w 为 GLAS 波形宽度；a 取值为 5.4586；b 取值为 8.1507。

这样可以将修正的公式定为

$$H = b_0(\ln w - b_1 g) + b_2 \tag{3-4}$$

需要注意的是不同的研究区，可根据实测数据变换不同的 $f(w)$。

②在树高反演结果的基础上依据相对生长方程进行森林地上生物量的反演计算，进而获取离散光斑点的森林地上生物量估算结果。

基于树高估算森林地上生物量的方法有很多，常用方法为

$$AGBM = 20.7 + 0.098 \times H^2 \tag{3-5}$$

式中，AGBM 表示森林地上生物量（Mg/hm^2）；H 为估算出的冠层高度（最高）。

③根据不同的气候、地理条件，将全国的森林生态系统划分为若干个区域，不同区域分别与光学/雷达遥感数据相结合，基于无缝推演算法，进行森林地上生物量空间上的融合外推。

在某一个生态分区内，根据土地覆盖类型分类结果，从中提取森林的类型，假设为 N 类，然后将植被覆盖度（0~1）划分为 M 类，则可以将该分区内的森林整体划分为 $N \times M$ 类，每类森林生态系统的地上生物量赋值为 ICESat GLAS 反演获取的地上生物量在该类森林生态系统的均值。

④基于"LTTS-VCT"方法获取森林的植被扰动状况，并从中提取森林的树龄信息。

通过时间序列的 TM/HJ 数据实现森林植被扰动信息的提取。基于输入的卫星数据和

已有的植被覆盖产品自动选取训练样本，并通过 SVM（support vector machines）算法进行自动分类，进而通过时间序列的森林指数的变化提取可靠的森林植被的扰动信息。具体流程如下所示。

A. 非森林暗目标像元分离

通过 NDVI 设定适当的阈值，将非森林目标分离。

B. 森林像元的选取

通过小窗口波段直方图的特征来选取森林像元。具体可以分为以下两个步骤：首先选择合适的小窗口（6km×6km 至 15km×15km），然后选择红波段，通过直方图分析确定森林峰值，进行森林像元选取。

C. 森林峰值的确定

在直方图形成的频率矩阵中，寻找第一个高于自身前后两个位置的频率值的位置即为森林峰值的位置。

D. 一致性检验

根据已有的植被覆盖产品，对森林像元进行一致性检验，即通过已有的植被覆盖产品选取小窗口的森林比率，如果低于选择的森林像元占小窗口的比率，则舍弃这些森林像元，如果计算出小窗口内本身的森林像元就极少，则跳过这个小窗口。

E. 非森林像元的选取

非森林像元的选取是以选取的森林像元为基础的，将已选取的森林像元作为参考，评价其与其他像元的相似程度。可以定义一个森林指数 FI（forest index）来表示这种相似程度：

$$FI_p = \sqrt{\frac{1}{NB} \sum_{i=1}^{NB} \left[\frac{b_{pi} - \bar{b}_i}{SD_i} \right]^2} \tag{3-6}$$

式中，NB 表示波段的数量；$\bar{b}_i$ 和 SD_i 表示选取的森林像元在第 i 波段的均值和标准差；b_{pi} 表示第 p 个像元的第 i 波段的光谱值。

FI 的值越小，则越接近于森林像元。一般将阈值设定为 6，以确保分出的都是非森林的纯像元。

F. 不易判定像元的分类

对于不纯森林像元或非森林像元的分类，可以考虑其空间关系。对于森林指数为 2.5～4 的像元，如果其周围多为森林像元则归为森林像元，反之，则归为非森林像元。

G. 植被扰动信息的提取

根据时间序列的 FI 的变化建立决策树，进行植被扰动信息的提取。

⑤依据森林生长模型，在时间尺度上进行森林地上生物量的外推。

根据上面获取的林龄信息，基于土地覆盖分类结果，模拟不同森林的生长，以 2005 年的估算结果为基础，在时间尺度上外推，进而获取 2000～2010 年的森林地上生物量的分布状况。

2）灌木、农田、湿地、荒漠以及草地生物量

①计算方法。

通过对生长期（开始生长时间与结束生长时间）的确定，对生长期内不同时段的 NPP

进行累加以计算不同月份的地上生物量。

②基本参数与数据来源。

参数 1：NPP。方法同下述净初级生产力 NPP 计算方法。

参数 2：开始生长时间和结束生长时间。

生长期提取可以依据滤波算法（如 Savitzky-Golay 滤波器）对时间序列的 NDVI 曲线进行平滑，并在全国不同生态分区的基础上确定相应的判定阈值，确定生长期的起始与结束时间，从而提取植被的生长期。

$$Y_j^* = \frac{\sum\limits_{i=-m}^{i=m} C_i Y_j + i}{N} \tag{3-7}$$

式中，Y 为原始的 NDVI 值；Y^* 为拟合后的 NDVI 值；C_i 为窗口内第 i 个 NDVI 值的系数；N 为卷积的长度，N 应该与滑动窗口的长度相等（$2 \times m + 1$，m 为滑动窗口的半长）。

参数 3：收获指数，对于农田来说，如果想获取粮食产量，在获取地上生物量的基础上，获取收获指数，收获指数主要通过文献调研的方法获取。

林地生态系统年生物量（SL_AtB_i）

$$SL\_AtB_i = \sum_{k=1}^{n} Y_r B_k * S_k \tag{3-8}$$

式中，i 为年数；n 为林地生态系统内影像像元数；$Y_r B_k$ 为第 i 年第 k 个像元生物量；S_k 为第 k 个像元面积。

3）林地生态系统相对生物量密度（RBD_{ij}）。

$$RBD_{ij} = \frac{B_{ij}}{CCB_j} \times 100\% \tag{3-9}$$

相对生物量密度是指基于像元的生态系统生物量与该生态系统类型最大生物量的比值。

式中，RBD_{ij} 为林地生态系统内 j 生态区域的 i 像元相对生物量密度；B_{ij} 为 i 像元生物量；CCB_j 为 j 类生态系统区域内最大生物量。基本生物量的选取有两种方式：一种采用地面选点观测的方法，选取自然保护区或者典型区域，进行地面生物量观测，并作为最大生物量使用；另一种采用区划遥感选取的方法，在中国植被区划图六级分类边界内选取遥感反演最大生物量，并作为最大生物量使用。

3.2.2 生物量特征

基于以上方法，对环渤海沿海地区地上生物量进行统计，统计结果见表 3-2 及图 3-1。

表 3-2 环渤海地区各地市生物量及其平均值

ID	地市	2001 年生物量/10kt	2005 年生物量/10kt	2010 年生物量/10kt	2001 年平均值/（g/m²）	2005 年平均值/（g/m²）	2010 年平均值/（g/m²）
1	滨海新区	15.17	58.16	51.02	239.07	1 023.34	973.83
2	唐山市	452.08	1 381.41	1 316.41	431.13	1 335.41	1 297.81

ID	地市	2001年生物量/10kt	2005年生物量/10kt	2010年生物量/10kt	2001年平均值/(g/m²)	2005年平均值/(g/m²)	2010年平均值/(g/m²)
3	秦皇岛市	682.78	1 361.09	1 382.62	959.01	1 931.63	1 982.75
4	沧州市	108.26	1 443.04	1 374.86	93.37	1 249.72	1 199.08
5	大连市	2 644.19	3 534.13	3 418.17	2 393.39	3 220.78	3 125.91
6	锦州市	759.11	1 734.26	1 610.99	879.24	2 014.74	1 876.21
7	营口市	1 856.44	2 094.34	1 924.94	4 424.72	5 051.37	4 683.20
8	盘锦市	16.35	267.17	261.43	77.31	1 277.87	1 256.18
9	葫芦岛市	2 084.82	2 597.48	2 553.73	2 174.47	2 719.20	2 708.68
10	东营市	74.31	444.72	478.63	170.52	1 020.54	1 136.28
11	烟台市	567.90	1 456.74	1 398.48	489.40	1 255.32	1 247.71
12	潍坊市	497.14	1 489.46	1 606.68	392.20	1 175.02	1 306.61
13	滨州市	163.85	804.04	764.83	245.85	1 206.38	1 192.87
14	环渤海区域	9 922.40	18 666.04	18 142.77	985.17	1 863.26	1 844.23

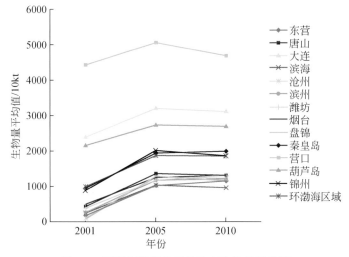

图 3-1　环渤海沿海地区各地市生物量平均值

由表 3-2 和图 3-1 可知，研究区的生物量总体上呈先增加后减少的趋势，2000 年研究区的生物量为 99 224kt，2005 年生物量达到了 186 660.4kt，比上一时期增加了将近一倍。而 2010 年生物量为 181 427.7kt，比 2005 年有所减少，但是幅度较小。在生物量平均值方面，营口市的生物量平均值在研究期间一直是研究区内最高值，超过 4000g/m²，在 2005 年更是达到了 5051.37g/m²；大连市和葫芦岛市的生物量平均值也远高于研究区的平均值，均在 2000g/m² 以上，其中大连在 2005 年突破了 3000g/m²；锦州市和秦皇岛市的平均值基本与研究区的平均值持平，2000 年的平均值不足 1000g/m²，2010 年达到了 1800g/m² 以上；其他地市均低于研究区平均值，其中沧州市和盘锦市在 2000 年生物量平均值小于 100g/m²，在研究区内最低，随后两个城市生物量均有所增加，2010 年的平均值达到了 1200g/m² 左右；滨海新区在 2000 年的生物量平均值为 239.07g/m²，随后在 2005 年增加到了 1023.34g/m²，但 2010 年又降低到 973.83g/m²。

相对生物量密度值域为 0 ~ 1，将其平均分为低、较低、中、较高、高五级，其对应相对生物量密度取值范围分别为 0 ~ 0.2、0.2 ~ 0.4、0.4 ~ 0.6、0.6 ~ 0.8、0.8 ~ 1，统计每年相对生物量密度等级的面积及比例（图 3-2，表 3-3）。

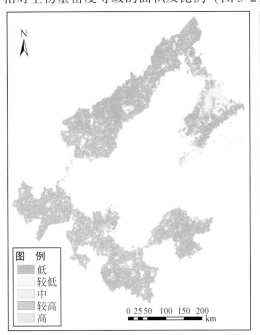

(a) 2001年相对生物量密度分布图

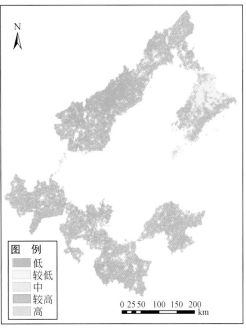

(b) 2005年相对生物量密度分布图

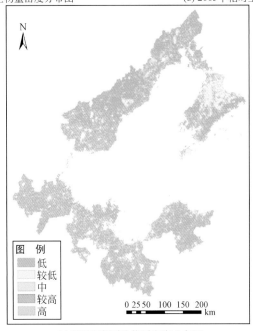

(c) 2010年相对生物量密度分布图

图 3-2　生物量密度分布图

对生物量密度进行统计，得到各等级生物量面积比例统计表（表3-3）。

表 3-3　生物量密度等级表

年份	统计参数	低	较低	中	较高	高
2001	面积/km²	96 465.94	3 807.25	546.81	0.00	0.00
	比例/%	95.68	3.78	0.54	0.00	0.00
2005	面积/km²	95 219.13	4 312.06	749.06	0.50	0.06
	比例/%	94.95	4.30	0.75	0.00	0.00
2010	面积/km²	93 505.56	4 417.75	551.25	0.69	0.19
	比例/%	94.95	4.49	0.56	0.00	0.00

由图 3-2 和表 3-3 可知，研究区的生物量密度空间分布在时间尺度上的变化并不明显，主要处于"低"等级，部分区域生物量密度处于"较低"等级，主要分布在北岸开发区。其中营口市、大连市生物量密度较高，秦皇岛市、葫芦岛市稍低。2000 年研究区内有 96 465.94 km² 的土地生物量密度处于"低"等级，占整个研究区总面积的 95.68%；"较低"等级和"中"等级也有分布，分别占研究区总面积的 3.78% 和 0.54%，面积非常小。到了 2005 年，生物量密度处于"低"等级的地区占研究区总面积的 94.95%，相比于 2005 年略有减少；"较低"等级和"中"等级的生物量密度占研究区总面积的比例有所上升，分别达到了 4.3% 和 0.75%，上升幅度非常小；生物量密度在"较高"等级和"高"等级也有分布，面积分别为 0.50km² 和 0.06km²。2010 年，生物量密度"低"等级地区占研究区总面积比例仍然保持为 94.95%；"较低"等级生物量密度占地面积有所增加，"中"等级生物量密度所占面积相比于 2005 年有所降低，"较高"等级和"高"等级的生物量密度所占面积均有所增加，但是增加幅度依旧很小。

3.3　植被覆盖度

采用植被覆盖面积及其所占国土面积比例和植被覆盖度指数来定量描述植被的覆盖情况。植被覆盖面积由全国土地遥感分类数据获取，其中植被包括各种自然植被覆盖。植被覆盖度指数计算方法如下：

$$F_c = \frac{NDVI - NDVI_{soil}}{NDVI_{veg} - NDVI_{soil}} \tag{3-10}$$

式中，F_c 为植被覆盖度（%）；NDVI：通过遥感影像近红外波段与红光波段的发射率来计算，本书采用 MODIS 的 NDVI 数据产品计算；$NDVI_{veg}$ 为纯植被像元的 NDVI 值；$NDVI_{soil}$ 为完全无植被覆盖像元的 NDVI 值。

年均植被覆盖度（CD_AuF_i）

$$CD\_AuF_i = \frac{\sum_{j=1}^{36} DecF_{ij}}{36} \tag{3-11}$$

式中，i 为年数；j 为旬数；$\mathrm{Dec}F_{ij}$ 为第 i 年第 j 旬影像植被覆盖度。

3.3.1 植被覆盖度变化特征

由于每年获取的数据是按照旬来计算的，共 36 期数据，对所有数据进行平均，统计得到环渤海各地区平均植被覆盖度（表 3-4，图 3-3）。

表 3-4 环渤海沿海地区各开发区带植被覆盖度平均值 （单位：%）

ID	区域	2001 年	2005 年	2010 年
1	北岸开发区	31.93	34.82	36.23
2	西岸开发区	31.98	33.28	33.54
3	南岸开发区	33.20	33.86	35.55
4	环渤海沿海地区	32.61	34.33	35.47

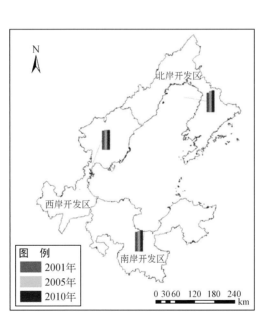

图 3-3 环渤海沿海地区各开发区植被覆盖度平均值统计图（单位：%）

由表 3-4 和图 3-3 可知，研究区植被覆盖度平均值从 2000 年的 32.61%，到 2005 年的 34.33%，再到 2010 年的 35.47%，呈持续增长趋势。其中北岸开发区增长最快，2000 年平均值为 31.93%，到 2010 年增长到 36.23%，增长了 4.3%。南岸开发区 2000 年植被覆盖度平均值是最高的，之后 2005 年和 2010 年的增长幅度比较小，因此到 2010 年其覆盖度平均值小于研究区总体水平。西岸开发区由 2005 年 31.98% 增加到 2010 年 33.54%，虽然也呈连续增长趋势，但是其植被覆盖率在研究区内一直低于总体水平。

环渤海沿海地区各地市植被覆盖度平均值可见表 3-5 及图 3-4。

表 3-5　环渤海沿海地区各地市植被覆盖度平均值　　　　　（单位:%）

ID	地市	2001 年	2005 年	2010 年
1	滨海新区	15.64	15.66	16.19
2	唐山市	32.46	32.98	32.02
3	秦皇岛市	36.71	39.47	39.62
4	沧州市	31.62	33.10	34.54
5	大连市	32.36	34.88	36.53
6	锦州市	30.34	33.56	35.18
7	营口市	35.54	38.40	39.86
8	盘锦市	29.41	32.75	32.62
9	葫芦岛市	34.25	38.61	39.68
10	东营市	23.61	24.02	25.22
11	烟台市	34.62	36.12	37.91
12	潍坊市	36.82	37.33	38.82
13	滨州市	32.71	32.58	34.89
14	环渤海沿海地区	32.61	34.33	35.47

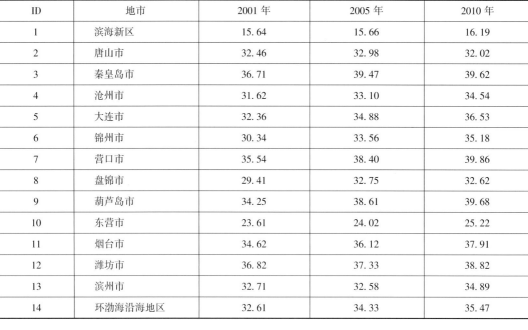

图 3-4　环渤海沿海地区各地市植被覆盖度年内平均值统计图（单位:%）

　　从地市来看，2000 年秦皇岛市、营口市和潍坊市的植被覆盖度较高，都在 35% 以上，其中潍坊市最高，达到了 36.82%。滨海新区和东营市植被覆盖度最低，其中滨海新区仅为 15.64%，不到研究区平均水平的一半。到 2005 年，除了滨州市，研究区内其他地市植被覆盖度均有所增加，其中秦皇岛市的植被覆盖度最高，达到了 39.47%；滨海新区和东营市仍旧最低，但是相比于 2000 年有所增加。2010 年研究区内超过一半的地市植被覆盖度超过了 35%，最高的营口市达到 39.86%；滨海新区和营口市仍然处于最低，主要原因是水域面积较大，致使覆盖度降低。

根据统计结果计算研究区各开发区以及各地市 2001～2005 年、2005～2010 年及 2001～2010 年植被覆盖度变化率（表3-6）。

表 3-6　环渤海沿海地区各开发区植被覆盖度变化率　　　　（单位:%）

ID	区域	2001～2005 年	2005～2010 年	2001～2010 年
1	北岸开发区	9.05	4.05	13.47
2	西岸开发区	4.07	0.78	4.88
3	南岸开发区	1.99	4.99	7.08
4	环渤海沿海地区	5.27	3.32	8.77

研究区十年间植被覆盖度年内平均值的变化率为 8.77%。北岸开发区变化率最大，达到了 13.47%；西岸开发区最小，仅为 4.88%。

从地市来看（表3-7），2000～2005 年，锦州市、盘锦市和葫芦岛市的植被覆盖度变化率最高，分别达到了 10.61%、11.36% 和 12.73%；滨海新区和滨州市最低，滨海新区只有 0.13%，而滨州市为 -0.40%，说明滨州市植被覆盖度减小。2005～2010 年，各地市变化率均较小，最高的为滨州市，仅为 7.09%；唐山市、盘锦市均为负值，说明其植被覆盖度减小。整体看来，十年间，锦州市和葫芦岛市变化率最大，分别达到 15.95% 与 15.85%，大连市、营口市、盘锦市覆盖度变化率也都超过了 10%。滨海新区、唐山市、潍坊市等变化不大，其中最低为唐山市，十年间变化率为负值，覆盖度降低了 1.36%。

表 3-7　环渤海沿海地区各地市植被覆盖度变化率　　　　（单位:%）

ID	地市	2001～2005 年	2005～2010 年	2001～2010 年
1	滨海新区	0.13	3.38	3.52
2	唐山市	1.60	-2.91	-1.36
3	秦皇岛市	7.52	0.38	7.93
4	沧州市	4.68	4.35	9.23
5	大连市	7.79	4.73	12.89
6	锦州市	10.61	4.83	15.95
7	营口市	8.05	3.80	12.16
8	盘锦市	11.36	-0.40	10.91
9	葫芦岛市	12.73	2.77	15.85
10	东营市	1.74	5.00	6.82
11	烟台市	4.33	4.96	9.50
12	潍坊市	1.39	3.99	5.43
13	滨州市	-0.40	7.09	6.66
14	环渤海沿海地区	5.27	3.32	8.77

研究区一年内按旬获取植被覆盖度数据，共 36 旬数据，则植被覆盖度第 i 年内变异系数表达式为

$$\mathrm{CD\_CVF}_i = \frac{\sqrt{\sum_{j=1}^{36} \left(\mathrm{Dec}F_{ij} - \mathrm{CD\_AuF}_i \right)^2 / 35}}{\mathrm{CD\_AuF}_i} \tag{3-12}$$

式中，i 为年数；j 为旬数；$\mathrm{Dec}F_{ij}$ 为第 i 年第 j 旬影像植被覆盖度。

环渤海沿海地区各开发区带植被覆盖度年变异系数计算得到表 3-8，图 3-5。

表 3-8　环渤海沿海地区各开发区植被覆盖度年变异系数

ID	区域	2001 年	2005 年	2010 年
1	北岸开发区	0.83	0.77	0.73
2	西岸开发区	0.76	0.74	0.71
3	南岸开发区	0.66	0.68	0.64
4	环渤海沿海地区	0.75	0.73	0.69

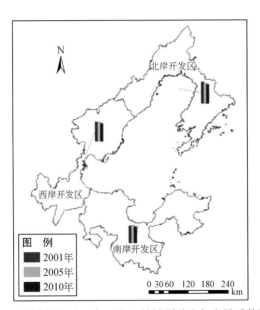

图 3-5　环渤海沿海地区各开发区植被覆盖度年变异系数统计图

由统计数据可知，北岸开发区植被覆盖度变异系数持续降低，在环渤海沿海地区三个开发区中变化幅度最大，由 2000 年的 0.83 降低到 2010 年的 0.73，降低了 0.1；西岸开发区也呈持续降低状态，由 0.76 降低到 0.71，降低了 0.05，仅为北岸的一半；南岸开发区的植被覆盖度年变异系数呈先增后减的变化趋势，2000 年为 0.66，2005 年增加到 0.68，2010 年又减少到 0.64。总体来看，研究区各开发区的植被覆盖度年变异系数变化幅度不大，与研究区的变化基本保持一致。各地市植被覆盖度年变异系数统计见表 3-9。

表 3-9 环渤海沿海地区各地市植被覆盖度年变异系数

ID	地市	2001 年	2005 年	2010 年
1	滨海新区	1. 13	1. 04	0. 94
2	唐山市	0. 78	0. 79	0. 74
3	秦皇岛市	0. 75	0. 72	0. 68
4	沧州市	0. 71	0. 68	0. 68
5	大连市	0. 80	0. 75	0. 71
6	锦州市	0. 89	0. 85	0. 77
7	营口市	0. 79	0. 74	0. 71
8	盘锦市	0. 96	0. 89	0. 86
9	葫芦岛市	0. 79	0. 71	0. 67
10	东营市	0. 85	0. 94	0. 86
11	烟台市	0. 61	0. 63	0. 59
12	潍坊市	0. 60	0. 60	0. 60
13	滨州市	0. 69	0. 73	0. 63
14	环渤海沿海地区	0. 75	0. 73	0. 69

由图 3-6 可以看出,研究区内多数地市的植被覆盖度年变异系数呈持续降低趋势;东营市、烟台市和滨州市都呈先增加后降低的状态;潍坊市则一直保持不变。由表 3-9 可知,十年间滨海新区、唐山市、大连市、锦州市、营口市、盘锦市和东营市的植被覆盖度年变异系数一直高于研究区的平均值,其中滨海新区由 2000 年的 1.13 降低到 2010 年的 0.94,降低了 0.19,是研究区变化最大的地区;东营市先增后减的趋势最明显,2000 年为 0.85,2005 年增加到 0.94,2010 年又降低到 0.86;潍坊市十年间一直保持不变。

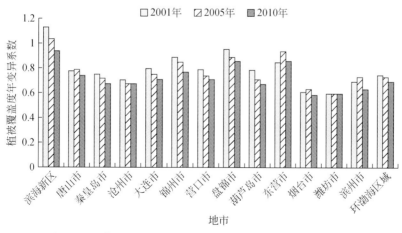

图 3-6 环渤海沿海地区各地市植被覆盖度年变异系数统计图

3.3.2 植被覆盖度分级统计特征

将研究区年内平均植被覆盖度分为低、较低、中、较高、高五级，其取值范围分别为 0~20、20~40、40~60、60~80、80~100，统计各级别面积及比例，并将各级别覆盖度成图（图3-7）。

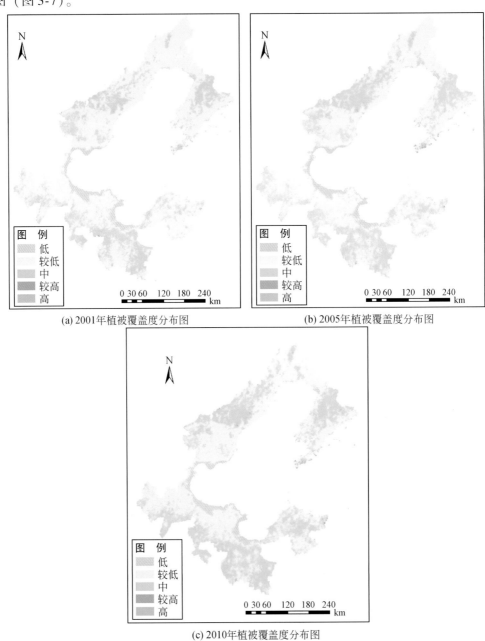

(a) 2001年植被覆盖度分布图   (b) 2005年植被覆盖度分布图

(c) 2010年植被覆盖度分布图

图3-7 三个时间节点环渤海沿海地区植被覆盖度分级分布图

根据分级结果统计各个级别所占面积及其比例（表3-10，图3-8）。

表 3-10　环渤海沿海地区植被覆盖度指数分级面积及比例

年份	统计参数	低	较低	中	较高	高
2001	面积/km²	12 778.63	83 217.56	29 417.50	172.00	0
	比例/%	10.18	66.26	23.42	0.14	0
2005	面积/km²	13 138.56	73 548.88	38 475.88	422.38	0
	比例/%	10.46	58.56	30.64	0.34	0
2010	面积/km²	12 541.13	68 765.13	43 782.25	497.06	0.13
	比例/%	9.99	54.76	34.86	0.40	0.0

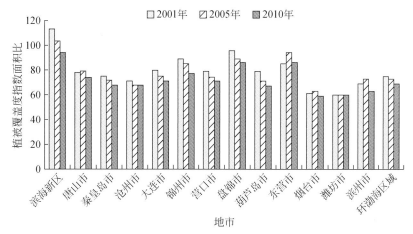

图 3-8　环渤海沿海地区植被覆盖度各等级面积比例统计图

整体来看，三年中植被覆盖度各等级面积占据比例最大的是"较低"等级，分别为66.26%（2000年）、58.56%（2005年）、54.76%（2010年），呈逐年下降趋势；"中"等级变化与之相反，三年中分别为23.42%（2000年）、30.64%（2005年）、34.86%（2010年），呈逐年上升趋势；"较高"等级和"高"等级所占的比例较少，几乎为0。2000～2010年，"中"等级和"较高"等级的面积所占比例分别上升了1.44%和0.26%，呈缓慢递增状态；而"低"等级和"较低"等级的面积所占比例则分别减少了0.19%和11.50%，呈递减趋势；"高"等级也有少量增加，但增加面积仅为0.13km²。由此可见，在环渤海沿海地区，植被覆盖度的等级水平有上升的趋势。

3.4　叶面积指数

叶面积指数（leaf area index，LAI）是指单位土地面积上植物叶片总面积占土地面积的比例。叶面积指数是反映作物群体大小的较好的动态指标。在一定范围内，作物的产量随叶面积指数的增大而提高。但当叶面积指数增加到一定的限度后，田间郁闭，光照不足，光合效率减弱，产量反而下降。

在生态学中，叶面积指数是生态系统的一个重要结构参数，用来反映植物叶面数量、冠层结构变化、植物群落生命活力及其环境效应，为植物冠层表面物质和能量交换的描述提供结构化的定量信息。自 1947 年提出以来，作为进行植物群体和群落生长分析的一个参数已成为一个重要的植物学参数和评价指标，并在农业、果树业、林业以及生物学、生态学等领域得到广泛应用。

$$\text{LAI} = 叶片总面积／土地面积 \tag{3-13}$$

基于冠层辐射传输模型，采用查找表（LUT）的方法来反演 LAI，该方法是在冠层辐射传输模型的基础上建立查找表（表 3-11），进而通过遥感影像中每个像元的波段反射率或者相应的植被指数（如 NDVI 等）在表中进行查找匹配，实现 LAI 的遥感反演。具体步骤如下：

1）运行冠层辐射传输模型，按一定的步长输入相应的 LAI，及其他所需要的辅助参数（如植被类型、叶倾角等），模拟冠层反射率或植被指数，进而建立查找表；

2）根据标准化处理后的遥感影像反射率或植被指数，构建代价函数，在查找表中查找最接近的项，并进行插值，然后获取该像元对应的 LAI 值。

表 3-11　LAI 查找表示例

波段 1 反射率	波段 2 反射率	其他波段	植被类型				
			类型 1	类型 2	类型 3	类型 4	类型 5
0.025	0.025	0.025	0	0	0	0	0
0.075	0.025	0.075	0.2663	0.2452	0.2246	0.1516	0.1579
…	…	…	…	…	…	…	…

运行冠层辐射传输模型涉及多种参数，具体如表 3-12 所示。

表 3-12　冠层辐射传输模型参数

项目	参数	备注
冠层生化参数	叶绿素含量（C_{ab}）	森林、灌木、草地、湿地、农田、荒漠
	叶片等效含水量（C_w）	森林、灌木、草地、湿地、农田、荒漠
	叶片干物质（C_m）	森林、灌木、草地、湿地、农田、荒漠
冠层物理参数	叶面积指数（LAI）	森林、灌木、草地、湿地、农田、荒漠
	平均叶倾角（ALA）	森林、灌木、草地、湿地、农田、荒漠
	平均高（作物高度）（H）	森林、灌木、草地、湿地、农田、荒漠
	冠层直径（CD）	森林、灌木、草地、湿地、农田、荒漠
	树干密度（作物密度）（SD）	森林、灌木、草地、湿地、农田、荒漠
	林下 LAI	森林、灌木、草地、湿地、农田、荒漠
	光谱采集	森林、灌木、草地、湿地、农田、荒漠

年均 LAI（SL_AuL$_i$）

$$SL\_AuL_i = \frac{\sum_{i=1}^{36} DecL_{ij}}{36} \qquad (3\text{-}14)$$

式中，i 为年数；j 为旬数；$DecL_{ij}$ 为第 i 年第 j 旬影像 LAI 值。

3.4.1 LAI 变化特征

统计得到环渤海沿海地区各开发区 LAI 年内平均值（表 3-13，图 3-9）。

表 3-13 环渤海沿海地区各开发区 LAI 年内平均值

ID	区域	2001 年	2005 年	2010 年
1	北岸开发区	5.63	6.37	6.69
2	西岸开发区	5.07	5.89	6.00
3	南岸开发区	4.79	5.83	6.40
4	环渤海沿海地区	5.15	6.02	6.38

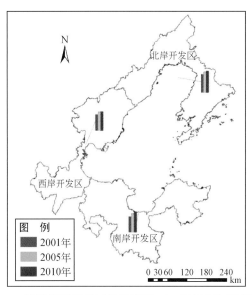

图 3-9 环渤海沿海地区各开发区 LAI 年内平均值统计图

研究区的 LAI 年内平均值从 2000 年的 5.15，2005 年的 6.02，到 2010 年增加到 6.38。三个开发区十年间叶面积指数 LAI 值均处于上升趋势。其中北岸开发区叶面积指数最高，到 2010 年达到 6.69，南岸开发区在 2000 年处于最低状态，但十年内增长很快，到 2010 年已经超过西岸开发区，达到 6.40。对各地市 LAI 值进行统计，见表 3-14。

表 3-14 环渤海沿海地区各地市 LAI 平均值

ID	地市	2001 年	2005 年	2010 年
1	滨海新区	1.90	2.16	3.23
2	唐山市	5.30	5.91	5.86
3	秦皇岛市	6.29	7.12	7.11
4	沧州市	4.64	5.73	5.92
5	大连市	5.07	5.27	6.09
6	锦州市	4.99	6.03	5.75
7	营口市	7.37	8.13	8.58
8	盘锦市	6.91	7.53	8.36
9	葫芦岛市	5.63	6.81	6.82
10	东营市	3.11	4.33	5.24
11	烟台市	4.65	5.58	6.38
12	潍坊市	5.56	6.56	6.91
13	滨州市	5.06	6.19	6.53
14	环渤海沿海地区	5.15	6.02	6.38

表 3-14 和图 3-10 统计了环渤海沿海地区各地市 LAI 平均值。沿海地区各地市中，所有地市 LAI 值都处于逐年上升趋势。营口市、盘锦市、秦皇岛市、葫芦岛市和潍坊市 LAI 平均值十年间一直高于研究区的 LAI 平均值，其中营口市和盘锦市的 LAI 平均值一直处于较高等级，2010 年分别高出研究区 LAI 平均值 2.20 和 1.98。滨海新区 LAI 指数最低，但上升较快，从 2000 年的 1.90 增加到 2010 年的 3.23。东营市、烟台市也都处于快速上升趋势，十年间分别增加了 2.13 和 1.73。

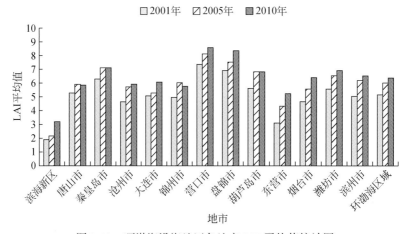

图 3-10 环渤海沿海地区各地市 LAI 平均值统计图

对各产业带以及各地市的 LAI 变化率进行统计计算，见表 3-15、表 3-16。

表 3-15　环渤海沿海地区各开发区 LAI 变化率　　（单位:%）

ID	区域	2001~2005 年	2005~2010 年	2001~2010 年
1	北岸开发区	13.14	5.02	18.83
2	西岸开发区	16.17	1.87	18.34
3	南岸开发区	21.71	9.78	33.61
4	环渤海沿海地区	16.89	5.98	23.88

表 3-16　环渤海沿海地区各地市 LAI 平均值变化率　　（单位:%）

ID	地市	2001~2005 年	2005~2010 年	2001~2010 年
1	滨海新区	13.68	49.54	70.00
2	唐山市	11.51	-0.85	10.57
3	秦皇岛市	13.20	-0.14	13.04
4	沧州市	23.49	3.32	27.59
5	大连市	3.94	15.56	20.12
6	锦州市	20.84	-4.64	15.23
7	营口市	10.31	5.54	16.42
8	盘锦市	8.97	11.02	20.98
9	葫芦岛市	20.96	0.15	21.14
10	东营市	39.23	21.02	68.49
11	烟台市	20.00	14.34	37.20
12	潍坊市	17.99	5.34	24.28
13	滨州市	22.33	5.49	29.05
14	环渤海沿海地区	16.89	5.98	23.88

整个环渤海沿海地区十年间 LAI 值变化率为 23.88%，且变化主要发生在 2000~2005 年，第二个阶段变化率仅为 5.98%。从开发区 LAI 值变化率来看（表 3-16），在前后两个阶段中，2005~2010 年 LAI 变化率均低于 2000~2005 年的变化率，变化程度趋缓。其中西岸开发区在后一阶段变化率仅为 1.87%，北岸开发区为 5.02%，变化幅度也较小。整个十年间变化率最大的为南岸开发区，达到 33.61%。远高于北岸开发区（18.83%）和西岸开发区（18.34%）。

从各地市 LAI 平均值变化率来看，滨海新区十年间变化率达到 70.00%，且主要发生在 2005~2010 年，变化率为 49.54%。其次是东营市，十年间变化率为 68.49%。变化率最小的为唐山市、秦皇岛市和锦州市，分别为 10.57%、13.04% 和 15.23%，三个地市在第二个阶段变化率均为负值。除去滨海新区和大连市以外，其他所有地市变化率在第二个阶段均低于第一个阶段。计算得到各开发区的 LAI 年变异系数，见表 3-17。

表 3-17　环渤海沿海地区各开发区 LAI 年均变异系数

ID	区域	2001 年	2005 年	2010 年
1	北岸开发区	0.94	1.07	0.92
2	西岸开发区	1.09	1.15	1.04
3	南岸开发区	1.16	1.24	1.13
4	环渤海沿海地区	1.06	1.15	1.03

由表 3-17 和图 3-11 可知，北岸开发区的 LAI 年均变异系数明显低于研究区的总体水平；西岸开发区的 LAI 年均变异系数基本与研究区的总体水平一致；而南岸开发区的 LAI 年均变异系数明显高于研究区的总体水平。但是总体来看，整个研究区的 LAI 年均变异系数十年间呈先增加后减少的变化趋势，但是变化幅度并不大，基本保持稳定。总体来看，各开发区与整个环渤海沿海地区变化趋势基本一致，先升后降，但变化不大。

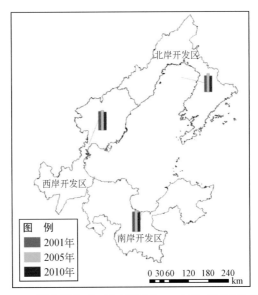

图 3-11　环渤海沿海地区各开发区 LAI 年均变异系数分布图

计算得到各地市的 LAI 年均变异系数，见表 3-18。

表 3-18　环渤海沿海地区各地市 LAI 年均变异系数

ID	地市	2001 年	2005 年	2010 年
1	滨海新区	1.22	1.46	1.10
2	唐山市	1.11	1.18	1.09
3	秦皇岛市	1.12	1.12	1.05
4	沧州市	1.04	1.12	0.99
5	大连市	1.12	1.29	1.10

续表

ID	地市	2001 年	2005 年	2010 年
6	锦州市	1.19	1.25	1.20
7	营口市	1.10	1.20	1.07
8	盘锦市	1.27	1.39	1.28
9	葫芦岛市	1.17	1.15	1.07
10	东营市	1.07	1.28	1.10
11	烟台市	0.95	1.04	0.92
12	潍坊市	0.88	0.99	0.84
13	滨州市	0.95	1.10	0.95
14	环渤海沿海地区	1.06	1.15	1.03

由图 3-12 可以看出，研究区各地市的 LAI 年均变异系数都呈先增大后减小的趋势，其中滨海新区变化最大，大连市和东营市的变化稍弱，秦皇岛市和葫芦岛市变化最小。由表 3-18 可得，滨海新区 2000 年的 LAI 年均变异系数为 1.22，2005 年上升到 1.46，增加了 0.24，2010 年又降低到 1.10，减少了 0.36；秦皇岛市 2000~2005 年的 LAI 年均变异系数保持不变，2010 年减小了 0.07。研究区 LAI 年变异系数 2000 年为 1.06，2005 年增加到 1.15，2010 年又降低到 1.03，总体呈先增加后减小的变化趋势。说明各地市变化趋势与研究区总体变化一致，先增后减。

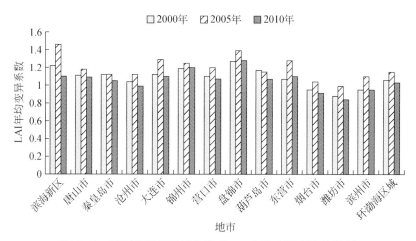

图 3-12　环渤海沿海地区各地市 LAI 年均变异系数统计图

3.4.2　LAI 分级统计特征

将研究区年内平均 LAI 分为低、较低、中、较高、高五级，其取值范围分别为 0~0.2、

0.2~0.4、0.4~0.6、0.6~0.8、0.8~1，统计各级别面积及比例，并将各级别分布情况成图（图3-13）。

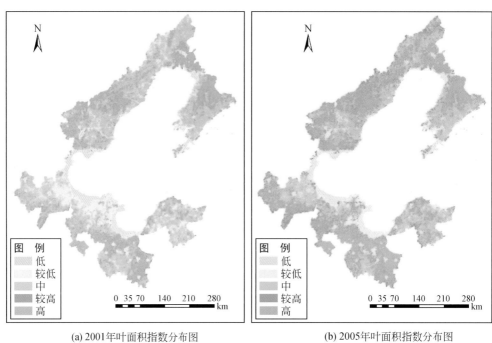

(a) 2001年叶面积指数分布图　　　　　　　　(b) 2005年叶面积指数分布图

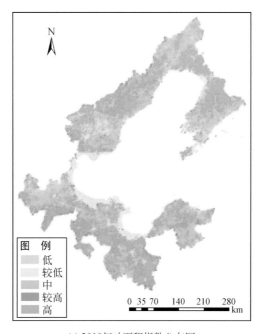

(c) 2010年叶面积指数分布图

图3-13　2001年、2005年、2010年环渤海沿海地区LAI指数分级分布图

根据分级结果统计各个级别所占面积及其比例（表3-19，图3-14）。

表 3-19　环渤海沿海地区 LAI 指数分级面积及比例

年份	统计参数	低	较低	中	较高	高
2001	面积/km²	15 843.99	17 040.97	61 689.61	22 304.62	13 780.16
	比例/%	12.13	13.04	47.21	17.07	10.55
2005	面积/km²	15 454.04	6 113.33	46 184.33	37 848.32	25 059.33
	比例/%	11.83	4.68	35.35	28.97	19.18
2010	面积/km²	12 934.84	6 992.01	49 825.67	34 428.33	26 478.51
	比例/%	9.90	5.35	38.13	26.35	20.27

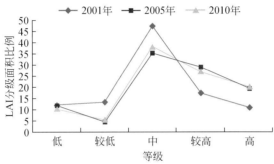

图 3-14　环渤海沿海地区 LAI 分级面积比例统计图

整体来看，三年中 LAI 指数各等级面积占据比例最大的是"中"等级，分别为 47.21%（2000 年）、35.35%（2005 年）、38.13%（2010 年），十年间增加了一倍多。其次是"较高"等级，"高"等级所占的比例较少。2000～2010 年，LAI 指数"较高"等级和"高"等级的面积所占比例呈缓慢递增状态，分别由 2000 年的 17.07% 和 10.55% 上升到 2010 年的 26.35% 和 20.27%，面积比例分别增加了 9.28% 和 9.72%。而"低"等级、"较低"等级和"中"等级的面积所占比例则呈缓慢递减趋势，三个等级面积比例共减少了 27.90%。由此可见，在环渤海沿海地区，LAI 等级有上升的趋势，逐渐向"较高"等级靠拢。

3.5　植被指数

植被指数（vegetation index）主要是反映植被在可见光、近红外反射与土壤背景之间差异的指标，植被指数在一定条件下能用来定量说明植被的生长状况。健康的绿色植被在近红外和红波波段的反射差异比较大，原因在于红波波段对绿色植被来说是强吸收，近红外波段则是高反射。

评价指标：NDVI（normalized difference vegetation index，归一化植被指数，标准差异植被指数）

公式：

$$\text{NDVI} = [p(\text{nir}) - p(\text{red})] / [p(\text{nir}) + p(\text{red})] \tag{3-15}$$

1）检测植被生长状态、植被覆盖度和消除部分辐射误差等；

2）取值范围［-1，1］，负值表示地面覆盖为云、水、雪等，对可见光高反射；0 表示有岩石或裸土等；正值，表示有植被覆盖，且随覆盖度增大而增大；

3）NDVI 的局限性表现在对高植被区具有较低的灵敏度；

NDVI 能反映出植物冠层的背景影响，如土壤、潮湿地面、雪、枯叶、粗糙度等，且与植被覆盖有关。

本书利用环保部提供的年内逐月 NDVI 数据进行统计分析。NDVI 值在-1 到 1，负值表示地面覆盖为云、水、雪等，对可见光高反射；0 表示有岩石或裸土等，近红外波段和红波波段近似相等；正值，表示有植被覆盖，且 NDVI 值随覆盖度增大而增大。

3.5.1　NDVI 变化特征

统计可得环渤海沿海地区各开发区 NDVI 年内平均值（表 3-20、图 3-15）。

表 3-20　环渤海沿海地区各开发区 NDVI 年内平均值

ID	区域	2001 年	2005 年	2010 年
1	北岸开发区	0.38	0.43	0.42
2	西岸开发区	0.37	0.40	0.38
3	南岸开发区	0.38	0.39	0.40
4	环渤海沿海地区	0.37	0.41	0.40

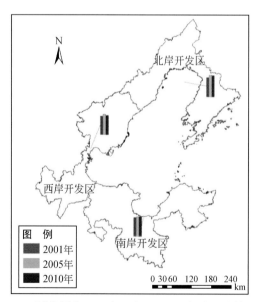

图 3-15　环渤海沿海地区各开发区 NDVI 年内平均值统计图

2000～2005 年整个环渤海沿海地区 NDVI 值上升较快，从 0.37 增长到 0.41；而在

2005～2010 年略有下降，但幅度不大，仅有 0.01 个百分点的变化。从开发区分布来看，南岸开发区十年间变化幅度较小，处于缓慢上升中；北岸开发区和西岸开发区均为先上升后下降的波动状态。统计可得环渤海沿海地区各地市 NDVI 年内平均值（表 3-21）。

表 3-21 环渤海沿海地区各地市 NDVI 年内平均值

ID	地市	2001 年	2005 年	2010 年
1	滨海新区	0.18	0.19	0.20
2	唐山市	0.37	0.40	0.37
3	秦皇岛市	0.42	0.48	0.44
4	沧州市	0.36	0.39	0.39
5	大连市	0.37	0.41	0.41
6	锦州市	0.36	0.40	0.40
7	营口市	0.40	0.45	0.44
8	盘锦市	0.35	0.40	0.38
9	葫芦岛市	0.39	0.47	0.44
10	东营市	0.27	0.29	0.29
11	烟台市	0.40	0.42	0.43
12	潍坊市	0.41	0.43	0.43
13	滨州市	0.37	0.38	0.38
14	环渤海沿海地区	0.37	0.41	0.40

从各个地市来看，NDVI 值最高的是秦皇岛市、葫芦岛市和营口市，十年中，最高值分别为 0.48、0.47、0.45，主要原因是该地区植被相对较好，多分布在低山丘陵之上。NDVI 值最低为滨海新区和东营市，滨海新区的 NDVI 平均值低于 0.2，东营市低于 0.3，主要原因是两个区域中湿地面积较大，使得该区域整体 NDVI 值降低。由统计图（图 3-16）不难看出，研究区的 NDVI 年内平均值都呈先增加后减小的变化。滨海新区和东营市的 NDVI 平均值明显低于剩下的地市；其他城市的 NDVI 平均值基本处于同一水平。

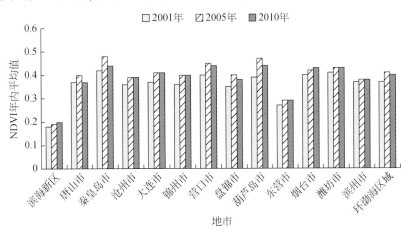

图 3-16 环渤海沿海地区各地市 NDVI 年内平均值统计图

根据统计结果计算 2000～2005 年、2005～2010 年及 2000～2010 年各开发区以及各地市的 NDVI 值变化率（表 3-22、表 3-23）。

表 3-22　环渤海沿海地区各开发区 NDVI 值变化率　（单位:%）

ID	区域	2000～2005 年	2005～2010 年	2000～2010 年
1	北岸开发区	13.16	−2.33	10.53
2	西岸开发区	8.11	−5.00	2.70
3	南岸开发区	2.63	2.56	5.26
4	环渤海沿海地区	10.81	−2.44	8.11

表 3-23　环渤海沿海地区各地市 NDVI 值变化率　（单位:%）

ID	地市	2000～2005 年	2005～2010 年	2000～2010 年
1	滨海新区	5.56	5.26	11.11
2	唐山市	8.11	−7.50	0.00
3	秦皇岛市	14.29	−8.33	4.76
4	沧州市	8.33	0.00	8.33
5	大连市	10.81	0.00	10.81
6	锦州市	11.11	0.00	11.11
7	营口市	12.50	−2.22	10.00
8	盘锦市	14.29	−5.00	8.57
9	葫芦岛市	20.51	−6.38	12.82
10	东营市	7.41	0.00	7.41
11	烟台市	5.00	2.38	7.50
12	潍坊市	4.88	0.00	4.88
13	滨州市	2.70	0.00	2.70
14	环渤海沿海地区	10.81	−2.44	8.11

从变化情况来看，大多数地市在 2000～2005 年 NDVI 值处于增加阶段，2005～2010 年，保持不变或略有下降。按照开发区来看，所有开发区在前五年变化率都为正值，以北岸开发区最高，为 13.16%，南岸开发区最低，2.63%；2005～2010 年，除了南岸开发区为正值以外，北岸开发区和西岸开发区均为负值。整个十年间 NDVI 值变化主要分布在北岸开发区，变化率最大，为 10.53%。

由统计数据（表 3-23）分析可知，2000～2005 年，研究区各地市 NDVI 值变化率均为正，其中葫芦岛市最高，变化率超过了 20%；然而 2005～2010 年，NDVI 变化率多为接近 0 或小于 0 的值，也就是说多数地市的 NDVI 值保持不变或有减小趋势，这一期间整个环渤海沿海地区的变化率为−2.44%。十年间 NDVI 在整个环渤海沿海地区变化率为 8.11%，其中滨海新区、大连市、锦州市、葫芦岛市最高，十年间变化率都超过了 10%，葫芦岛变化率为 12.82%，在研究区内最大。最低为唐山市，十年间变化率为 0。秦皇岛市、潍坊市和滨州市等变化均不大，十年间变化没有超过 5%。只有滨海新区和烟台市呈增加趋势，但是增加幅度非常小。

计算可得到研究区各开发区以及各地市 NDVI 年变异系数，见表 3-24、表 3-25。

表 3-24 环渤海沿海地区各开发区 NDVI 年变异系数统计

ID	区域	2000 年	2005 年	2010 年
1	北岸开发区	0.63	0.51	0.53
2	西岸开发区	0.42	0.40	0.52
3	南岸开发区	0.43	0.37	0.44
4	环渤海沿海地区	0.50	0.42	0.50

表 3-25 环渤海沿海地区各地市 NDVI 年变异系数统计表

ID	地市	2000 年	2005 年	2010 年
1	滨海新区	0.04	0.56	0.28
2	唐山市	0.29	0.32	0.62
3	秦皇岛市	0.55	0.45	0.48
4	沧州市	0.51	0.43	0.49
5	大连市	0.69	0.48	0.42
6	锦州市	0.64	0.57	0.57
7	营口市	0.52	0.51	0.54
8	盘锦市	0.68	0.59	0.88
9	葫芦岛市	0.60	0.45	0.51
10	东营市	0.55	0.41	0.51
11	烟台市	0.44	0.36	0.44
12	潍坊市	0.34	0.33	0.41
13	滨州市	0.49	0.42	0.45
14	环渤海沿海地区	0.50	0.42	0.50

由表 3-24、图 3-17 可以看出，研究区 NDVI 年变异系数在各开发区变化明显不同，北岸开发区呈减小趋势，西岸开发区呈增加趋势，南岸开发区呈先减后增的变化趋势。由表 3-24 可知，北岸开发区 2000~2005 年大幅度减小，2005~2010 年虽稍有上升，但总体上呈减小趋势，2010 年比 2000 年减小了 0.1；西岸开发区系数在 2000~2005 年有所减小，但是随后又大幅增加，2010 年比 2000 年增加了 0.1；南岸开发区呈明显的先减后增的变化形式，变化幅度很小，并在 2010 年回到了与 2000 年几乎相同的水平。总体来看，研究区的 NDVI 年变异系数总体呈先减后增的状态，2005 年减少了 0.08，2010 年的 NDVI 变异系数为 0.50，与 2000 年相等。

由表 3-25 和图 3-18 可知，NDVI 十年内变化程度整体不大，分别为 0.50（2000 年）、0.42（2005 年）、0.50（2010 年）。但是也有个别地市变化比较明显，其中滨海新区的数

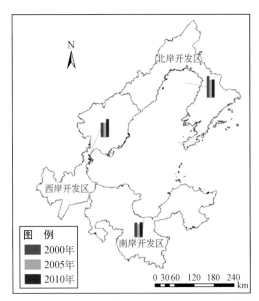

图 3-17　环渤海沿海地区各开发区 NDVI 年变异系数统计图

值在 2000～2005 年时变化较大，由 0.04 上升为 0.56；唐山市的数值在 2005～2010 年变化较大，由 0.32 上升到 0.62；大连市的数值在 2000～2005 年降低较多，减少了 0.21。研究区内锦州市、营口市、盘锦市和葫芦岛市的数值十年间一直高于研究区的数值，其中盘锦市最高，2010 年数值为 0.88，比研究区数值高出了 0.38。

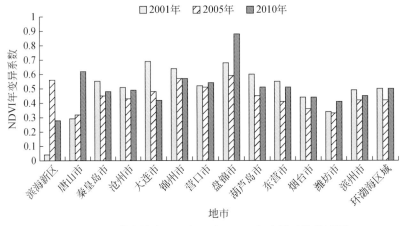

图 3-18　环渤海沿海地区各地市 NDVI 年变异系数统计图

3.5.2　NDVI 分级统计特征

将研究区年内 NDVI 分为低、较低、中、较高、高五级，其取值范围分别为 0～0.5、0.5～1、1～1.5、1.5～2、2～最高，统计各级别面积及比例，并将各级空间分布情况成图（图 3-19）。

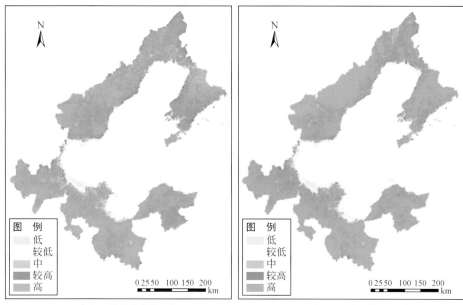

(a) 2000 年归一化植被指数分布图　　　　　　(b) 2005 年归一化植被指数分布图

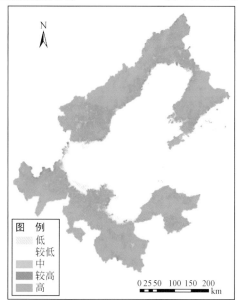

(c) 2010 年归一化植被指数分布图

图 3-19　环渤海沿海地区 2000 年、2005 年、2010 年归一化植被指数分级图

根据分级结果统计各个级别所占面积及其比例（表 3-26，图 3-20）。

表 3-26　环渤海沿海区域 NDVI 分级统计表

年份	统计参数	低	较低	中	较高	高
2000	面积/km²	6 776.13	2 543.26	7 834.86	57 603.63	55 901.47
	比例/%	5.19	1.95	6.00	44.09	42.78

年份	统计参数	低	较低	中	较高	高
2005	面积/km²	6 967.88	2 334.01	5 566.73	35 265.46	80 525.27
	比例/%	5.33	1.79	4.26	26.99	61.63
2010	面积/km²	6 699.33	2 348.96	6 112.22	35 427.51	80 071.33
	比例/%	5.13	1.80	4.68	27.11	61.28

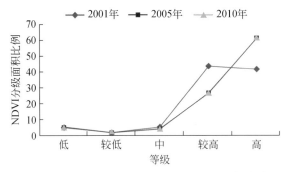

图 3-20　环渤海沿海区域 NDVI 分级面积比例统计图

整体来看，三年中 NDVI 各等级面积占据比例最大的是"高"等级，分别为 42.78%（2000 年）、61.63%（2005 年）、61.28%（2010 年），NDVI "高"等级的面积所占比例呈缓慢递增状态，2000～2010 年增长了 18.50%；其次是"较高"等级，但其呈减少趋势，由 2000 年的 44.09% 降低到 2010 年的 27.11%，十年间降低了 16.98%；"中"等级的面积所占比例也呈缓慢递减趋势；"较低"等级所占的比例一直最少。由此可见，在环渤海沿海地区，NDVI 的等级程度较高，且随着时间的推进 NDVI 等级也在不断上升。

3.6　净初级生产力

净初级生产力（net primary production，NPP）则是由光合作用所产生的有机质总量中扣除自养呼吸后的剩余部分。净初级生产力是生产者能用于生长、发育和繁殖的能量值，反映了植物固定和转化光合产物的效率，也是生态系统中其他生物成员生存和繁衍的物质基础。该参数反映植物每年通过光合作用所固定的碳总量，因此 NPP 研究是全球变化研究的重要内容之一。

3.6.1　NPP 变化特征

本书利用卫星遥感数据、CASA 模型等以月或更短时间为步长估算陆地 NPP，即通过植被吸收的光合有效辐射（APAR）和光能利用效率 ε 来计算 NPP（李贵才，2004）。

APAR 取决于太阳总辐射和植被对光合有效辐射的吸收比例：

$$\mathrm{APAR}(x,t) = R_s(x,t) \times 0.5 \times \mathrm{FPAR}(x,t) \qquad (3\text{-}16)$$

式中，$R_s(x, t)$ 为 t 月份像元 x 处的太阳总辐射量（MJ/m^2）；$FPAR(x, t)$ 为植被层对入射光合有效辐射（PAR）的吸收比例；常数 0.5 为植被所能利用的太阳有效辐射占太阳总辐射的比例。

ε 是指植被把所吸收的 PAR 转化为有机碳的效率，在现实条件下，ε 主要受温度和水分的影响：

$$\varepsilon(x, t) = T_{\varepsilon_1}(x, t) \times T_{\varepsilon_2}(x, t) \times W_{\varepsilon}(x, t) \times \varepsilon^* \tag{3-17}$$

式中，T_{ε_1}，T_{ε_2} 为温度对光能转化率的影响；W_{ε} 为水分胁迫影响系数，反映水分条件的影响；ε^* 为理想条件下的最大光能转化率（gC/MJ），取值为 0.389。

NPP 由 APAR 和 ε 的乘积得到：

$$NPP(x, t) = APAR(x, t) \times \varepsilon(x, t) \tag{3-18}$$

式中，t 为时间；x 为空间位置。x 位置的年均 NPP 即各 t 时间段 $NPP(x, t)$ 总和除以 365 天的商。

森林、草地、水域、耕地和荒漠 5 个大类各自的平均 NPP 由各种植被覆盖类型的 NPP 及其面积得到：

$$NPP = \frac{\sum_j NPP_j \times A_j}{\sum_j A_j} \tag{3-19}$$

式中，NPP_j 为各种植被类型的 NPP；A_j 为各种植被类型的面积。

年均净初级生产力（GD_AuN_i）单位：$0.1g/m^2$。

$$GD\_AuN_i = \frac{\sum_{i=1}^{36} DecN_{ij}}{36} \tag{3-20}$$

式中，$DecN_{ij}$ 为第 i 年第 j 旬影像 NPP 值。

对计算得到的 NPP 值进行统计和计算得到各开发区以及各地市的 NPP 年内平均值，见表 3-27、表 3-28，图 3-21、图 3-22。

表 3-27　环渤海沿海地区各开发区 NPP 年内平均值　（单位：$0.1g/m^2$）

ID	区域	2001 年	2005 年	2010 年
1	北岸开发区	1142.91	1618.96	1514.37
2	西岸开发区	1117.04	1477.93	1412.50
3	南岸开发区	1158.54	1525.06	1519.25
4	环渤海沿海地区	1141.02	1544.06	1485.61

表 3-28　环渤海沿海地区各地市 NPP 年内平均值　（单位：$0.1g/m^2$）

ID	地市	2001 年	2005 年	2010 年
1	滨海新区	575.73	734.03	720.57
2	唐山市	1130.73	1531.23	1327.16
3	秦皇岛市	1290.85	1827.51	1627.03
4	沧州市	1087.64	1357.97	1490.08

续表

ID	地市	2001 年	2005 年	2010 年
5	大连市	1113.71	1543.48	1444.47
6	锦州市	1046.26	1449.60	1424.75
7	营口市	1261.25	1834.22	1624.36
8	盘锦市	1113.49	1564.82	1457.85
9	葫芦岛市	1222.11	1785.54	1651.67
10	东营市	828.29	1102.70	1067.07
11	烟台市	1210.58	1620.93	1610.80
12	潍坊市	1274.25	1691.04	1647.88
13	滨州市	1153.52	1442.89	1509.83
14	环渤海沿海地区	1141.02	1544.06	1485.61

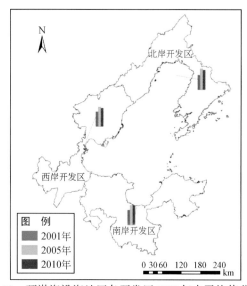

图 3-21 环渤海沿海地区各开发区 NPP 年内平均值分布图

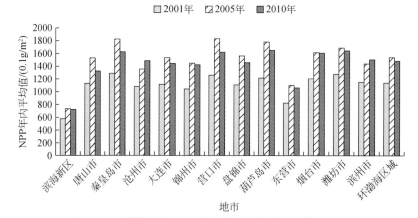

图 3-22 环渤海沿海地区各地市 NPP 年内平均值统计图

　　研究区 NPP 年内平均值分布呈先增后减的变化趋势，三个产业区的变化情况基本一致，2000 ~ 2005 年大幅度的增加，北岸开发区、西岸开发区和南岸开发区分别增长了 47.61g/m²、36.09g/m² 和 36.05g/m²；而 2005 ~ 2010 年三个产业区都出现了降低的情况，但是幅度较小。研究区整体 NPP 年内平均值 2010 年比 2000 年增加了 34.46g/m²，因此总体来说研究区的 NPP 年内平均值分布有所上升。

　　由图 3-22 可以看出，研究区内各地市 NPP 年内平均值总体呈先增后减的变化情况。其中秦皇岛市、营口市和葫芦岛市的 NPP 年内平均值较高，滨海新区和东营市最低。2000 ~ 2005 年期间秦皇岛市、营口市和葫芦岛市的增长幅度较大，这一时期增长都超过了 50.00g/m²，其中营口市最高，增长了 57.30g/m²。2005 ~ 2010 年，沧州市和滨州市仍然呈增加趋势，分别增长了 13.21g/m² 和 6.69g/m²；其他地市呈减少变化，其中唐山市、秦皇岛市和营口市减少量都超过了 20.00g/m²。总体上来说，研究区的 NPP 年内平均值增加幅度大于降低幅度，呈上升趋势。

　　根据统计结果计算 2000 ~ 2005 年、2005 ~ 2010 年及 2000 ~ 2010 年各开发区以及各地市的 NPP 变化率（表 3-29、表 3-30）。前五年平均值变化均呈增加趋势，而 2005 ~ 2010 年除沧州市和滨州市外均为负值。十年间整个环渤海沿海地区 NPP 平均值变化率为 30.20%，其中沧州市最高，最低为唐山市。

表 3-29　环渤海沿海地区各开发区 NPP 平均值变化率　　　　　（单位:%）

ID	区域	2001 ~ 2005 年	2005 ~ 2010 年	2001 ~ 2010 年
1	北岸开发区	42.06	-6.51	33.25
2	西岸开发区	32.34	-4.42	26.34
3	南岸开发区	32.13	-0.43	31.41
4	环渤海沿海地区	35.32	-3.79	30.20

表 3-30　环渤海沿海地区各地市 NPP 平均值变化率　　　　　（单位:%）

ID	地市	2001 ~ 2005 年	2005 ~ 2010 年	2001 ~ 2010 年
1	滨海新区	27.50	-1.83	25.16
2	唐山市	35.42	-13.33	17.37
3	秦皇岛市	41.57	-10.97	26.04
4	沧州市	24.85	9.73	37.00
5	大连市	38.59	-6.41	29.70
6	锦州市	38.55	-1.71	36.18
7	营口市	45.43	-11.44	28.79
8	盘锦市	40.53	-6.84	30.93
9	葫芦岛市	46.10	-7.50	35.15
10	东营市	33.13	-3.23	28.83
11	烟台市	33.90	-0.62	33.06

ID	地市	2001~2005 年	2005~2010 年	2001~2010 年
12	潍坊市	32.71	-2.55	29.32
13	滨州市	25.09	4.64	30.89
14	环渤海沿海地区	35.32	-3.79	30.20

从研究区各开发区来看（表 3-29），2000~2005 年研究区各产业区 NPP 平均值变化率均超过 30%，其中北岸开发区的增加幅度最大，为 42.06%；2005~2010 年，各产业区有小幅度的降低，其中北岸开发区的降低幅度最大，为 -6.51%，南岸开发区降低幅度最小，仅为 -0.43%；总体看来，十年间研究区的 NPP 平均值变化率是增加的，增长超过了30%。从研究区各地市的 NPP 平均值变化率（表 3-30）来看，2000~2005 年营口市和葫芦岛市的变化率最大，超过了 45%；滨海新区、沧州市和滨州市的变化率较低，不足30%。2005~2010 年，沧州市和滨州市仍然呈增长态势，分别为 9.73% 和 4.64%；唐山市、秦皇岛市和营口市的减小幅度最大，均超过了 -10%。十年间，整体上看来研究区的NPP 平均值是增加的，其中增加最大的是沧州市、锦州市和葫芦岛市，变化率分别为37.00%、36.18% 和 35.15%；唐山市最低，仅为 17.37%，是研究区中唯一一个增长率小于 20% 的城市。对 NPP 平均值变化率计算得到研究区各开发区和各地市的 NPP 年变异系数，见表 3-31、表 3-32。

表 3-31　环渤海沿海地区开发区 NPP 年变异系数

ID	区域	2001 年	2005 年	2010 年
1	北岸开发区	1.48	1.12	1.14
2	西岸开发区	1.43	1.11	1.13
3	南岸开发区	1.24	1.03	1.06
4	环渤海沿海地区	1.37	1.08	1.11

表 3-32　环渤海沿海地区各地市 NPP 年变异系数统计表

ID	地市	2001 年	2005 年	2010 年
1	滨海新区	1.76	1.33	1.24
2	唐山市	1.43	1.13	1.15
3	秦皇岛市	1.38	1.04	1.09
4	沧州市	1.40	1.09	1.12
5	大连市	1.46	1.12	1.12
6	锦州市	1.58	1.23	1.20
7	营口市	1.40	1.05	1.10
8	盘锦市	1.55	1.19	1.21
9	葫芦岛市	1.42	1.05	1.09

续表

ID	地市	2001 年	2005 年	2010 年
10	东营市	1.34	1.14	1.18
11	烟台市	1.23	0.99	1.03
12	潍坊市	1.16	0.98	1.01
13	滨州市	1.30	1.09	1.09
14	环渤海沿海地区	1.37	1.08	1.11

由表 3-31 和图 3-23 不难看出，研究区各开发区的 NPP 年变异系数呈先减小后增加的变化趋势，且减小的幅度大于增加的幅度。北岸开发区和西岸开发区的变化较为明显，分别降低了 0.34 和 0.3；相比之下南岸开发区的变化稍弱，为 0.18。从研究区各地市变化来看，滨海新区、锦州市和盘锦市的 NPP 变异系数在研究区内较大，其中滨海新区的数值最大，分别为 1.76（2000 年）、1.33（2005 年）、1.24（2010 年），其减小的幅度也最大，2000~2010 年减少了 0.52；东营市、烟台市和潍坊市的 NPP 年变异系数较小，其中潍坊市在研究期间数值最小，分别为 1.16（2005 年）、0.98（2005 年）、1.01（2010年），东营市和潍坊市 2000~2010 年系数减小不超过 0.2。

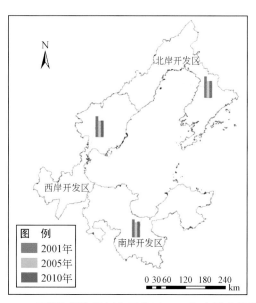

图 3-23　环渤海沿海地区各开发区 NPP 年变异系数分布

3.6.2　NPP 分级统计特征

将研究区年内平均 NPP 分为低、较低、中、较高、高五级，其取值范围分别为 0~600、600~1200、1200~1800、1800~2400、2400 以上。统计各级别面积及比例，并将空间分布情况成图（图 3-24）。

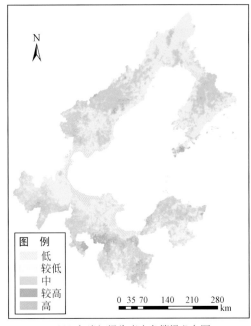

(a) 2001年净初级生产力各等级分布图

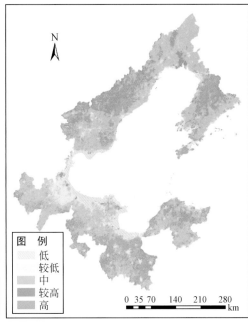

(b) 2005年净初级生产力各等级分布图

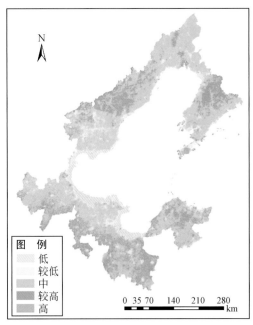

(c) 2010年净初级生产力各等级分布图

图 3-24　环渤海沿海地区净初级生产力各等级分布图

　　根据分级结果统计各个级别所占面积及其比例（表 3-33），并制作环渤海沿海区域净初级生产力各等级变化图（图 3-25）。

表 3-33　环渤海沿海区域 NPP 分级统计表

年份	统计参数	低	较低	中	较高	高
2001	面积/km²	11 779.75	57 650.25	52 068.31	4 050.50	36.88
	比例/%	9.38	45.91	41.46	3.23	0.03
2005	面积/km²	10 314.75	11 503.94	65 056.00	33 568.00	5 143.00
	比例/%	8.21	9.16	51.80	26.73	4.10
2010	面积/km²	10 607.06	10 961.63	71 349.25	31 895.50	772.25
	比例/%	8.45	8.73	56.81	25.40	0.61

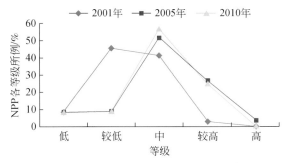

图 3-25　环渤海沿海区域 NPP 各等级所占比例变化图

分析可知，2000 年环渤海沿海地区净初级生产力主要分布在"较低"和"中"两个等级，均达到 40% 以上，而其他等级均未达到 10%，且"高"等级仅仅为 0.03%。到 2005 年，各等级所占比例的波峰明显向更高等级偏移，"较低"等级由原来的 45.91% 变成 9.16%，主要向"中"、"较高"和"高"等级转换，其中"较高"等级从 2000 年的 3.23% 上升到 26.73%，变化幅度较大。2010 年与 2005 年基本保持在稳定的基础上微调。"中"等级提高 5 个百分点，而"高"等级有所下降。

3.7　湿 地 退 化

表 3-34 及图 3-26 表明，2000～2010 年整个环渤海沿海地区湿地总面积略有增加，增加百分比为 2.09%，其中前五年增加了 1.68%，后五年增加了 0.41%。其中主要增加面积分布在南岸开发区，十年间增加 7.05%。西岸开发区和北岸开发区变化幅度较小，西岸增加 0.22%，北岸减少 0.17%。

表 3-34　环渤海沿海地区各开发区湿地变化率统计表　　　　（单位:%）

ID	地市	2001～2005 年	2005～2010 年	2001～2010 年
1	北岸开发区	0.25	−0.41	−0.17
2	西岸开发区	0.58	−0.36	0.22

续表

ID	地市	2001～2005 年	2005～2010 年	2001～2010 年
3	南岸开发区	4.71	2.23	7.05
4	环渤海沿海地区	1.68	0.41	2.09

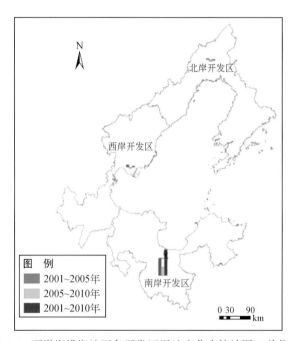

图 3-26　环渤海沿海地区各开发区湿地变化率统计图（单位：%）

由统计结果分析可知，研究区内南岸开发区湿地变化率最大，2000～2010 年变化率为 7.05%，其中 2000～2005 年增长较快；北岸开发区湿地变化表现为负增长，主要是因为在 2005～2010 年湿地减少面积较大；西岸开发区和北岸开发区变化情况一致，都呈先增加后减少的趋势，总体上增加幅度较小。总体看来，研究区的湿地呈增加趋势，且 2000～2005 年增加幅度较大。

对研究区各地市的变化率进行统计，得到各地市湿地变化率统计结果，见表 3-35。

表 3-35　环渤海沿海地区各地市湿地变化率统计表　　　　　　　（单位：%）

ID	地市	2001～2005 年	2005～2010 年	2001～2010 年
1	滨海新区	−2.02	−6.40	−8.29
2	唐山市	0.27	−1.30	−1.03
3	秦皇岛市	12.18	15.68	29.76
4	沧州市	1.19	0.89	2.09
5	大连市	−1.88	−2.24	−4.08
6	锦州市	−0.51	−1.12	−1.63

续表

ID	地市	2001~2005 年	2005~2010 年	2001~2010 年
7	营口市	1.05	-15.41	-14.52
8	盘锦市	0.10	-2.64	-2.54
9	葫芦岛市	0.82	5.26	6.12
10	东营市	0.71	3.34	4.07
11	烟台市	6.54	0.51	7.08
12	潍坊市	5.36	1.36	6.79
13	滨州市	3.07	4.14	7.33
14	环渤海沿海地区	1.68	0.41	2.09

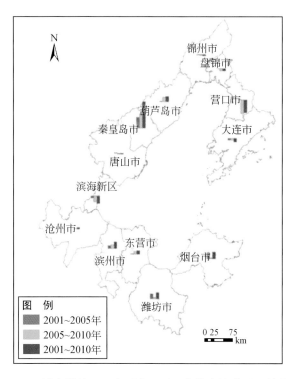

图 3-27　环渤海沿海地区各开发区湿地变化率统计图（单位:%）

由表 3-35 和图 3-27 可以看出，各地市之间存在着差异，有的地区湿地退化明显，如滨海新区（十年间湿地面积减少了 8.29%）、营口市（十年间湿地面积减少了14.52%），有的地区湿地面积显著增加，其中最显著的是秦皇岛市，十年间湿地面积增加了 29.76%，葫芦岛市、烟台市、潍坊市、滨州市湿地面积增加也较为显著，增加比例为 6%~8%。

3.8 地表水环境

3.8.1 环渤海地区河流概况

研究区内十三地市最终汇入渤海的主要干流有 49 条，其空间分布如图 3-28 所示。

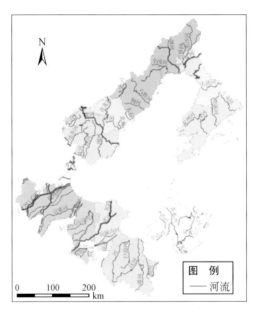

图 3-28 环渤海区主要干流分布图

辽河流域共计 13 条干流，全部分布在辽宁省。包括复州河、大清河、熊岳河、沙河、大辽河、辽河、大凌河、小凌河、五里河等，分别经由大连、营口、盘锦、锦州、葫芦岛入渤海。

海河流域共计 29 条干流。包括河北省的石河、洋河、戴河、汤河、滦河、陡河、宜慧河、沧浪河、北排河等 15 条，分别经由秦皇岛、唐山、沧州 3 市入海；天津的海河干流、永定新河、独流减河、大沽排污河、子牙新河等 7 条，均经由天津滨海新区入海；山东省的马颊河、徒骇河、德惠新河、潮河、挑河等 7 条，分别经由滨州和东营入海。

黄河流域共计黄河干流 1 条，经由山东东营入海。

山东半岛诸河流域共计 6 条干流，全部在山东省，包括广利河、支脉河、小清河、白浪河、弥河、潍河等，分别经由东营、潍坊和烟台入海。

3.8.2 水环境质量评价

环渤海沿海地区 16 条主要干流的 18 个国控断面中，主要入境断面 4 个（其中 2 个为饮用水水源地），入海断面 14 个。本次评价采用的数据来自《环渤海沿海地区重点产业发展战略环境评价研究》，采用的评价标准为《地表水环境质量标准》（GB 3838—2002）。评价指标包括：pH、溶解氧、高锰酸盐指数、五日生化需氧量、氨氮、石油类、挥发酚、汞、铅 9 项常规污染物指标。评价结果如表 3-36 所示。

表 3-36　2007 年环渤海沿海地区十三城市国控断面水质评价结果

序号	断面性质	河流	断面名称	2007 年现状水质
1	入境	大辽河	黑英台	劣Ⅴ
2		大凌河	王家沟	Ⅱ
3		滦河	大黑汀水库	Ⅱ
4		子牙新河	阎辛庄	劣Ⅴ
5	入海	大辽河	辽河工业	劣Ⅴ
6		辽河	盘锦兴安	劣Ⅴ
7		大凌河	西八千	劣Ⅴ
8		洋河	洋河口	劣Ⅴ
9		陡河	涧河口	Ⅳ
10		永定新河	塘汉公路大桥	劣Ⅴ
11		海河	海河大闸	劣Ⅴ
12		独流减河	工农兵防潮闸	Ⅴ
13		宜慧河	大口河口	劣Ⅴ
14		南排河	李家堡一	劣Ⅴ
15		漳卫新河	小泊头桥	劣Ⅴ
16		徒骇河	富国	Ⅴ
17		马颊河	胜利桥	劣Ⅴ
18		黄河	利津水文站	Ⅲ

环渤海沿海地区所属三个流域中，辽河流域污染最为严重，劣Ⅴ类断面比例最高，尤其是入海断面，劣Ⅴ类水体比例占到了 100%。海河流域状况也不容乐观，入海断面中，劣Ⅴ类的比例超过了 2/3，水质污染严重。黄河流域的一个断面水质情况良好。

18 个国控断面中，4 个入境断面的水质呈现两极分化现象：滦河的大黑汀水库和大凌河的王家沟两个断面位于饮用水水源地保护区，水质较好能达标；而子牙新河的阎辛庄与大辽河的黑英台 2 个断面是跨界断面，由于接纳了大量上游城市的污水，水质超过Ⅴ类标准。其中，又以子牙新河的阎辛庄断面污染更为严重，其作为天津和河北的省界断面，接纳了上游河北沧州等城市的大量污水，溶解氧、高锰酸盐指数、五日生化需氧量、氨氮、挥发酚、汞、铅等多项指标超标。大辽河的黑英台断面也由于容纳了上游辽宁中部城市群工业和生活污水，导致入境断面水质已超过Ⅴ类标准。

18 个国控断面中，14 个出境/入海断面中，仅 3 个断面达标，其余 11 个断面各指标存在不同程度的超标情况，超标率近80%；且在11个超标断面中，有10个断面的水质为劣Ⅴ类，占到了近90%的比例，污染相当严重。主要超标污染物为高锰酸盐指数、五日生化需氧量和氨氮等。

由此可见，区域内14条入海干流的入海水质不容乐观，仅3条干流的入海水质能够达到规划目标要求；其余11个断面均有超标情况，向渤海不同程度地输入了过量污染物，对渤海水质直接造成了影响。

总体来说，18个断面中，达到或优于Ⅲ类水质标准的断面共有3个，占评价总数的17%；Ⅳ类1个，占6%；Ⅴ类2个，占11%；其余12个断面水质为劣Ⅴ类，占到了总数的66%，近2/3被严重污染（据《环渤海沿海地区重点产业发展战略环境评价研究》）。

3.8.3 水源地水环境质量评价

2007年度环渤海沿海地区内三省市十三地市的地表水源地中，除了河北省秦皇岛市戴河饮用水水源区超标，全年水质为Ⅳ类，除主要超标污染物为硫化物外，其余全部达标。

十三地市中水质较好的有唐山、秦皇岛和大连。水质较差的是盘锦、滨海新区、沧州和滨州，水质为劣Ⅴ类的河流占95%以上。

3.9 海洋水环境

本节基础数据来自《中国近岸海域环境质量公报2001~2010》，进而对每年海洋水环境进行统计分析。

3.9.1 海水水质现状

渤海作为半封闭的内海，水体交换能力差，陆源污染物是影响渤海水环境的主要因素。2010年春季、夏季、秋季海水环境质量监测结果显示，渤海中部海域海水环境质量状况良好，近岸海域污染较重。渤海春季、夏季、秋季符合第一类海水水质标准的海域面积分别为46 290km²、44 570km²、38 650km²，约占渤海总面积的60%、58%、50%。辽东湾、渤海湾、莱州湾三大湾底部的近岸局部海域水质劣于第四类海水水质标准，面积约为3220km²，主要污染物为无机氮、活性磷酸盐和石油类《2010年中国近岸海域环境质量公报》。

渤海三大海湾（辽东湾、渤海湾、莱州湾）近岸海域均受到不同程度的污染（图3-29）。其中，辽东湾主要污染物是活性磷酸盐、无机氮和化学需氧量，符合第一类海水水质标准的海域面积占辽东湾面积的59%，劣于第四类海水水质标准的海域面积占辽东湾面积的7%；渤海湾主要污染物是无机氮、活性磷酸盐和石油类，符合第一类海水水质标准的海域面积占渤海湾面积的38%，劣于第四类海水水质标准的海域面积占渤海湾的3%；莱州湾主要污染物是无机氮、石油类和活性磷酸盐，符合第一类海水水质标准的海域面积占莱州湾面积的27%，劣于第四类海水水质标准的海域面积占莱州湾面积的4%。

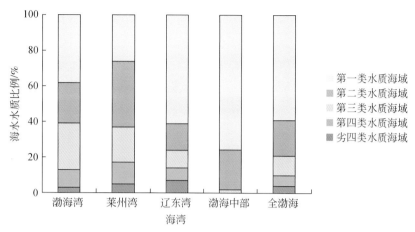

图 3-29　2010 年夏季渤海三大湾及中部海域各类水质等级面积比例

在环渤海沿海区的 13 个地市中，东营近岸海域水质优，大连、葫芦岛、秦皇岛、沧州、潍坊、烟台六个城市近岸海域水质良好，唐山、滨州两个城市近岸海域水质一般，营口和锦州两个城市近岸海域水质差，盘锦、天津滨海新区两个城市近岸海域水质极差《2010 年中国近岸海域环境质量公报》。

3.9.2　海水水质变化

对整个环渤海沿海地区海水水质等级所占比例进行统计分析，结果见表 3-37，并生成整个环渤海沿海地区海水水质 10 年变化曲线图（图 3-30）。

表 3-37　环渤海沿海地区海水分级　　　　　　　（单位：%）

海水等级	2001 年	2002 年	2003 年	2004 年	2005 年	2006 年	2007 年	2008 年	2009 年	2010 年
Ⅰ类海水	20.5	18.4	16.7	7.1	24.7	26.1	24.5	28.6	24.5	30.6
Ⅱ类海水	18.0	19.7	33.3	33.3	38.3	43.5	38.8	38.8	46.9	24.5
Ⅲ类海水	16.7	18.4	16.7	14.3	14.9	8.7	14.3	20.4	8.2	20.4
Ⅳ类海水	6.3	10.5	8.3	16.7	6.4	4.3	10.2	2.0	14.3	10.2
超Ⅳ类海水	38.5	32.9	25.0	28.6	12.8	17.4	12.2	10.2	6.1	14.3

分析可知，2001～2010 年，整个环渤海沿海区域海水水质整体趋向好转，主要表现在Ⅰ类、Ⅱ类海水所占比例逐年呈上升趋势，从 2001 年的 38.5%，到 2009 年的 71.4%，2010 年有所下降，为 55.1%。Ⅲ类海水比例变化不大。而Ⅳ类、超Ⅳ类海水比例呈逐年下降趋势，从起初的 38.5% 下降到 10% 左右。说明环渤海沿海地区对海水水质控制采取了有效的措施。

按照省份将环渤海沿海地区划分为 4 个海域，包括河北海域、天津海域、辽宁海域和山东海域，分别对各个海域水质类别所占比例进行统计，见表 3-38，图 3-31（河北海

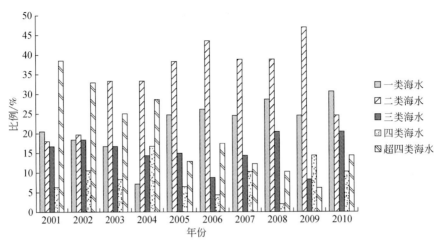

图 3-30　环渤海沿海地区海水分级统计图

域）、表 3-39，图 3-32（天津海域），表 3-40，图 3-33（辽宁海域），表 3-41，图 3-34（山东海域）。最后，统计出各海域水质类别所占比例十年变化图，如图 3-35 所示。

表 3-38　河北海域水质时序动态

年份	Ⅰ类、Ⅱ类	Ⅲ类	Ⅳ类、超Ⅳ类
2001	64.3	21.4	14.3
2002	68.3	18.4	13.3
2003	72.7	27.3	0.0
2004	57.1	0.0	42.9
2005	62.5	25.0	12.5
2006	75.0	0.0	25.0
2007	75.0	0.0	25.0
2008	75.0	25.0	0.0
2009	87.5	12.5	0.0
2010	75.0	25.0	0.0

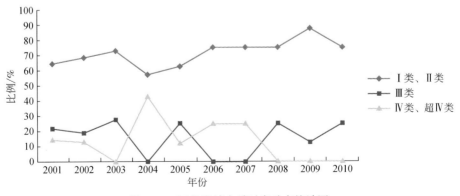

图 3-31　河北海域水质时序动态统计图

由表 3-38 和图 3-31 可以看出，河北海域的水质较好，研究期间该海域 I 类、II 类海水所占比例较高，最高时期达到了 87.5%，最低时达到了 57.1%。III 类和IV 类、超IV 类海水比例变化较大，从 2008 年开始IV 类、超IV 类海水所占比例为 0。

表 3-39　天津海域水质时序动态

年份	I 类、II 类	III 类	IV 类、超IV 类
2001	5.0	40.0	55.0
2002	5.0	55.0	40.0
2003	66.7	16.7	16.6
2004	10.0	40.0	50.0
2005	40.0	20.0	40.0
2006	40.0	10.0	50.0
2007	30.0	20.0	50.0
2008	40.0	10.0	50.0
2009	70.0	0.0	30.0
2010	0.0	30.0	70.0

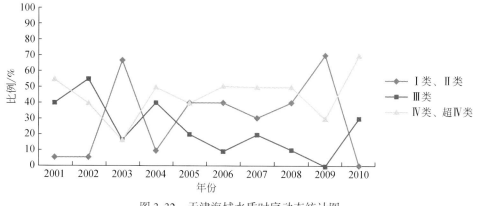

图 3-32　天津海域水质时序动态统计图

由统计数据可以看出，天津海域水质结构变化规律性不强，该海域 I 类、II 类海水比例最高时期达到了 70%，但大多数情况IV 类、超IV 类海水比例超过 50%，达到严重污染程度，水质整体呈变差趋势。

表 3-40　辽宁海域水质时序动态

年份	I 类、II 类	III 类	IV 类、超IV 类
2001	52.1	7.8	40.1
2002	60.2	7.7	32.1
2003	76.9	0.0	23.1

续表

年份	I 类、II 类	III 类	IV 类、超IV 类
2004	55.0	15.0	30.0
2005	77.7	7.5	14.8
2006	73.0	15.5	11.5
2007	71.4	14.3	14.3
2008	75.0	21.4	3.6
2009	67.8	10.7	21.5
2010	67.8	14.3	17.9

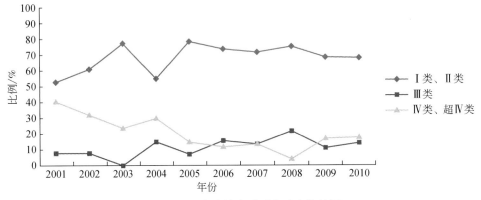

图 3-33 辽宁海域水质时序动态统计图

由数据可知，辽宁海域水质比例较好，I 类、II 类海水所占比例较高，且所占比例呈上升趋势。III 类海水和IV 类、超IV 类海水比例变化起伏，总体看来，IV 类、超IV 类海水比例有下降趋势。

表3-41 山东海域水质时序动态

年份	I 类、II 类	III 类	IV 类、超IV 类
2001	65.0	13.7	21.3
2002	78.2	12.0	9.8
2003	85.2	7.4	7.4
2004	79.0	2.6	18.4
2005	92.5	2.5	5.0
2006	97.1	0.0	2.9
2007	90.2	4.9	4.9
2008	87.8	7.4	4.8
2009	92.7	2.5	4.8
2010	95.1	2.5	2.4

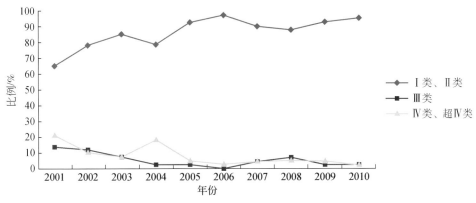

图 3-34　山东海域水质时序动态统计图

　　山东海域水质比例结构非常好，该海域多年中Ⅰ类、Ⅱ类海水所占比例较高，大部分年份所占比例在 90% 左右，最高时达到了 97.1%，且趋于增加的趋势，Ⅳ类、超Ⅳ类海水比例呈下降趋势。

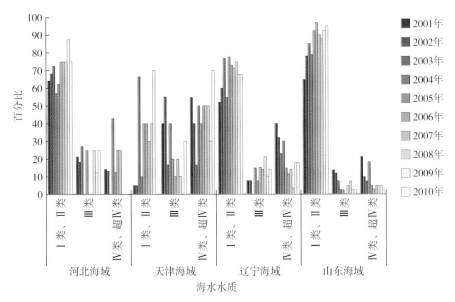

图 3-35　各海域水质类别所占比例十年变化图

　　分析可知，4 个海域中，山东海域水质比例结构最好，该海域多年中Ⅰ类、Ⅱ类海水所占比例较高，2010 年达到了 95.1%，且趋于增加的趋势，Ⅳ类、超Ⅳ类海水比例呈下降趋势。其次是河北海域和辽宁海域，到 2010 年Ⅰ类、Ⅱ类海水所占比例分别为 75.0% 和 67.8%。天津海域水质结构最差，且变化规律性不强，整体水质变差。

3.10 空气环境

3.10.1 研究方法

本书大气环境质量调查与评估以市级行政区为分析单元，根据《环境空气质量标准》（GB 3095—2012）的有关规定，考察各地 SO_2、NO_2、PM_{10} 等监测数据。以 2010 年为现状基准年，详细分析评价环渤海区大气环境质量现状特征；以 2000 年、2005 年和 2010 年为时间序列，系统总结区域大气环境质量的演变趋势。

3.10.2 大气环境质量变化分析

本研究中常规大气环境质量指标 SO_2、NO_2、PM_{10} 的数据来自《五大区域战略环境评价系列丛书：环渤海沿海地区重点产业发展战略环境评价研究》和《环渤海沿海地区四省环境质量公报》（表3-42）。环渤海沿海地区大气环境质量功能区以二类功能区为主，少量为一类功能区（主要集中在自然保护区）。《环境空气质量标准》（GB 3095—2012）中规定 SO_2、NO_2、PM_{10} 的年均浓度二级标准分别为 $60\mu g/m^3$、$40\mu g/m^3$、$70\mu g/m^3$。环渤海沿海地区各地市三类污染物的统计如表3-42，图3-36、图3-37、图3-38所示。

表 3-42 环渤海区常规大气环境指标 （年均浓度，单位：$\mu g/m^3$）

所属市	SO_2				NO_2				PM_{10}			
	2001 年	2005 年	2007 年	2010 年	2001 年	2005 年	2007 年	2010 年	2001 年	2005 年	2007 年	2010 年
大连市	31	44	49	37	24	32	43	40	79	85	86	58
营口市	40	35	31	—	28	23	21	—	270	93	89	—
盘锦市	20	38	29	—	21	27	21	—	236	119	99	—
锦州市	40	62	34	29	27	29	24	17	312	113	98	79
葫芦岛市	61	62	67	—	34	30	40	—	303	93	74	—
秦皇岛市	19	57	50	41	21	25	26	25	124	77	80	64
唐山市	88	85	80	57	43	43	43	29	163	95	94	85
滨海新区	25	48	57	55	27	34	43	49	134	89	95	95
沧州市	—	49	39	—	—	27	30	—	—	108	108	—
滨州市	57	44	56	—	33	25	35	—	248	86	83	—
东营市	53	26	47	—	11	10	16	—	83	84	82	—
潍坊市	57	59	66	58	37	43	39	42	177	88	89	99
烟台市	43	43	47	41	22	28	40	39	88	60	71	81

—表示该数据未统计。

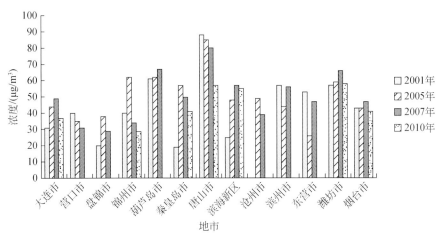

图 3-36　环渤海区 SO$_2$浓度

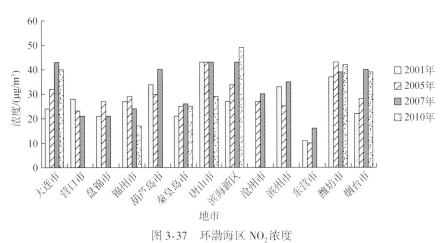

图 3-37　环渤海区 NO$_2$浓度

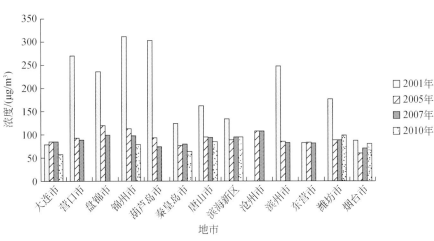

图 3-38　环渤海区 PM$_{10}$浓度

环渤海区 SO_2 浓度以唐山市最高，葫芦岛市次高，2000～2010 年均超出二级标准，天津滨海新区、滨州市、潍坊市 2000～2010 年大气中 SO_2 浓度呈上升趋势，且潍坊市在 2010 年已超出二级标准，值得注意。其他城市 SO_2 浓度基本在二级标准以内。

环渤海沿海地区 NO_2 浓度相对稳定，13 个地市中，有 7 个（营口、盘锦、锦州、秦皇岛市、沧州市、东营市、烟台市）达到了二级标准要求，总体变化趋势不明显。NO_2 主要来源于汽车尾气。大连市、天津滨海新区、潍坊市、烟台市等城市化水平较高的地区 NO_2 浓度超过二级标准，其中天津滨海新区和潍坊市呈现增加趋势。

PM_{10} 是环渤海沿海地区首要大气污染物，全部 13 个地市在 2000～2007 年几乎全部超标，以环渤海西北部的营口—盘锦—锦州—葫芦岛一线较高，2000 年 PM_{10} 浓度基本为 100～300$\mu g/m^3$。2000～2010 年，PM_{10} 浓度总体呈下降趋势。2000～2005 年，研究区大多数城市 PM_{10} 浓度大幅度降低。其中营口市、盘锦市、锦州市、葫芦岛市、滨州市下降幅度较大，均超过了 110$\mu g/m^3$，葫芦岛市降低最多，2005 年比 2000 年降低了 210$\mu g/m^3$。2005～2010 年呈平稳或缓慢下降趋势，大多在二级标准附近波动。其中潍坊、烟台等城市在 2005 年后呈缓慢上升趋势。

|第4章| 环渤海沿海地区人类开发活动分析

开发强度反映了一个地区的土地开发、经济、城镇化、工业化、产业结构演进、交通等状况。本章基于环渤海沿海地区各地市十年统计年鉴收集的 GDP 及产业结构数据，采用统计图法分析该地区 GDP 及产业结构数据的时空变化特征，并应用土地开发强度、经济活动强度及动态度、围填海强度、城市化强度、交通运输强度及动态度几个指标研究该区域十年的变化趋势，最后利用综合开发强度分析环渤海沿海地区的开发状况，指数越大，开发强度越大，区域发展相对越快。

研究表明，环渤海沿海地区 2000～2010 年十年间综合开发强度不断增大，2000～2005 年增幅大于 2005～2010 年，时间序列内的幅度较明显。从整个环渤海沿海地区土地开发强度来看，2000～2010 年土地开发强度呈逐年增强的趋势。从土地开发动态度来看，整个环渤海沿海地区 2005～2010 年已经达到 2000～2005 年的 2.5 倍余。环渤海沿海地区土地利用综合程度呈增加趋势，且后五年显著高于前五年，说明十年间人类活动对环渤海沿海地区的影响非常明显且影响程度不断加大。开发区经济活动强度逐年成倍增长。整个环渤海沿海地区围填海活动主要集中在第二阶段。天津滨海新区、唐山和潍坊市围填海强度（SRI）值超过整个区域，其中天津滨海新区和唐山较为突出，尤其是 2005～2010 年，主要表现在天津滨海新区天津港建设和唐山市曹妃甸港口建设，形成以天津港和曹妃甸港及各自的临港工业区为填海造陆中心和副中心的格局。综合土地城市化、经济城市化和人口城市化来看，环渤海沿海地区城市化强度不断增大。交通运输强度十年间显著增大，其中后五年比前五年强度增加更为明显。

4.1 产业开发活动分析

通过环渤海沿海地区各地市十年统计年鉴收集 GDP 及产业结构数据，统计成图（图 4-1）。各个地级市三大产业占 GDP 比例十年变化情况见图 4-2。环渤海沿海地区产业结构的特点总结如下。

从环渤海沿海地区 2000～2010 年人均 GDP 统计图（图 4-1）来看，天津滨海新区为第一梯队，人均 GDP 遥遥领先，而东营市、大连市、盘锦市、烟台市、唐山市为第二梯队，人均 GDP 较高，且变化较快。其余为第三梯队，包括秦皇岛市、沧州市、锦州市、营口市、葫芦岛市、潍坊市和滨州市。人均 GDP 较低，且变化较慢。

从产业结构来看（图 4-2），十年中环渤海沿海地区第二产业一直保持龙头地位，产业结构历经较大调整，主要是第一产业的减少和第二产业的增加，第三产业多数变化不

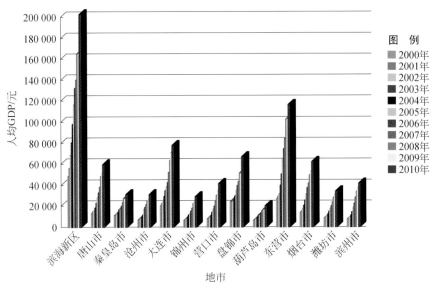

图 4-1　环渤海沿海各地市 2000~2010 年人均 GDP 统计图

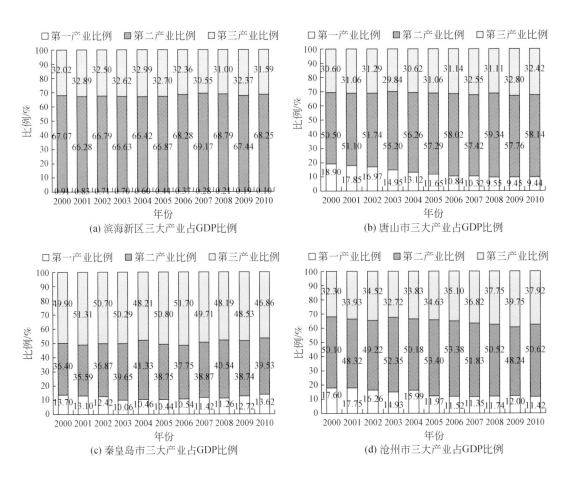

(a) 滨海新区三大产业占GDP比例

(b) 唐山市三大产业占GDP比例

(c) 秦皇岛市三大产业占GDP比例

(d) 沧州市三大产业占GDP比例

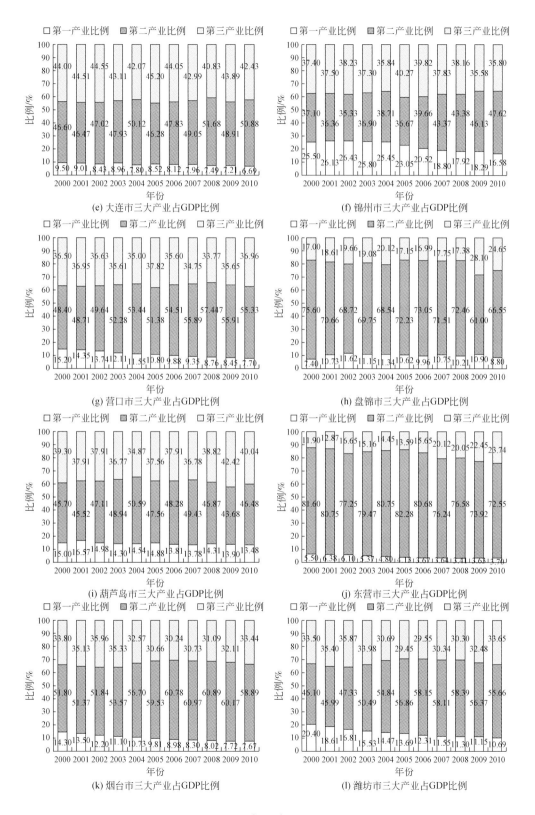

(e) 大连市三大产业占GDP比例

(f) 锦州市三大产业占GDP比例

(g) 营口市三大产业占GDP比例

(h) 盘锦市三大产业占GDP比例

(i) 葫芦岛市三大产业占GDP比例

(j) 东营市三大产业占GDP比例

(k) 烟台市三大产业占GDP比例

(l) 潍坊市三大产业占GDP比例

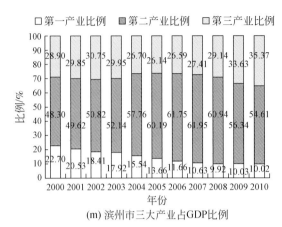

(m) 滨州市三大产业占GDP比例

图 4-2　环渤海沿海各个地级市三大产业占 GDP 比例十年变化

大。区域内差距很大，产业结构不均衡。产业升级势在必行，技术密集型产业将逐渐取代劳动和资金密集型产业的主导地位。

第二、第三产业比例的变化与地区经济增长的速度密切相关。天津滨海新区第一产业所占比例不足 1%，且逐年减少；第二梯队中，第一产业比例均不超过 10%；而第三梯队中各个地区第一产业所占比例虽然大多呈下降趋势，但一般都在 10% 以上，其中秦皇岛仍呈上升趋势。这种差异的程度之大，足以说明环渤海沿海城市群作为一个区域，其经济发展不均衡的现状。

第二产业尤其是重工业的发展，必然会威胁到区域生态环境的健康发展。使得生态用地减少，建设、工矿用地增加，环境遭到污染。与工业污染相比，第三产业发展对环境的影响和破坏相对较弱。第三产业的发达程度，是一个国家或地区经济发展水平及所处阶段的重要标志。第三产业的起步往往始于工业化进程的中后期，而当工业化进程基本完成以后，第三产业的强弱将成为决定区域竞争力高低的关键所在。相对于发达的第二产业来说，环渤海沿海地区第三产业的发展较为滞后，已经在一定程度上拖累了整个区域经济的整体发展。而在产业结构中减少第二产业比例，增加第三产业比例将有利于降低人类活动对生态环境的威胁程度。

4.2　土地开发强度变化

土地开发强度（LDI）从建设用地比例、建设用地开发动态度、土地利用程度综合指数及变化率几个方面说明环渤海沿海地区土地开发强度。建设用地比例即土地开发强度，说明该区域 2000~2010 年土地开发强度的时空变化趋势及地域差异特点；建设用地开发动态度即土地开发动态度，说明该区域 2000~2010 年土地开发强度速度的变化及特点。土地利用程度综合指数及变化率说明该区域 2000~2010 年土地利用程度的综合利用状况及其利用的强度的变化特点。

4.2.1　建设用地结构变化

　　土地开发强度用建设用地比例来表示，建设用地比例为某一研究区域内建筑用地（包括城镇建设、独立工矿、农村居民点、交通、水利设施以及其他建设用地等）总面积占该研究区域总面积的比例，其计算公式为

$$LDI = CA/A \tag{4-1}$$

式中，LDI 为土地开发强度；CA 为研究区域内建设用地总面积（km^2）；A 为该研究区域总面积（km^2）。

　　建设用地在本研究中对应一级分类"城镇"，包括二级地类中"居住地"、"工业用地"、"交通用地"和"采矿场"，所以对本研究区内每个时间节点"城镇"所占面积比例进行统计，同时利用 ArcGIS 软件中"tabulate area"工具对每个子区域内建设用地比例进行统计计算（表4-1）。

表 4-1　环渤海沿海各地市建设用地比例统计表

ID	区域	2000 年	2005 年	2010 年
1	滨海新区	0.129	0.178	0.349
2	唐山市	0.128	0.137	0.163
3	秦皇岛市	0.060	0.067	0.073
4	沧州市	0.114	0.115	0.118
5	大连市	0.076	0.085	0.094
6	锦州市	0.083	0.088	0.090
7	营口市	0.119	0.133	0.149
8	盘锦市	0.128	0.139	0.146
9	葫芦岛市	0.041	0.045	0.069
10	东营市	0.101	0.110	0.166
11	烟台市	0.077	0.091	0.141
12	潍坊市	0.092	0.102	0.144
13	滨州市	0.100	0.112	0.163
14	环渤海沿海地区	0.092	0.101	0.130

　　从表4-1和图4-3来看，研究区内土地开发强度呈逐渐增加的趋势，2000 年整个环渤海沿海地区土地开发强度为 0.092，2005 年为 0.101，2010 年为 0.130。在环渤海沿海地区 13 个地市中，天津滨海新区的土地开发强度在各时间节点内均高于其他地市，2000 年其土地开发强度为 0.129，2005 年为 0.178，2010 达到 0.349，后一时间段增长较快，增长率为前一时间段的三倍左右。其他城市增长较慢，但总体上 2005~2010 年土地开发强度增长率高于 2000~2005 年，说明在后一时间序列内环渤海沿海土地开发强度有较大增长。

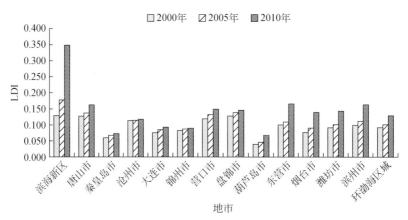

图 4-3　环渤海沿海各地市土地开发强度（LDI）统计图

从表 4-2 和图 4-4 可知，2000 年环渤海西岸开发区土地开发强度最高，南岸开发区略低于西岸开发区，北岸开发区最低；2005 年各开发区土地开发强度均有所上升，但总体上还是呈现西岸开发区高于南岸开发区高于北岸开发区的状态；到 2010 年，南岸开发区土地开发强度超过西岸开发区，达到 0.150，西岸开发区也有所上升，达到 0.138，北岸开发区上升仍然较慢，为环渤海沿海各开发区中最低。

表 4-2　环渤海沿海分区建设用地比例统计表

ID	区域	2000 年	2005 年	2010 年
1	北岸开发区	0.079	0.086	0.098
2	西岸开发区	0.109	0.116	0.138
3	南岸开发区	0.091	0.102	0.150
4	环渤海沿海地区	0.092	0.101	0.130

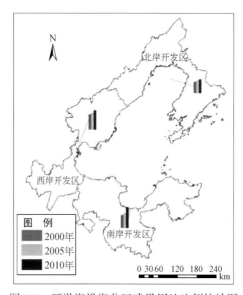

图 4-4　环渤海沿海分区建设用地比例统计图

4.2.2 建设用地强度变化

建设用地开发动态度即土地开发动态度，建设用地开发动态度是建设用地（本研究为城镇）10 年间平均年增长速率，计算 2000～2005 年、2005～2010 年、2000～2010 年三个时期的动态度。

$$\mathrm{LDR} = \sqrt[n-1]{\frac{\mathrm{LDI}_e}{\mathrm{LDI}_i}} \qquad\qquad (4\text{-}2)$$

式中，LDR 为土地开发动态度；i 为初期土地开发强度；e 为末期土地开发强度；n 为时间调查时间长度（年），取整。

环渤海沿海地区 13 个地市及各开发区土地开发动态度统计如表 4-3、表 4-4 及图 4-5 所示。

表 4-3 环渤海沿海各地市土地开发动态度（LDR）统计表

ID	区域	2000～2005 年	2005～2010 年	2000～2010 年
1	滨海新区	0.066	0.144	0.105
2	唐山市	0.015	0.035	0.025
3	秦皇岛市	0.024	0.016	0.020
4	沧州市	0.002	0.006	0.004
5	大连市	0.022	0.020	0.021
6	锦州市	0.011	0.005	0.008
7	营口市	0.022	0.023	0.023
8	盘锦市	0.016	0.010	0.013
9	葫芦岛市	0.021	0.088	0.054
10	东营市	0.017	0.086	0.051
11	烟台市	0.034	0.091	0.062
12	潍坊市	0.022	0.071	0.046
13	滨州市	0.024	0.078	0.051
14	环渤海沿海地区	0.019	0.050	0.035

表 4-4 环渤海沿海分区土地开发动态度统计表

ID	区域	2000～2005 年	2005～2010 年	2000～2010 年
1	北岸开发区	0.136	0.033	0.026
2	西岸开发区	0.218	0.026	0.020
3	南岸开发区	0.362	0.081	0.053
4	环渤海沿海地区	0.019	0.050	0.035

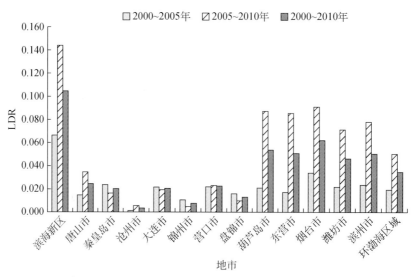

图4-5　环渤海沿海各地市土地开发动态度（LDR）统计图

从表4-3和图4-5可知，在研究时间段内，环渤海沿海地区土地开发动态度均为正值，表明土地开发强度呈增加的趋势；后一时间段的动态度为0.050，增速远高于前一时间段。在环渤海沿海13个地市中，秦皇岛市、大连市、锦州市和盘锦市2005～2010年的土地开发动态度低于2000～2005年的动态度，其余地市动态度在后一时间段都有所上升，而且天津滨海新区、葫芦岛市、东营市、烟台市、潍坊市和滨州市的动态度有较大提升，土地开发强度增长较快。

从表4-4可以看出，十年间环渤海沿海地区土地开发动态度均为正值，表明土地开发强度一直处于增长的趋势。其中，各开发区2000～2005年的土地开发动态度大于2005～2010年的土地开发动态度，表明各开发区在后一时间段的土地开发强度增长趋势有所减缓。从各开发区来看，2000～2005年，南岸开发区的土地开发动态度大于西岸开发区的土地开发动态度，北岸开发区最低；2005～2010年，各开发区的土地开发增长速率均有大幅度降低，南岸开发区仍然是最高，北岸开发区其次，西岸开发区最低。

4.2.3　土地利用强度变化

采用刘纪远的土地利用程度综合指数计算方法，计算时间序列内环渤海沿海地区各地市土地利用强度变化，计算方法如式（4-3）所示：

$$La = 100 \times \sum A_i \times C_i \quad La \in [0, 400] \tag{4-3}$$

式中，La为区域土地利用程度综合指数；A_i为第i级的土地利用程度分级指数如表4-5所示；C_i为第i级土地利用程度分级面积百分比。

表 4-5　土地利用程度分级表（参考）

土地利用类型	分级指数
未利用地或难利用地	1
森林、草地、水域	2
农田、园地、人工草地	3
城镇、居民点、工矿用地、交通用地	4

从表 4-6 可以看出，环渤海沿海地区土地利用程度综合指数呈逐步上升的趋势，从 2000 年的 278.77 上升到 2005 年的 279.69，2010 年达到的 283.01；从变化率来看，后一时间段的变化率大于前一时间段的变化率，整个时间段内的土地利用程度综合指数变化率为 1.52%。其中，天津滨海新区的土地利用程度综合指数上升最快，从 2000 年的 255.42 上升到 2005 年的 264.90，最终达到 2010 年的 287.80，两个时间段的土地利用程度综合指数变化率分别为 3.71% 和 8.65%，远高于同时段内环渤海沿海地区其他地市。在 13 个地市中，天津滨海新区、唐山市、秦皇岛市、盘锦市、葫芦岛市、烟台市、潍坊市、滨州市的土地利用程度综合指数一直在上升，而其他地市在三个时间节点有所波动，除锦州市外其他地市整体有所上升。

表 4-6　环渤海沿海各地市土地利用程度综合指数及其变化率

ID	地区	2000 年	2005 年	2010 年	2000~2005 年变化率/%	2005~2010 年变化率/%	2000~2010 年变化率/%
1	滨海新区	255.42	264.90	287.80	3.71	8.65	12.68
2	唐山市	286.75	287.70	290.55	0.33	0.99	1.32
3	秦皇岛市	253.00	253.73	254.39	0.29	0.26	0.55
4	沧州市	303.53	303.45	303.70	-0.03	0.08	0.06
5	大连市	269.57	270.94	271.61	0.51	0.25	0.76
6	锦州市	279.89	280.46	280.37	0.21	-0.03	0.17
7	营口市	256.68	259.24	261.57	1.00	0.90	1.91
8	盘锦市	284.81	285.86	287.08	0.37	0.43	0.80
9	葫芦岛市	257.61	258.16	261.08	0.22	1.13	1.35
10	东营市	270.45	269.02	277.68	-0.53	3.22	2.67
11	烟台市	279.36	280.48	285.11	0.40	1.65	2.06
12	潍坊市	288.04	288.99	293.71	0.33	1.63	1.97
13	滨州市	291.78	293.22	300.14	0.49	2.36	2.86
14	环渤海沿海地区	278.77	279.69	283.01	0.33	1.19	1.52

从表 4-7 和图 4-6 中可以看到，2000~2010 年，环渤海沿海三个开发区的土地利用程度综合指数均呈上升趋势。在 2000 年和 2005 年，西岸开发区的土地利用程度指数最高，南岸开发区其次，北岸开发区最低。到 2010 年，南岸开发区土地利用程度综合指数超过

西岸开发区成为环渤海沿海地区最高值，北岸开发区上升较缓慢，仍然最低。从变化率来看，北岸开发区前后两个时间段的变化率大致相当，西岸开发区变化不大，而南岸开发区有较大增长，从 2000~2005 年的 0.25% 增加到 2005~2010 年的 2.03%，增长率变化较大。

表4-7   环渤海沿海各开发区土地利用程度综合指数及其变化率

ID	地区	2000 年	2005 年	2010 年	2000~2005 年 变化率/%	2005~2010 年 变化率/%	2000~2010 年 变化率/%
1	西岸开发区	284.37	285.33	287.85	0.34	0.88	1.22
2	北岸开发区	268.72	269.83	271.13	0.41	0.48	0.90
3	南岸开发区	283.33	284.04	289.80	0.25	2.03	2.28
4	环渤海沿海地区	278.77	279.69	283.01	0.33	1.19	1.52

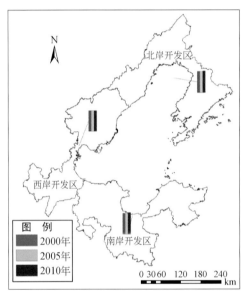

图4-6   环渤海沿海分区土地利用程度综合指数

4.3 经济开发活动分析

4.3.1 经济活动强度变化

经济活动强度（EAI）是指单位国土面积 GDP（万元/km^2）。其计算公式为

$$EAI = GDP/A \tag{4-4}$$

式中，EAI 为经济活动强度（万元/km^2）；GDP 为研究区域内 GDP 总量（万元）；A 为该

研究区域总面积（km²）。

环渤海沿海各地市及开发区的经济活动强度（EAI）统计如表 4-8、表 4-9 和图 4-7、图 4-8 所示。

表 4-8　环渤海沿海各地市经济活动强度（EAI）统计表（单位：万元/km²）

ID	区域	2000 年	2005 年	2010 年
1	滨海新区	2 428.83	6 941.17	21 368.63
2	唐山市	669.65	1 483.88	3 270.64
3	秦皇岛市	366.70	631.08	1 195.60
4	沧州市	326.88	801.22	1 561.01
5	大连市	853.00	1 652.78	3 961.15
6	锦州市	199.19	388.45	928.20
7	营口市	325.65	723.61	1 910.96
8	盘锦市	847.67	1 250.92	2 625.62
9	葫芦岛市	156.10	291.60	517.38
10	东营市	611.18	1 532.38	3 101.10
11	烟台市	643.52	1 472.34	3 188.70
12	潍坊市	447.58	921.51	1 936.08
13	滨州市	297.65	735.61	1 710.42
14	环渤海沿海地区	515.32	1 130.21	2 578.70

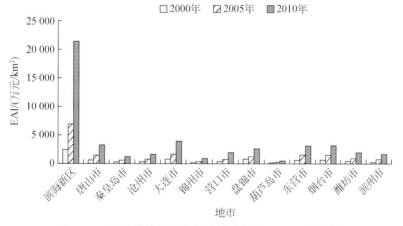

图 4-7　环渤海沿海各地市经济活动强度（EAI）统计图

从表 4-8 和图 4-7 可以看出，环渤海沿海地区经济活动强度呈逐步上升的趋势，从 2000 年的 515.32 万元/km² 上升到 2005 年的 1130.21 万元/km²，2010 年达到 2578.70 万元/km²。在各时间节点内，天津滨海新区经济活动强度均远高于其他地市，2000 年为 2428.83 万元/km²，2005 年上升到 6941.17 万元/km²，到 2010 年经济活动强度上升到 21 368.63 万元/km²，经济活动强度增长率变化较大。其他地市增长相对较慢，葫芦岛市和锦州市经济活动强度在 13 个地市中最低，增速也较慢。

从表4-9 和图4-8 可知，环渤海沿海 3 个开发区中，各时间节点西岸开发区的经济活动强度最大，南岸开发区其次，北岸开发区最低。2000 年和 2005 年，西岸开发区和南岸开发区经济活动强度大致相当，南岸开发区略低于西岸开发区，但到 2010 年，西岸开发区经济活动强度远高于南岸开发区和北岸开发区，这一时期西岸开发区有较快增长。

表4-9　环渤海沿海分区经济活动强度（EAI）统计表　（单位：万元/km²）

ID	区域	2000 年	2005 年	2010 年
1	北岸开发区	462. 26	872. 23	2036. 05
2	西岸开发区	574. 64	1351. 02	3196. 16
3	南岸开发区	502. 92	1148. 04	2452. 99
4	环渤海沿海地区	515. 32	1130. 21	2578. 70

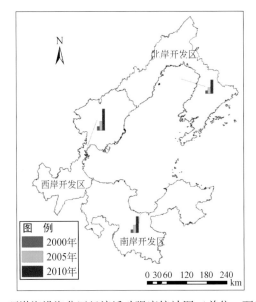

图 4-8　环渤海沿海分区经济活动强度统计图（单位：万元/km²）

4.3.2　经济活动动态度变化

环渤海沿海各地市及开发区的经济活动动态度（EAR）统计如表 4-10、表 4-11 和图 4-9所示。

表4-10　环渤海沿海各地市经济活动动态度（EAR）统计表

OID	区域	2000 ~ 2005 年	2005 ~ 2010 年	2000 ~ 2010 年
1	滨海新区	0. 234	0. 252	0. 243
2	唐山市	0. 172	0. 171	0. 172

续表

OID	区域	2000~2005 年	2005~2010 年	2000~2010 年
3	秦皇岛市	0.115	0.136	0.125
4	沧州市	0.196	0.143	0.169
5	大连市	0.141	0.191	0.166
6	锦州市	0.143	0.190	0.166
7	营口市	0.173	0.214	0.194
8	盘锦市	0.081	0.160	0.120
9	葫芦岛市	0.133	0.122	0.127
10	东营市	0.202	0.151	0.176
11	烟台市	0.180	0.167	0.174
12	潍坊市	0.155	0.160	0.158
13	滨州市	0.198	0.184	0.191
14	环渤海沿海地区	0.170	0.179	0.175

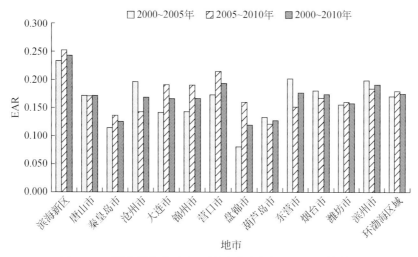

图 4-9　环渤海沿海各地市经济活动动态度（EAR）统计图

从表 4-10 和图 4-9 可以看出，环渤海沿海地区经济活动强度动态度在两个时间段大致相当，前一时间段为 0.170，后一时间段为 0.179，研究时段内经济活动强度增长较平缓。在各地市中，天津滨海新区经济活动强度动态度均高于同时段内的其他地市，表明两个时段内其增长速率最快。天津滨海新区、秦皇岛市、大连市、锦州市、营口市、盘锦市和潍坊市前一时间段的经济活动强度动态度小于后一时间段的经济活动强度动态度，表明这些地市后一时间段经济活动强度增长速率快于前一时间段的增长速率；而其他地市前一时间段的经济活动强度动态度大于后一时间段的动态度，表明这些地市的经济活动强度增速有所减缓。

表 4-11　环渤海沿海分区经济活动动态度（EAR）统计表

OID	区域	2000~2005 年	2005~2010 年	2000~2010 年
1	北岸开发区	0.172	0.236	0.179
2	西岸开发区	0.238	0.240	0.210
3	南岸开发区	0.229	0.209	0.193
4	环渤海沿海地区	0.170	0.179	0.175

从表 4-11 可以看出，研究时段内，西岸开发区经济活动强度动态度为 0.210，高于南岸开发区，北岸开发区最低，表明十年内西岸开发区的经济活动强度增长速率快于南岸开发区的经济活动强度增长速率，北岸开发区增长最慢。在第一个时间段内，西岸开发区的经济活动强度动态度为 0.238，南岸开发区为 0.229，北岸开发区为 0.172；第二个时间段内西岸开发区经济活动强度动态度略有上升，达到 0.240，北岸开发区有较大增长，达到 0.236，略小于西岸开发区的增速，而南岸开发区有所减少，增速降低为 0.209。

4.4　围填海分析

为了定量表示一定区域范围内围填海的规模与强度，以单位海岸线长度（km）上承载的围填海面积（hm²）表示围填海强度（SRI）。其计算公式为

$$SRI = S/L \tag{4-5}$$

式中，SRI 为围填海强度指数（hm²/km）；S 为评价区域内累计围填海总面积（hm²）；L 为评价区域基准年内的海岸线总长度（km），以 2000 年作为岸线长度计算的基准年。

本书中海岸线长度通过对研究区遥感影像中大陆海岸线部分进行计算与统计，不包括岛屿海岸线。

从表 4-12 可知，环渤海沿海地区总海岸线长度为 2647km，2000~2005 年围填海面积增加了 6829.65hm²，2005~2010 年急剧增长到 83 795.67hm²，整个时间序列围填海面积增加了 90 625.32hm²。在各地市中，天津滨海新区围填海面积最大，达到 33 674.94hm²，两个时间段内分别围填面积为 2357.37hm² 和 31 317.57hm²。唐山市和大连市也有较大面积的围填海，十年内分别围填面积 27 540.45hm² 和 12 653.1hm²。唐山市在前一个时间段围填了 1932.57hm²，后一时间段有较大增长，达到 25 607.88hm²，大连市两个时间段分别围填了 2123.64hm² 和 10 529.46hm²。其他地市围填海面积相对较小，沧州市和滨州市在 2000 年围填海面积几乎为 0，到 2010 年沧州市围填了 21.6hm²，滨州市只有 2.79hm²。

表 4-12　环渤海沿海各地市围填海面积统计表

ID	区域	海岸线/km	2000~2005 年围填海/hm²	2005~2010 年围填海/hm²	2000~2010 年围填海/hm²
1	滨海新区	271	2357.37	31 317.57	33 674.94
2	唐山市	241	1 932.57	25 607.88	27 540.45

续表

ID	区域	海岸线/km	2000~2005 年围填海/hm²	2005~2010 年围填海/hm²	2000~2010 年围填海/hm²
3	秦皇岛市	127	2.88	469.89	472.77
4	沧州市	58	0.00	21.6	21.6
5	大连市	563	2 123.64	10 529.46	12 653.1
6	锦州市	146	126.09	608.49	734.58
7	营口市	126	136.26	626.67	762.93
8	盘锦市	169	20.79	818.55	839.34
9	葫芦岛市	225	120.06	1 152.09	1 272.15
10	东营市	267	0.27	4 392.09	4 392.36
11	烟台市	346	9.63	5 265.99	5 275.62
12	潍坊市	71	0.09	2 982.6	2 982.69
13	滨州市	37	0.00	2.79	2.79
14	环渤海沿海地区	2647	6 829.65	83 795.67	90 625.32

从表 4-13 和图 4-10 可以看出，环渤海沿海三个开发区中西岸开发区海岸线长度最短，北岸开发区最长；十年内西岸开发区的围填海面积最大，围填海面积为 61 709.76hm²，北岸开发区为 16 262.10hm²，南岸开发区围填海面积最小。2000~2005 年，西岸开发区围填海面积为 4292.82hm²，北岸开发区为 2526.84hm²，而南岸开发区仅有 9.99hm²；2005~2010 年，西岸开发区迅速增长到 57 416.94hm²，同时北岸开发区和南岸开发区也有较大面积的增长。

表 4-13　环渤海沿海分区围填海面积统计表

OID	区域	海岸线/km	2000~2005 年围填海/hm²	2005~2010 年围填海/hm²	2000~2010 年围填海/hm²
1	北岸开发区	1 229	2 526.84	13 735.26	16 262.10
2	西岸开发区	697	4 292.82	57 416.94	61 709.76
3	南岸开发区	721	9.99	12 643.47	12 653.46
4	环渤海沿海地区	2 647	6 829.65	83 795.70	90 625.32

从表 4-14 和图 4-11 可以看出，时间序列内环渤海沿海地区围填海强度呈增长的趋势，2000~2005 年围填海强度为 2.58，2005~2010 年增长到 31.66，后一时间段有较大增长，整个时间段内围填海强度为 34.24。在环渤海沿海 13 个地市中，天津滨海新区和唐山市围填海强度远高于其他地市，2000~2005 年两地市围填海强度分别为 8.70 和 8.02，2005~2010 年两地市急剧增长到 115.56 和 106.26，十年内两地市分别达到 124.26 和 114.28。其他地市围填海强度较小，其中沧州市和滨州市 2000~2005 年的围填海强度几乎为 0，2005~2010 年两地市略有增长，分别为 0.37 和 0.08。

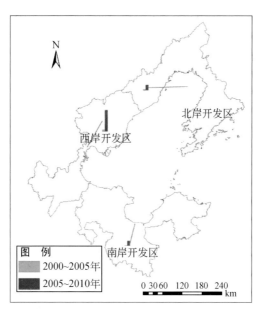

图 4-10　环渤海沿海分区围填海面积分布图

表 4-14　环渤海沿海各地市围填海强度（SRI）统计表

ID	区域	2000～2005 年围填海强度/（hm²/km）	2005～2010 年围填海强度/（hm²/km）	2000～2010 年围填海强度/（hm²/km）
1	滨海新区	8.70	115.56	124.26
2	唐山市	8.02	106.26	114.28
3	秦皇岛市	0.02	3.70	3.72
4	沧州市	0.00	0.37	0.37
5	大连市	3.77	18.70	22.47
6	锦州市	0.86	4.17	5.03
7	营口市	1.08	4.97	6.06
8	盘锦市	0.12	4.84	4.97
9	葫芦岛市	0.53	5.12	5.65
10	东营市	0.00	16.45	16.45
11	烟台市	0.03	15.22	15.25
12	潍坊市	0.00	42.01	42.01
13	滨州市	0.00	0.08	0.08
14	环渤海沿海地区	2.58	31.66	34.24

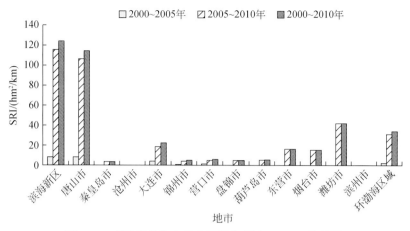

图 4-11 环渤海沿海各地市围填海强度（SRI）统计图

从表 4-15 可以看出，两个时间段内环渤海沿海三个开发区的围填海强度呈增长的趋势。西岸开发区在两个时间段内的围填海强度均高于其他两个开发区；十年内西岸开发区、北岸开发区和南岸开发区的围填海强度分别为 88.54、13.23 和 17.55。2000～2005年，西岸开发区的围填海强度为 6.16，北岸开发区和南岸开发区的围填海强度分别为 2.06 和 0.01；2005～2010 年三个开发区分别增长到 82.38、11.18 和 17.54。

表 4-15 环渤海沿海分区围填海强度（SRI）统计表

OID	区域	2000～2005 年围填海强度/（hm²/km）	2005～2010 年围填海强度/（hm²/km）	2000～2010 年围填海强度/（hm²/km）
1	北岸开发区	2.06	11.18	13.23
2	西岸开发区	6.16	82.38	88.54
3	南岸开发区	0.01	17.54	17.55
4	环渤海沿海地区	2.58	31.66	32.24

填海造陆在增加土地资源的同时也对生态环境和社会生产带来了深远的影响。在经济和政策的双重驱动下，对土地资源的需求更加强烈，进一步加快了填海造陆的进程，造成了海岸线的永久改变，给海岸带资源与环境带来巨大压力。

4.5 城市化过程分析

城市化强度（UI）从土地城市化、经济城市化和人口城市化三个方面来综合评价城市化强度。其计算公式如下：

$$UI = (LUR + EUR + PUR)/3 \tag{4-6}$$

式中，土地城市化（LUR）为城市建成区面积占评价单元面积的比例；经济城市化（EUR）为第二产业和第三产业总产值占 GDP 的比例；人口城市化（PUR）为城市化人口比例。计算公式如下：

$$LUR = UCA/A \tag{4-7}$$

式中，UCR 为城市建成区面积/km²，A 为评价单元总面积/km²；

$$EUR = (GDP2+GDP3)/GDP \tag{4-8}$$

式中，GDP2、GDP3 为评价单元内第二产业、第三产业所创造的 GDP 值；GDP 为评价单元国民生产总值。

$$PUR = P1/P \tag{4-9}$$

式中，P1 为非农业人口数；P 为评价单元内总人口数。

具体统计结果见以下统计图表（表4-16~表4-23，图4-12~图4~19）。

表 4-16　环渤海沿海各地市土地城市化（LUR）统计表

ID	城市	2000 年土地城市化（LUR）	2005 年土地城市化（LUR）	2010 年土地城市化（LUR）
1	滨海新区	0.060	0.080	0.129
2	唐山市	0.009	0.014	0.017
3	秦皇岛市	0.009	0.011	0.012
4	沧州市	0.002	0.003	0.003
5	大连市	0.018	0.018	0.031
6	锦州市	0.007	0.006	0.007
7	营口市	0.012	0.018	0.019
8	盘锦市	0.014	0.015	0.017
9	葫芦岛市	0.005	0.006	0.007
10	东营市	0.008	0.011	0.016
11	烟台市	0.009	0.013	0.019
12	潍坊市	0.004	0.007	0.009
13	滨州市	0.002	0.006	0.019
14	环渤海沿海地区	0.009	0.011	0.017

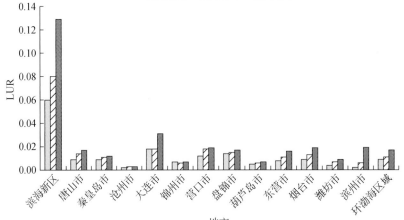

图 4-12　环渤海沿海各地市土地城市化（LUR）统计图

从表 4-16 和图 4-12 可以看出，环渤海沿海地区土地城市化总体呈上升趋势，2000 年土地城市化指数为 0.009，2005 年为 0.011，2010 年达到 0.017。其中，天津滨海新区的土地城市化指数高于环渤海沿海其他地市，三个时间节点的土地城市化强度分别为 0.060、0.080 和 0.129。沧州市土地城市化指数最低，而且增长速率最慢，到 2010 年仅为 0.003，远低于环渤海其他地市。三个时间节点内，锦州市土地城市化强度呈先减后增的趋势，到 2010 年，其土地城市化几乎与 2000 年持平；沧州市 2005～2010 年内几乎无变化，大连市 2000～2005 年几乎不变，但总体来说土地城市化均有增长；其他地市在三个时间节点上逐步增长。

表 4-17 环渤海沿海分区土地城市化（LUR）统计表

ID	区域	2000 年土地城市化（LUR）	2005 年土地城市化（LUR）	2010 年土地城市化（LUR）
1	北岸开发区	0.015	0.016	0.018
2	西岸开发区	0.009	0.021	0.017
3	南岸开发区	0.006	0.009	0.015
4	环渤海沿海地区	0.009	0.011	0.017

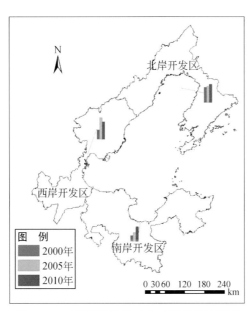

图 4-13 环渤海沿海分区土地城市化统计图

从表 4-17 和图 4-13 可以看出，在环渤海沿海三个开发区中，北岸开发区和南岸开发区土地城市化一直处于增长的趋势，北岸开发区从 2000 年的 0.015 增长到 2010 年的 0.018，南岸开发区从 2000 年的 0.006 增长到 2010 年的 0.015。西岸开发区则呈现先增后减的趋势，2000 年土地城市化指数为 0.009，2005 年上升到 0.021，上升较快，2005～

2010 年又降低到 0.017，低于同时期的北岸开发区。

从表 4-18 和图 4-14 可以看出，环渤海沿海地区经济城市化总体呈上升趋势，2000 年经济城市化指数为 0.863，2005 年为 0.904，2010 年达到 0.925。其中，天津滨海新区各年的经济城市化指数均高于同时期其他地市。时间序列内，除秦皇岛市和盘锦市外，其他环渤海沿海地市的经济城市化均呈上升趋势；秦皇岛市先增后减，总体上较 2000 年有所上升，而盘锦市则先减后增，总体上有所减少。

表 4-18　环渤海沿海各地市经济城市化（EUR）统计表

ID	城市	2000 年经济城市化（EUR）	2005 年经济城市化（EUR）	2010 年经济城市化（EUR）
1	滨海新区	0.991	0.996	0.998
2	唐山市	0.811	0.884	0.906
3	秦皇岛市	0.863	0.896	0.864
4	沧州市	0.824	0.880	0.885
5	大连市	0.906	0.915	0.933
6	锦州市	0.745	0.769	0.834
7	营口市	0.849	0.892	0.923
8	盘锦市	0.926	0.894	0.912
9	葫芦岛市	0.850	0.851	0.865
10	东营市	0.935	0.959	0.963
11	烟台市	0.856	0.902	0.923
12	潍坊市	0.796	0.863	0.893
13	滨州市	0.772	0.863	0.900
14	环渤海沿海地区	0.863	0.904	0.925

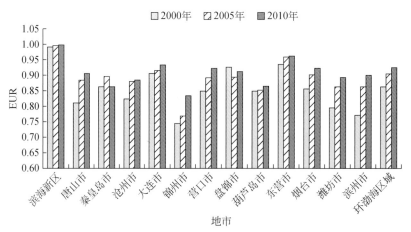

图 4-14　环渤海沿海各地市经济城市化（EUR）统计图

表 4-19　环渤海沿海分区经济城市化（EUR）统计表

OID	区域	2000 年经济 城市化（EUR）	2005 年经济 城市化（EUR）	2010 年经济 城市化（EUR）
1	北岸开发区	0.883	0.889	0.915
2	西岸开发区	0.867	0.919	0.936
3	南岸开发区	0.755	0.790	0.797
4	环渤海沿海地区	0.863	0.904	0.925

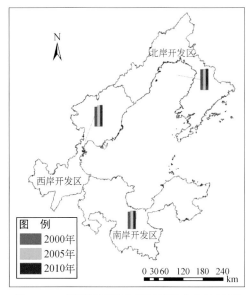

图 4-15　环渤海沿海分区经济城市化统计图

从表 4-19 和图 4-15 可以看出，环渤海沿海三个开发区中，各开发区经济城市化均呈上升趋势。2000 年北岸开发区经济城市化指数最高，到 2005 年西岸开发区超过北岸开发区，到 2010 年保持领先地位，达到了 0.936；北岸开发区其次，为 0.915，南岸开发区最低，为 0.797，与西岸开发区和北岸开发区相差较大，且增速较慢。

表 4-20　环渤海沿海各地市人口城市化（PUR）统计表

ID	城市	2000 年人口 城市化（PUR）	2005 年人口 城市化（PUR）	2010 年人口 城市化（PUR）
1	滨海新区	0.781	0.793	0.817
2	唐山市	0.273	0.322	0.326
3	秦皇岛市	0.262	0.417	0.448
4	沧州市	0.165	0.217	0.304
5	大连市	0.499	0.562	0.620

ID	城市	2000 年人口 城市化（PUR）	2005 年人口 城市化（PUR）	2010 年人口 城市化（PUR）
6	锦州市	0.354	0.378	0.404
7	营口市	0.390	0.446	0.473
8	盘锦市	0.497	0.618	0.825
9	葫芦岛市	0.279	0.301	0.316
10	东营市	0.414	0.425	0.437
11	烟台市	0.316	0.458	0.497
12	潍坊市	0.233	0.379	0.517
13	滨州市	0.201	0.212	0.319
14	环渤海沿海地区	0.306	0.384	0.447

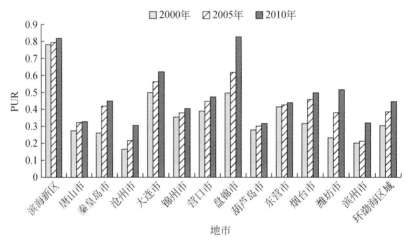

图 4-16 环渤海沿海各地市人口城市化（PUR）统计图

从表 4-20 和图 4-16 可以看出，环渤海沿海地区人口城市化总体呈上升趋势，从 2000 年的 0.306 上升到 2005 年的 0.384，到 2010 年的 0.447。在三个时间节点中，天津滨海新区的人口城市化强度均较高，2000 年和 2005 年都领先于环渤海沿海其他地市，2010 年盘锦市超过天津滨海新区为 13 个地市中最高，且后一时间段上升较快。

表 4-21 环渤海沿海分区人口城市化（PUR）统计表

OID	区域	2000 年人口 城市化（PUR）	2005 年人口 城市化（PUR）	2010 年人口 城市化（PUR）
1	北岸开发区	0.412	0.464	0.516
2	西岸开发区	0.257	0.322	0.368
3	南岸开发区	0.269	0.378	0.468
4	环渤海沿海地区	0.306	0.384	0.447

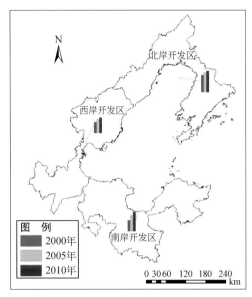

图 4-17　环渤海沿海分区人口城市化统计图

从表 4-21 和图 4-17 可以看出，在环渤海沿海三个开发区中，各开发区人口城市化强度在时间序列内都呈上升趋势。而且各时间节点北岸开发区的人口城市化强度均最高，分别为 0.412、0.464、0.516。其次是南岸开发区，分别为 0.269、0.378、0.468，西岸开发区的人口城市化强度最低，分别为 0.257、0.322、0.368。

表 4-22　环渤海沿海各地市城市化强度（UI）统计表

ID	城市	2000 年城市化强度（UI）	2005 年城市化强度（UI）	2010 年城市化强度（UI）
1	滨海新区	0.611	0.623	0.648
2	唐山市	0.364	0.406	0.416
3	秦皇岛市	0.378	0.441	0.441
4	沧州市	0.330	0.367	0.398
5	大连市	0.474	0.498	0.528
6	锦州市	0.369	0.385	0.415
7	营口市	0.417	0.452	0.472
8	盘锦市	0.479	0.509	0.585
9	葫芦岛市	0.378	0.386	0.396
10	东营市	0.452	0.465	0.472
11	烟台市	0.394	0.458	0.480
12	潍坊市	0.345	0.417	0.473
13	滨州市	0.325	0.360	0.413
14	环渤海沿海地区	0.393	0.433	0.463

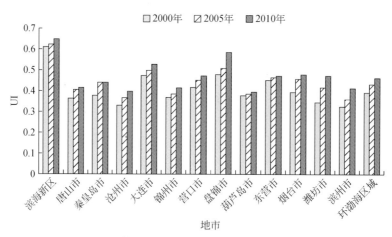

图 4-18 环渤海沿海各地市城市化强度（UI）统计图

从表 4-22 和图 4-18 可以看出，环渤海沿海地区城市化强度呈逐步上升的趋势，从 2000 年的 0.393 上升到 2005 年的 0.433，到 2010 年达到 0.463。在各时间节点内，天津滨海新区城市化强度均高于其他地市，2000 年为 0.611，2005 年上升到 0.623，到 2010 年城市化强度上升到 0.648。各地市中，秦皇岛市在 2005 年和 2010 年的城市化强度均为 0.441，城市化强度几乎不变；其他地市在各时间节点城市化强度呈逐步上升的趋势。

表 4-23 环渤海沿海分区城市化强度（UI）统计表

OID	区域	2000 年城市化强度（UI）	2005 年城市化强度（UI）	2010 年城市化强度（UI）
1	北岸开发区	0.437	0.456	0.483
2	西岸开发区	0.377	0.420	0.440
3	南岸开发区	0.343	0.393	0.427
4	环渤海沿海地区	0.393	0.433	0.463

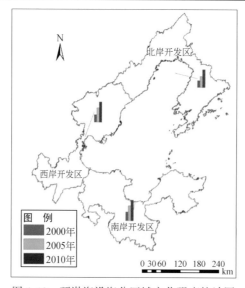

图 4-19 环渤海沿海分区城市化强度统计图

从表4-23和图4-19可以看出，在环渤海沿海三个开发区中，北岸开发区的城市化强度一直都最高，2000年为0.437，2005年上升到0.456，2010年达到0.483，城市化强度增长较快。西岸开发区其次，三个时间节点的城市化强度分别为0.377、0.420和0.440。南岸开发区城市化强度在各年中都是最低，分别为0.343、0.393和0.427，西岸开发区和南岸开发区城市化增长速率相对较慢。

4.6 交通运输分析

交通运输强度即交通运输密度，为某一研究区域内道路总面积占该研究区域总面积的比例。其计算公式为

$$TI = TA/A \tag{4-10}$$

式中，TI 为交通运输强度；TA 为研究区域内道路总面积（km^2）；A 为该研究区域总面积（km^2）。

环渤海沿海各地市及各开发区交通运输强度（EAI）和经济活动动态度（EAR）统计分别如表4-24 ~ 表4-27和图4-20所示。

表4-24 环渤海沿海各地市交通运输强度（TI）统计表

ID	区域	2000年交通运输强度（TI）	2005年交通运输强度（TI）	2010年交通运输强度（TI）
1	滨海新区	0.349	0.558	0.767
2	唐山市	0.069	0.144	0.221
3	秦皇岛市	0.072	0.148	0.224
4	沧州市	0.031	0.054	0.066
5	大连市	0.098	0.167	0.312
6	锦州市	0.044	0.069	0.092
7	营口市	0.061	0.102	0.132
8	盘锦市	0.089	0.152	0.242
9	葫芦岛市	0.030	0.039	0.044
10	东营市	0.204	0.223	0.235
11	烟台市	0.081	0.153	0.221
12	潍坊市	0.063	0.154	0.195
13	滨州市	0.016	0.034	0.123
14	环渤海沿海地区	0.073	0.128	0.187

从表4-24可知，环渤海沿海地区交通运输强度呈逐步上升的趋势，从2000年的0.073上升到2005年的0.128，到2010年上升到0.187。在环渤海13个地市中，天津滨海新区的交通运输强度远高于其他地市，其2000年的交通运输强度为0.349，2005年上升到0.558，2010年达到0.767。在13个地市中，沧州市、锦州市和葫芦岛市交通运输强

度较低, 到 2010 年这三个地市的交通运输强度都不超过 0.1, 远小于同时期的其他环渤海沿海城市。

表 4-25 环渤海沿海各地市交通运输强度动态度统计表

ID	区域	2000~2005 年动态度	2005~2010 年动态度	2000~2010 年动态度
1	滨海新区	0.098	0.066	0.171
2	唐山市	0.159	0.089	0.262
3	秦皇岛市	0.155	0.086	0.255
4	沧州市	0.117	0.041	0.163
5	大连市	0.112	0.133	0.261
6	锦州市	0.094	0.059	0.159
7	营口市	0.108	0.053	0.167
8	盘锦市	0.113	0.097	0.221
9	葫芦岛市	0.054	0.024	0.080
10	东营市	0.018	0.011	0.029
11	烟台市	0.136	0.076	0.222
12	潍坊市	0.196	0.048	0.254
13	滨州市	0.163	0.293	0.504
14	环渤海沿海地区	0.112	0.075	0.195

从表 4-25 可知, 研究时间段内, 环渤海沿海地区交通运输强度动态度均大于 0, 表明整个环渤海沿海地区交通运输强度一直处于增长的趋势; 前一时间段的增长速率为 0.112, 后一时间段增长速率为 0.075, 小于前一时间段的增长速率, 表明交通运输强度增速有所减缓。十年内, 滨州市交通运输强度动态度最大, 达到 0.504, 远高于其他地市, 表明研究时间段内滨州市交通运输强度有较大增长。同时, 唐山市、秦皇岛市、大连市、盘锦市、烟台市和潍坊市交通运输强度动态度均大于 0.2, 这说明十年内这些地市交通运输强度有较大增长, 而其他地市增速相对较慢。

表 4-26 环渤海沿海分区交通运输强度 (TI) 统计表

ID	区域	2000 年交通 运输强度 (TI)	2005 年交通 运输强度 (TI)	2010 年交通 运输强度 (TI)
1	北岸开发区	0.063	0.103	0.166
2	西岸开发区	0.071	0.134	0.193
3	南岸开发区	0.082	0.142	0.195
4	环渤海沿海地区	0.073	0.128	0.187

从表 4-26 和图 4-20 可以看出, 环渤海沿海三个开发区的交通运输强度在三个时间节点均处于上升的趋势。从各时间节点来看, 环渤海沿海三个开发区中南岸开发区的交通运输强度均最高, 2000 年为 0.082, 2005 年上升到 0.142, 最终达到 0.195。西岸开发区交

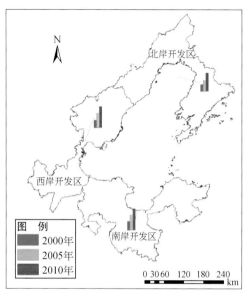

图 4-20　环渤海沿海分区交通运输强度统计图

通运输强度小于南岸开发区，三个时间节点的交通运输强度分别为 0.071、0.134 和 0.193。北岸开发区的交通运输强度在各时间节点均最小，三个时间节点的强度分别为 0.063、0.103 和 0.166。

表 4-27　环渤海沿海分区交通运输强度动态度统计表

ID	区域	2000~2005 年动态度	2005~2010 年动态度	2000~2010 年动态度
1	北岸开发区	0.130	0.127	0.273
2	西岸开发区	0.172	0.096	0.286
3	南岸开发区	0.145	0.084	0.241
4	环渤海沿海地区	0.168	0.342	0.104

从表 4-27 可以看出，研究时间段内，环渤海沿海地区三个开发区的交通运输强度动态度均大于 0，表明这三个开发区的交通运输强度一直处于增长的趋势。2000~2005 年，西岸开发区的交通运输强度动态度最高，为 0.172；南岸开发区其次，为 0.145；北岸开发区最小，为 0.130。2005~2010 年，西岸开发区动态度和南岸开发区动态度有较大降低，分别减少至 0.096 和 0.084，而北岸开发区动态度略有降低，为 0.127。

4.7　人类活动综合开发强度分析

4.7.1　综合开发强度各指标统计

根据 4.2~4.6 节指标计算结果，对各个区域指标进行统计，具体结果见表 4-28。

表 4-28　环渤海沿海各类开发强度统计表

涉及区域	年份	经济活动强度/(万元/km²)	土地开发强度/%	交通运输强度	人口城市化强度/%	土地城市化强度%	围填海强度/(km/hm²)	经济城市化强度%
环渤海沿海地区	2000	515.32	0.092	0.073	0.306	0.009	2.58	0.863
	2005	1130.21	0.101	0.128	0.384	0.011	31.66	0.904
	2010	2578.70	0.13	0.187	0.447	0.017	34.24	0.925
	2000~2005变动比例	0.17	0.019	0.112	0.255	0.222	11.271	0.048
	2005~2010变动比例	0.179	0.05	0.076	0.164	0.545	0.081	0.023
	2000~2010变动比例	0.175	0.035	0.195	0.461	0.889	12.271	0.072

从表 4-28 可以看出，环渤海沿海地区表示开发强度的各类指标值 2000~2010 年均有不同程度的上升。其中，经济活动强度由 515.32 万元/km² 上升到 2 578.70 万元/km²，土地开发强度由 0.092 上升到 0.13，交通运输强度由 0.073 上升到 0.187，人口城市化强度由 0.306 上升到 0.447，土地城市化强度由 0.009 上升到 0.017，经济城市化强度由 0.863 上升到 0.925，围填海强度由 2.58 上升到 34.24。其中，交通运输强度、人口城市化强度、围填海强度和经济城市化强度 2000~2005 年的变化率高于 2005~2010 年的变化率，经济活动强度两个时间段的变化率大致相当，而土地开发强度和土地城市化强度后一时间段的增长率大于前一时间段的增长率，后一时间段增长较快。

4.7.2　开发强度指标归一化处理

参与综合开发强度计算的各指标量纲不同，指标属性及其所代表的含义也存在差异，需要对各指标数据进行无量纲化处理，消除上述差异对结果的影响。为保证指标计算的正确性和研究内容具有实际意义，采用极差标准化的方法，按照时间序列对各指标进行处理。

通过对开发强度指标进行极值归一化处理，将各个指标值统一到 [0，1] 范围内。极值归一化公式如下：

$$Y_i = \frac{x_i - x_{\min}}{X_{\max} - x_{\min}} \tag{4-11}$$

式中，X_i 为指标原始值；Y_i 为对应 X_i 的极值归一化标准值；$X_{\max}$ 与 $X_{\min}$ 分别为研究区内所有对应指标中的最大值和最小值。

4.7.3 开发强度综合评价

开发强度可以从不同的角度进行评价，如土地开发建设、经济活动强度、城市化强度、交通运输强度等，各因子之间存在一定的相关性，所反映的问题具有很大的共性。采用主成分分析法，通过降维过程，将多个相互关联的数值指标转化为少数几个互不相关的综合指标的方法，所得到的少数指标尽可能多的包含原有信息，且能很好地解释所要描述的问题。本章中通过主成分分析法得到环渤海沿海地区的综合开发强度，主成分表达式如下：

$$F_i = a_{1i}X_1 + a_{2i}X_2 + \cdots + a_{pi}X_p, \quad i = 1, 2, \cdots, p. \tag{4-12}$$

式中，F_i 为第 i 个主成分；$a_{1i} \cdots a_{pi}$ 分别表示标准化变量 X_1，X_2，$\cdots$，X_p 的系数。

采用 SPSS19.0 进行主成分分析，抽取的特征根值大于 0，主成分个数的确定需要综合考虑特征根大于 0 和累积的总方差在 80.00% 以上这两个条件。各主成分所能解释的总方差的百分比即为各主成分的权重，对应的成分得分系数矩阵即为各变量的系数。通过上述公式即可计算出各主成分的值。

综合表 4-28 中各类开发强度指数，采用主成分分析方法，建立综合开发强度，分析各研究区开发强度的分布特征。在对各类开发强度指标数据进行标准化之后，通过主成分分析法计算综合开发强度。采用主成分分析法评估各指标单元，由于城市化强度指标有二级指标，所以先对二级指标进行主成分分析，计算所得主成分与标准化后的一级指标再次进行主成分分析，得到各指标主成分参量，计算综合开发强度。计算过程如下。

（1）城市化强度二级指标

通过式（4-11）计算三个时间节点的城市化的标准化值，结果如表 4-29、表 4-30、表 4-31 所示。

表 4-29　2000 年城市化指标标准化

ID	城市	人口城市化	经济城市化	土地城市化
1	滨海新区	0.93	0.97	0.46
2	唐山市	0.16	0.26	0.06
3	秦皇岛市	0.15	0.47	0.06
4	沧州市	0.00	0.31	0.00
5	大连市	0.51	0.64	0.13
6	锦州市	0.29	0.00	0.04
7	营口市	0.34	0.41	0.08
8	盘锦市	0.50	0.71	0.09
9	葫芦岛市	0.17	0.41	0.02
10	东营市	0.38	0.75	0.05

续表

ID	城市	人口城市化	经济城市化	土地城市化
11	烟台市	0.23	0.44	0.06
12	潍坊市	0.10	0.20	0.02
13	滨州市	0.05	0.11	0.00
14	环渤海沿海地区	0.21	0.47	0.06

表 4-30　2005 年城市化指标标准化

ID	城市	人口城市化	经济城市化	土地城市化
1	滨海新区	0.95	0.99	0.61
2	唐山市	0.24	0.55	0.09
3	秦皇岛市	0.38	0.59	0.07
4	沧州市	0.08	0.53	0.01
5	大连市	0.60	0.67	0.13
6	锦州市	0.32	0.10	0.03
7	营口市	0.43	0.58	0.13
8	盘锦市	0.69	0.59	0.10
9	葫芦岛市	0.21	0.42	0.03
10	东营市	0.39	0.84	0.07
11	烟台市	0.44	0.62	0.09
12	潍坊市	0.32	0.47	0.04
13	滨州市	0.07	0.47	0.03
14	环渤海沿海地区	0.33	0.63	0.07

表 4-31　2010 年城市化指标标准化

ID	城市	人口城市化	经济城市化	土地城市化
1	滨海新区	0.99	1.00	1.00
2	唐山市	0.24	0.63	0.12
3	秦皇岛市	0.43	0.47	0.08
4	沧州市	0.21	0.55	0.01
5	大连市	0.69	0.74	0.23
6	锦州市	0.36	0.35	0.04
7	营口市	0.47	0.70	0.13
8	盘锦市	1.00	0.66	0.12
9	葫芦岛市	0.23	0.47	0.04

续表

ID	城市	人口城市化	经济城市化	土地城市化
10	东营市	0.41	0.86	0.11
11	烟台市	0.50	0.70	0.13
12	潍坊市	0.53	0.58	0.06
13	滨州市	0.23	0.61	0.13
14	环渤海沿海地区	0.43	0.71	0.12

通过 SPSS19.0 进行主成分分析，得到解释的总方差和成分得分系数矩阵，将三个时间节点的归一化数据共同进行主成分分析，得出各因子所占权重，主成分分析报告中"方差的%"表示各主成分的权重，成分得分系数矩阵中的值为各指标的系数，计算结果如表 4-32、表 4-33 所示。

表 4-32　2000 年城市化主成分分析报告

	解释的总方差					
成分	初始特征值			提取平方和载入		
	合计	方差的百分比/%	累积方差百分比/%	合计	方差的百分比/%	累积方差百分比/%
1	2.606	86.880	86.880	2.606	86.880	86.880
2	0.307	10.229	97.109	0.307	10.229	97.109
3	0.087	2.891	100.000	0.087	2.891	100.000

表 4-33　成分得分系数

项目	成分		
	1	2	3
人口城市化	0.371	−0.389	−2.619
经济城市化	0.342	1.459	0.688
土地城市化	0.359	−0.989	2.048

根据式（4-11）计算得到城市化的主成分，表 4-34 为主成分分析得到的三个时间节点的城市化主成分。

表 4-34　三个时间节点城市化主成分归一值

ID	城市	2000 年	2005 年	2010 年
1	滨海新区	0.83	0.86	1.00
2	唐山市	0.12	0.25	0.40
3	秦皇岛市	0.19	0.31	0.39
4	沧州市	0.05	0.16	0.29

ID	城市	2000 年	2005 年	2010 年
5	大连市	0.42	0.44	0.70
6	锦州市	0.07	0.10	0.28
7	营口市	0.25	0.34	0.54
8	盘锦市	0.43	0.43	0.75
9	葫芦岛市	0.17	0.17	0.28
10	东营市	0.38	0.40	0.58
11	烟台市	0.21	0.35	0.55
12	潍坊市	0.06	0.23	0.47
13	滨州市	0.00	0.14	0.39

（2）综合开发强度

综合开发强度一级指标包括经济活动强度、土地开发强度、交通网络密度、围填海强度和城市化强度（人口、经济、土地），采用城市化强度二级指标的计算方法，首先对综合开发强度的指标数据进行标准化，再采用主成分分析方法，计算各指标的主成分即得到各指标主成分参量，计算综合开发强度。计算结果如表4-35所示。

表4-35 环渤海沿海各地市综合开发强度统计表

ID	区域	2000 年综合开发强度	2005 年综合开发强度	2010 年综合开发强度	2000 ~ 2005 年动态度	2005 ~ 2010 年动态度	2000 ~ 2010 年动态度
1	滨海新区	0.43	0.60	1.00	0.40	0.67	1.33
2	唐山市	0.12	0.20	0.27	0.67	0.35	1.25
3	秦皇岛市	0.08	0.16	0.20	1.00	0.25	1.50
4	沧州市	0.07	0.11	0.15	0.57	0.36	1.14
5	大连市	0.18	0.24	0.34	0.33	0.42	0.89
6	锦州市	0.08	0.10	0.14	0.25	0.40	0.75
7	营口市	0.15	0.21	0.26	0.40	0.24	0.73
8	盘锦市	0.22	0.28	0.39	0.27	0.39	0.77
9	葫芦岛市	0.05	0.06	0.09	0.20	0.50	0.80
10	东营市	0.21	0.25	0.32	0.19	0.28	0.52
11	烟台市	0.11	0.20	0.31	0.82	0.55	1.82
12	潍坊市	0.08	0.18	0.28	1.25	0.56	2.50
13	滨州市	0.05	0.10	0.22	1.00	1.20	3.40
14	环渤海沿海地区	0.11	0.20	0.34	0.82	0.70	2.09

从表4-35和图4-21可以看出，环渤海沿海各地市的综合开发强度在三个时间节点处于上升的趋势。2000 ~ 2010年，天津滨海新区各时间节点的综合开发强度均高于同时期其

他地市；2000 年天津滨海新区的综合开发强度为 0.43，2005 年上升到 0.60，到 2010 年综合开发强度上升为 1.00，综合开发强度上升较快。葫芦岛市 2000 年的综合开发强度为 0.05，十年间综合开发强度上升较慢，到 2010 年仅为 0.09，为环渤海沿海地区 13 个地市中的最低值，其前一时间段的动态度为 0.2h，后一时间段为 0.5h，整个时间序列的动态度为 0.8h，增量较小且增速较缓。从动态度来看，大连市、锦州市、营口市、盘锦市、葫芦岛市和东营市整体的动态度均相对较低，增速不超过 1.0，说明这些地市在研究时间段内综合开发强度增长相对较慢，增速有待提高。其中，沧州市和锦州市综合开发强度略高于葫芦岛市，综合开发强度也亟待提高。

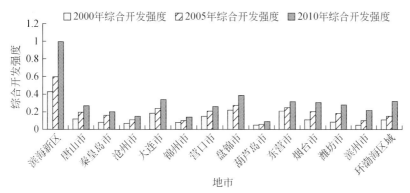

图 4-21　环渤海沿海各地市综合开发强度对比图

从表 4-36 和图 4-22 中可以看出，在环渤海三个开发区中，北岸开发区在 2000 年综合开发强度为 0.19，高于同时期的西岸开发区和南岸开发区，其中南岸开发区综合开发强度仅为 0.02；到 2005 年西岸开发区综合开发强度为 0.30，超过了北岸开发区的 0.25，为环渤海沿海地区最高值；到 2010 年，西岸开发区持续保持领先地位，综合开发强度达到0.40，而北岸开发区和南岸开发区大致相当，分别为 0.35 和 0.34，总体开发强度有了较大提高。

表 4-36　环渤海沿海分区综合开发强度统计表

ID	区域	2000 年综合开发强度	2005 年综合开发强度	2010 年综合开发强度
1	北岸开发区	0.19	0.25	0.35
2	西岸开发区	0.13	0.30	0.40
3	南岸开发区	0.02	0.14	0.34
4	环渤海沿海地区	0.12	0.22	0.37

对各开发区综合开发强度进行强度分级，分为小、较小、中、较大、大五级，每级对应标准化取值分别为 0~0.2、0.2~0.4、0.4~0.6、0.6~0.8、0.8~1，统计每级的面积及比例，并对各等级成图。

从图 4-23 可以看出，时间序列内环渤海沿海地区 13 个地市中天津滨海新区综合开发

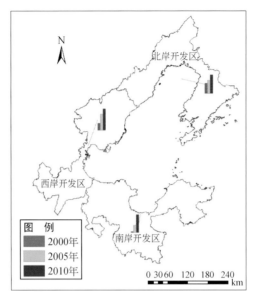

图 4-22 环渤海沿海分区综合开发强度分布图

强度从"中"等开发强度上升到"较大"最终达到"大"等级开发强度,至少领先于其他环渤海沿海城市三个等级。其中,沧州、葫芦岛、锦州三个地市在时间序列内综合开发强度一直处于"小"等级,增幅不大,这三个城市在今后的发展过程中城市发展速度有待提高。东营市和盘锦市在时间序列内综合开发强度一直处于"较小"等级,上升较慢。在第一个时间段内,唐山市、营口市、大连市和烟台市从"小"等级上升到"较小"等级,

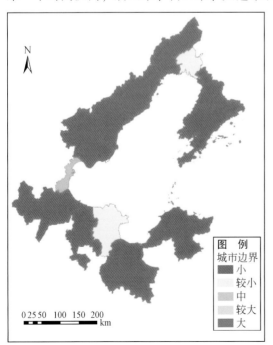

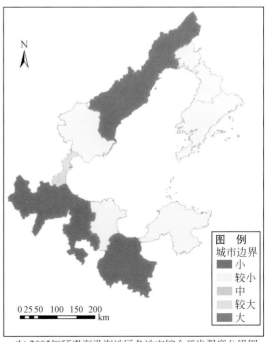

(a) 2000年环渤海沿海地区各地市综合开发强度分级图　　(b) 2005年环渤海沿海地区各地市综合开发强度分级图

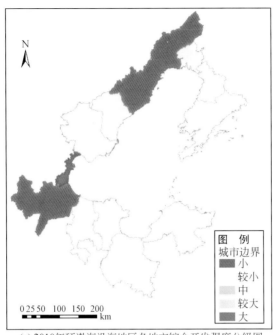

(c) 2010年环渤海沿海地区各地市综合开发强度分级图

图 4-23　环渤海沿海各地市综合开发强度分级图

综合开发强度在该时间段内上升较快；第二个时间段内，秦皇岛市、潍坊市和滨州市从"小"等级上升到"较小"等级，综合开发强度上升相对缓慢。从 2010 年环渤海沿海 13 个地市的综合开发强度分布来看，天津滨海新区综合开发强度远高于其他地市，处于"大"等级；沧州市、葫芦岛市、锦州市综合开发强度相对较小，处于"小"等级；其他地市均处于"较小"等级。除天津滨海新区外，其他地市综合开发强度均有待提高。

第5章 环渤海沿海地区生态承载力评估

近一个世纪以来，随着科技进步和生产力的极大提高，人类创造了前所未有的物质财富，生活水平得到极大提高；但随之而来的人口快速增长、资源过度消耗、全球环境污染、生态系统破坏等问题，导致区域生态承载力持续下降，严重阻碍了社会经济健康发展和人民生活质量的提高，继而威胁着全人类的未来生存和发展。人类逐渐认识到，可持续发展必须建立在生态系统完整、资源持续供给和环境有长期容纳量的基础之上，不应超越生态系统的承载限值。本章主要基于生态足迹法进行进一步的研究。

研究表明，开发区各地市总生态承载力差异较大，以沧州市、潍坊市、烟台市较高，滨海新区最低。十年来，区域总生态承载力基本保持稳定，略有增加。十年间环渤海沿海地区人均生态承载力呈下降趋势。2000~2005年地处南岸开发区的东营下降幅度最大；2005~2010年多数地区依然维持下降趋势，且整体下降速度加快，东营、滨海新区和盘锦下降速度最快。

5.1 生态承载力研究方法

生态承载力是指区域内真正拥有的生物生产性空间的面积，是一种真实土地面积，反映了生态系统对人类活动的供给程度。生态承载力研究方法主要有净初级生产力估测法、供需平衡法、生态足迹法、状态空间法和系统模型法等（高鹭和张宏业，2007）。

为解决复杂的生态系统问题，一些学者提出了"生态承载力"的概念，是指生态系统的自我维持、自我调节能力，资源与环境子系统的供容能力及其可维持的社会经济活动强度和具有一定生活水平的人口数量（高吉喜，2001；鞠美庭等，2009；谢高地等，2011）。生态承载力作为评价可持续发展能力基础支持系统的方法之一，其理论及研究方法备受可持续发展研究者广泛地关注，成为生态学、地理学与环境学等研究的交叉前沿领域（许联芳等，2006）。20世纪40年代以来，国内许多学者以"土地生产潜力"、"人口承载能力"、"资源环境支持能力"等为切入点，在干旱区（张传国和方创琳，2002；岳东霞等，2009）、城市重要经济区（赵卫等，2011）、典型流域（隋昕和齐晔，2007；夏军等，2004）、生态脆弱区（毛汉英和余丹林，2001；沈渭寿等，2010）以及全国范围（谢高地等，2005；张可云等，2011）开展了大量研究。

生态承载力研究方法主要有净初级生产力估测法、供需平衡法、生态足迹法、状态空间法和系统模型法等（高鹭和张宏业，2007）。应用这些分析方法，国内外许多学者做了大量研究。王家骥等（2000）认为利用净初级生产力估测数据可以反映自然体系的生产能力和受内外干扰后的恢复能力，是自然体系生态完整性维护的指示。李金海（2001）分析了大陆典型生态系统净第一性生产力的背景值，研究了确定自然系统最优生态承载力的依据，并据此计算了河北丰宁县的生态承载力。王中根和夏军（1999）利用供需平衡法对西北干旱区河流进行了生态承载力评价分析，证明此方法能够简单、可行地对区域生态承载力进行有效的分析和预测。然而供需平衡法应用的困境是如何准确量化人们的环境需求（谢高地等，2011）。

毛汉英和余丹林（2001a）提出状态空间法作为量度区域承载力的基本方法。该方法由表示系统各要素状态向量的三维状态空间轴组成，利用状态空间法中的承载状态点，可表示一定时间尺度内区域的不同承载状况。毛汉英和余丹林（2001b）通过建立评价指标体系对环渤海地区区域承载力进行定量评价，并利用系统动力学模型对区域承载力和承载状况的变化趋势进行模拟和预测。李娜和马延吉（2013）运用状态空间法研究了辽宁省地市尺度的生态承载力空间分异，将辽宁省分为四个生态承载状况类型区：适度可载区、轻度超载区、中度超载区和重超载区。

系统模型法是模拟和反映区域生态承载状况的常用方法。从早期的线性规划模型到现在广泛应用的模糊目标规划模型、系统动力学模型、门槛分析模型、空间决策支持系统等，极大提高了承载力研究的定量化水平（高鹭和张宏业，2007）。赵先贵等（2005）回归拟合了陕西省未来 20 年的承载力趋势，该方法是现状趋势的线性延伸，而系统的非线性特征以及多个因子调整带来的多种变化是线性模型无法预测的。目前，非线性模型/灰关联法和人工神经网络在生态系统、资源、环境质量建模方面得到了广泛应用（高吉喜，2001）。此外，彭再德等（1996）构建了基于灰色关联度和灰色预测的区域环境承载力评价模型；杨怡光（2009）建立了武汉城市圈人口数量与生态承载力的动力学仿真模型；张林波（2009）基于不同政策情景建立了系统动力学-多目标规划整合模型（SD-MOP）。部分模型，如系统动力学模型虽然能够对生态承载力发展动态进行模拟，但这些方法尚处于初级的数据模拟阶段。只有将这些模型与空间信息技术（GIS、RS 等）相结合，才能够真正地反映其时空动态变化特征。

20 世纪 90 年代初，加拿大生态经济学家 Rees（1990）和 Wackernagel 等（1997，2007）提出生态足迹（ecological footprint）的概念，使承载力的研究从生态系统中的单一要素转向整个生态系统。该方法以形象的概念和丰富的内涵，以土地利用作为限制性因子从供给面测算区域的生物承载力，从需求面测算区域的生态占用，评估了自然植被的服务功能与人口需求之间的供需关系（谢高地等，2011）。目前该方法已在生态承载力评价方面得到广泛应用（刘伟玲等，2007；张衍广和李茂玲，2009；李红丽等，2010；李飞等，2010；鲜明睿等，2013）。生态足迹理论和状态空间法为目前时尚的方法，其显著特点是涵盖面广、综合性强，特别适合于复杂系统的生态承载力评价。但该方法缺乏前瞻性，而且不能揭示区域可持续的状态。生态足迹基本模型只是对已经发生的固定年份的人类活动进行自然资本核算，属于确定条件下的回顾性分析，由此得到的结论是瞬时性的（谢高地等，2011）。

综上所述，生态承载力的研究尚处于起步阶段，尚需形成完整的理论体系。和其他复杂科学一样，生态承载力的研究必将经历从定性到定量，从单一要素转向多要素，从静态研究到动态研究，从而日趋完善的发展过程。目前，生态承载力研究的发展方向是（许联芳等，2006）：研究对象趋向多元化，研究领域呈现交叉综合趋势；生态脆弱带将继续成为研究的热点地区；研究重点将继续向动态模拟化方向发展；新方法、新技术手段将不断应用于生态承载力研究。

本书主要基于生态足迹法进行进一步的研究。生态足迹是用于生产所消费的资源与服务以及利用现有技术同化所产生的废弃物，所占用的生产性土地或水域的总面积。生态足迹和生态承载力构成的变化反映了资源利用和供给结构的转变，通过生态足迹与生态承载力的差值可反映生态盈亏（蔡海生等，2007）。生态足迹需求主要是计算在一定的人口和经济规模条件下维持资源消费和废弃物吸收所必需的生物生产性土地面积，它的分析基于两个基本事实：①能够计算出人类消费的大多数资源和人类产生的大多数废弃物；②这些资源和废弃物能够被转换成产生这些资源和同化这些废弃物的具有生物生产力的陆地或水域面积。因此，任何已知人口（某个人、一个城市或国家）的生态足迹是生产这些人口所消费的所有资源和吸纳这些人口所产生的所有废弃物所需要的生物生产总面积（包括陆地和水域）。其计算公式为（Rees，1992，2000）

$$EF = N \cdot ef = N \cdot \sum_{i=1}^{n} r_j \cdot aa_i = N \cdot \sum_{i=1}^{n} r_j \cdot \frac{c_i}{p_i} \tag{5-1}$$

式中，EF 为总的生态足迹；N 为人口数；ef 为人均生态足迹；c_i 为 i 种商品的人均消费量；p_i 为 i 种消费商品的平均生产能力；aa_i 为人均 i 种交易商品折算的生物生产面积；i 为消费商品和投入的类型；r_j 为均衡因子，$j=1$，2，…，6 表示 6 种生物土地面积。

在生态足迹计算中，生物生产性土地主要考虑如下 6 种类型：化石燃料土地、可耕地、林地、草地、建筑用地和水域。其中，化石燃料土地是指人类应该留出用于吸收 CO_2 的土地。可耕地是从生态角度看最有生产能力的生物生产性土地类型，它所能聚集的生物量最多。草地是指适合于发展畜牧业的土地。林地是指可产出木材产品的人造林或天然林。建筑用地包括各类人居设施及道路所占用的土地。海洋（水域）是指被水面覆盖并具有水产品生产能力的土地。上述 6 类土地类型的生产力明显不同，因此需要通过等量化因子也就是均衡因子将各类生物生产面积转化为等价生产力的土地面积后，才能汇总、加和，计算出可比较的生态足迹需求。生态足迹供给是与生态足迹需求相关或者说对应的概念。它是指区域所能够提供给人类的生态生产性土地总和。其计算公式为（Rees，1992，2000）

$$EC = N \cdot ec = N \cdot \sum_{j=1}^{n} r_j \cdot a_j \cdot y_j \tag{5-2}$$

式中，EC 为区域总生态承载力；N 为人口数；ec 为人均生态承载力（hm^2/人）；a_j 为人均占有第 j 类生物生产土地的面积；r_j 为均衡因子；y_j 为产量因子。

由于不同国家或地区的资源禀赋不同，不仅单位面积不同类型的土地生物生产能力差异很大，而且单位面积同类型生物生产土地的生产力也有很大差异。因此，不同国家或地区同类生物生产土地的实际面积不能直接对比，需要通过产量因子对其进行调整。产量因子是某个国家或地区某类型土地的平均生产力与世界同类土地的平均生产力的比率。将区域现有的耕地、草地、林地、建筑用地、水域等物理空间的面积乘以相应的均衡因子和产量因子，就可以得出区域带有世界平均产量的世界平均生态空间面积——生态承载力，即生态足迹供给能力。

本书以环渤海地区为研究对象，基于相关统计资料，利用生态足迹模型研究该地区的生态承载力动态变化情况，以期为维护该地区可持续发展及保障其生态安全提供科学依据。本书中单位面积生态承载力动态指标包括生态承载力变化度（ΔEC）、人均生态承载力变化度（ΔECP）和单位面积生态承载力变化度（ΔECA），计算公式如下：

$$\Delta EC = \frac{EC_b - EC_a}{EC_a} \times 100\% \tag{5-3}$$

$$\Delta ECP = \frac{ECP_b - ECP_a}{ECP_a} \times 100\% \tag{5-4}$$

$$\Delta ECA = \frac{ECA_b - ECA_a}{ECA_a} \times 100\% \tag{5-5}$$

式中，ΔEC 为生态承载力变化度（%）；ΔECP 为人均生态承载力变化度（%）；ΔECA 为单位面积生态承载力变化度（%）；EC_a、ECP_a、ECA_a 和 EC_b、ECP_b、ECA_b 分别为各区县研究初期和研究末期总生态承载力、人均生态承载力和单位面积生态承载力。

单位面积生态承载力动态指标可以表示某个地区由于人类对生态系统的影响导致的生态承载力的实际动态变化情况。单位面积生态承载力动态指标为正，表示该地区生态环境有所改善，值越大改善越显著，相反，则生态环境遭到破坏。该指标可以用来对研究区内各个子区域之间进行横向对比。

人均生态承载力动态表示由于承载人口因素的变化导致生态承载能力变化的情况。分区域总人均和子区域人均，然后进行对比，超出区域总人均可视为具有较高的生态承载力，低于区域人均则说明生态承载力较低。可以扩展到一个国家，乃至全球。

本书考虑利用生态承载力总量变化、人均生态承载力变化和生态承载力强度变化三个指标以及各个指标的动态变化度来评价整个研究区生态承载力变化情况，以及研究区内各个子区域间十年变化的横向对比。利用 GIS 空间分析功能对生态承载力时空变化分布情况进行热点分析，找出研究区十年过程中生态承载力变化脆弱区域，作为研究重点区域，找出其驱动因素，为生态系统可持续发展提供有力支撑。

5.2 产量因子与均衡因子调整

5.2.1 调整方案

以产量因子为例，均衡因子调整方案与产量因子类似。

同类生物生产性土地的生产力在不同区域会存在区域间差异，提供的潜在的生物生产空间有所不同，因此各地的同类生物生产性土地的实际面积也不能直接对比，需要乘以一个转换系数，即产量因子（Rees and Wackernagel，1996；Wackernagel et al.，2004b；Monfreda et al.，2004）。根据产量因子计算公式及研究区实际情况对其不同子区域不同时期的产量因子进行调整，本书尝试了两个调整方案，包括：①单位面积热量；②单位面积产值。每个方案均从环渤海区域层面计算各个子区域的产量因子，计算方法为

$$y'_{ij} = \frac{\overline{LA_{ij}}}{\overline{TA_j}} = \frac{LA_{ij}/S_{ij}}{TA_j S_j} \tag{5-6}$$

式中，y'_{ij}为第i个地区第j种土地利用类型的调整后的产量因子；$\overline{LA_{ij}}$为第i个地区第j种土地利用类型单位面积平均生产力，根据三个不同方案，可以是产量、热量或者产值；同样，$\overline{TA_j}$为区域内第j种土地利用类型单位面积的相应平均值；LA_{ij}为第i个地区第j种土地利用类型总生产力；TA_j为区域内第j种土地利用类型总生产力；S_{ij}为第i个地区第j种土地利用类型总面积；S_j为国家或者区域内第j种土地利用类型总面积。

5.2.2 统计数据收集与整理

统计数据范围包括各个省市各年度统计年鉴、中国县（市）社会经济统计年鉴、中国城市统计年鉴等。遵循数据完整、统计口径统一的原则。数据整理过程中发现县（市）级数据包含指标不全，且部分县（市）级单位边界变化较大，或者归并，或者拆分，并且没有地级市中区的数据。而在省级统计年鉴中，地市级区域内数据较为丰富，经统计包含大部分所需指标。

根据 Rees 和 Wackernagel（1996）关于产量因子的计算思路，收集各个地市每一年度各类农产品产量，粮食、棉花、油料、麻类、甘蔗、甜菜、烟叶、蚕茧、茶叶、水果、木材、橡胶、松脂、生漆、油桐籽、油茶籽、肉类、奶类、羊毛、羊绒、禽蛋、蜂蜜、水产品等，并根据统计年鉴详细程度细化分类。同时，数据统计中发现各个地市各类用地产值数据完全，将用于下一步进行基于产值的计算。

5.2.3 数据分析与计算

根据 Wackernagel 等（1999）的归类方式，将统计数据中的各类农产品归类，归属于可耕地、林地、草地、建筑用地和水域，并根据各类用地所包含的所有农产品的单位热量及产量计算该类用地上的总热量，从而求得单位面积热量。区域总热量为所有子区域热量总和，并求单位热量。

从技术结果来看，产量因子之间相差悬殊，甚至有几百倍之差，而整个环渤海区域的气候及地理纬度、周边环境等条件没有如此大的差别，这与区域内实际情况不符。通过分析，主要原因是统计数据不全面，各个子区域统计农产品类别不全，不同省份之间统计类别不甚相同。例如，水产品统计，大多数省份统计较全，但有的省份没有数据，而在环渤

海区域水产品应该相对较全。

数据过程统计中发现各个地市各类用地产值数据完整，而在物价比较稳定的前提下，产值和产量是正相关的。利用产值进行统计，就将原来用农产品所含热量的统计方法转变到了农产品的价值上来。单位面积热量大表示更大的生态承载力，单位面积产值增大也可以表示生态承载力的增大。所以，本研究在研究区内各种农产品产量统计不全的前提下，采用产值数据来对产量因子进行调整。以两种方案中可耕地的产量因子为例进行对比，如表 5-1 所示。

表 5-1   不同计算方式可耕地产量因子对比

序号	区域	按热量计算	按产值计算
1	滨海新区	0.13	0.46
2	唐山市	1.70	1.71
3	秦皇岛市	1.08	1.16
4	沧州市	0.66	0.58
5	大连市	0.10	0.87
6	锦州市	0.71	0.66
7	营口市	0.02	1.03
8	盘锦市	0.01	1.11
9	葫芦岛市	0.46	0.36
10	东营市	0.81	0.66
11	烟台市	2.60	1.36
12	潍坊市	1.32	1.30
13	滨州市	0.61	1.00

从表 5-1 可以看出，按照产值计算所得产量因子可以较为客观地反映地区之间的产量差异，同时基本没有出现奇异值。研究区各地市中唐山市按产值计算所得产量因子最高，达到了 1.71；而滨海新区产值因子最低，仅为 0.46，同时基本没有出现奇异值。所以在本研究后续生态承载力研究中采用产值对产量因子和均衡因子进行调整。

根据以上计算方法，得到研究区内各个子区域产量因子，见表 5-2，及研究区均衡因子，见表 5-3。

表 5-2　研究区产量因子计算结果

ID	区域	耕地			林地			草地			建设用地			水域		
		2000 年	2005 年	2010 年	2000 年	2005 年	2010 年	2000 年	2005 年	2010 年	2000 年	2005 年	2010 年	2000 年	2005 年	2010 年
1	滨海新区	0.24	0.27	0.46	1.16	1.09	1.38	0.07	0.13	0.24	0.24	0.27	0.46	0.06	0.07	0.14
2	唐山市	2.03	1.48	1.71	3.49	3.68	1.21	1.32	1.12	0.98	2.03	1.48	1.71	0.88	0.83	0.63
3	秦皇岛市	1.01	0.87	1.16	0.42	0.35	0.68	0.32	0.26	0.38	1.01	0.87	1.16	1.47	1.34	1.48
4	沧州市	0.73	0.82	0.58	3	4.54	9.39	32.14	26.72	15.16	0.73	0.82	0.58	0.22	0.2	0.05
5	大连市	0.8	0.76	0.87	0.35	0.71	0.64	1.89	20.97	23.2	0.8	0.76	0.87	3.52	3.92	4.45
6	锦州市	0.73	0.75	0.66	0.5	0.36	0.25	6.47	6.08	6.46	0.73	0.75	0.66	0.73	0.98	1.07
7	营口市	0.89	1.04	1.03	0.07	0.33	0.5	35.87	32.66	28.17	0.89	1.04	1.03	1.22	1.3	1.69
8	盘锦市	1.12	1.38	1.11	66.29	82.75	76.39	5.74	5.13	7.46	1.12	1.38	1.11	0.73	0.68	0.69
9	葫芦岛市	0.33	0.36	0.36	0.2	0.2	0.18	10.15	9.44	8.77	0.33	0.36	0.36	2.02	2.21	2.26
10	东营市	0.58	0.68	0.66	23.75	29.61	27.1	0.21	0.27	0.32	0.58	0.68	0.66	0.31	0.29	0.35
11	烟台市	1.14	1.26	1.36	1.95	1.28	2.22	0.35	0.32	0.32	1.14	1.26	1.36	4.85	4.63	4.39
12	潍坊市	1.25	1.34	1.3	2.78	2.8	2.23	1.18	0.89	0.82	1.25	1.34	1.3	0.44	0.39	0.37
13	滨州市	0.91	1	1	25.72	15.59	23.41	3.16	2.71	4.2	0.91	1	1	0.39	0.41	0.37

表 5-3   研究区内均衡因子计算结果

地类	2000 年	2005 年	2010 年
耕地	0.88	0.77	0.83
林地	0.07	0.07	0.06
草地	8.41	11.55	11.67
建设用地	0.88	0.77	0.83
水域	2.44	2.37	2.21

5.3   环渤海沿海地区生态承载力变化评估

根据生态承载力计算公式计算研究区各年度、各个子区域单位面积生态承载力及其动态度，结果见表 5-4，根据统计表生成统计图，见图 5-1 和图 5-2。

表 5-4   研究区各年度单位面积生态承载力及其动态度计算结果

序号	区域	2000 年单位面积承载力	2005 年单位面积承载力	2010 年单位面积承载力	2000～2005 年变化动态度	2005～2010 年变化动态度	2000～2010 年变化动态度
1	滨海新区	0.152	0.168	0.350	0.020	0.158	0.087
2	唐山市	1.801	1.414	1.432	-0.047	0.003	-0.023
3	秦皇岛市	0.671	0.590	0.808	-0.025	0.065	0.019
4	沧州市	0.769	0.816	0.572	0.012	-0.069	-0.029
5	大连市	0.909	1.149	1.239	0.048	0.015	0.031
6	锦州市	0.769	0.820	0.803	0.013	-0.004	0.004
7	营口市	0.668	0.724	0.769	0.016	0.012	0.014
8	盘锦市	1.223	1.233	1.146	0.002	-0.015	-0.006
9	葫芦岛市	0.337	0.363	0.358	0.015	-0.003	0.006
10	东营市	0.568	0.611	0.667	0.015	0.018	0.016
11	烟台市	1.260	1.239	1.259	-0.003	0.003	0.000
12	潍坊市	1.313	1.231	1.180	-0.013	-0.008	-0.011
13	滨州市	0.938	0.929	0.964	-0.002	0.007	0.003
14	环渤海区域	0.982	0.963	0.956	-0.004	-0.001	-0.003

由表 5-4 和图 5-1 不难看出，研究区各地市单位面积生态承载力变化不尽相同。滨海新区、大连市、营口市和东营市呈持续增加变化；其他城市则呈波动变化。研究区内唐山市的单位面积生态承载力最大，变化也最为明显，单位面积生态承载力由 2000 年的 1.801 下降到 2010 年的 1.432，十年间降低了 0.369；大连市、盘锦市、烟台市和潍坊市的数值也比较大，2010 年分别达到了 1.239、1.146、1.259 和 1.180；滨海新区和葫芦岛市的单位面积生态承载力最低，2010 年分别为 0.350 和 0.358，其中滨海新区 2005～2010 年有较明显的增长。

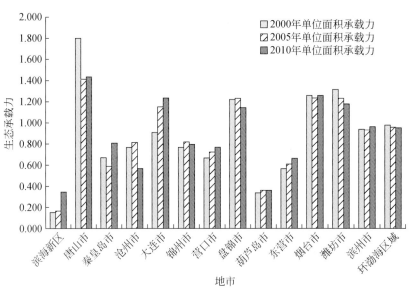

图 5-1　子区域单位面积生态承载力变化

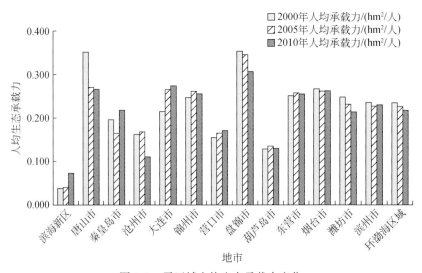

图 5-2　子区域人均生态承载力变化

由图 5-2 可以看出，研究区内唐山市和盘锦市人均生态承载力最大，后来有所降低，唐山市下降幅度在研究区内最大；大连市、锦州市、东营市、烟台市、潍坊市和滨州市的人均生态承载力也比较大，且水平相当；沧州市、营口市和葫芦岛市水平较低；滨海新区最低，2010 年还不足 0.1hm²/人。

分析可知，由于土地面积变化较小（包括部分围填海变化），单位面积生态承载力与总生态承载力变化趋势一致。由于人口是随时间变化有所变动的，所以人均生态承载力与前两者有所不同。从总体来看，三个指标在整个环渤海区域都是稳步下降的。说明十年间生态承载力在整个区域范围没有得到改善。

整个环渤海区域人均生态承载力从 2000 年人均 $0.235hm^2$，到 2010 年降到 $0.217hm^2$，其变化动态度为−0.007。从子区域人均生态承载力来看，13 个地市按照三个时间节点变化情况可以分为 4 类。

第一类为基本稳定型，包括锦州市、葫芦岛市、东营市、烟台市和滨州市，在数值上变化较小，均不明显。这类区域通过提高总生态承载力，基本抵消了由于人口增加所分担的生态承载力部分。

第二类为持续上升型，包括滨海新区、大连市和营口市。该地区生态承载力得到了较好的保持，并在人口上升的情况下，提高生态承载能力。

第三类为持续下降型，包括唐山市、盘锦市和潍坊市。生态承载力遭到破坏而降低。

第四类为波动型，包括秦皇岛市和沧州市，其中，秦皇岛市先降后升，且十年间生态承载力有所提升，而沧州市先升后降，且最终生态承载力下降。

5.4 生态承载力时空分异特征

由于人类活动和生态系统随着时间序列的进展是时刻发生动态变化的，生态承载力和生态足迹也同时具有时空动态性的特征（Wachernagel et al.，2004a）。时间序列生态承载力变化情况能够描绘社会经济代谢的生态影响、变化轨迹及发展趋势。与单一时间尺度的静态研究相比，时间序列研究提供的可持续性信息更为丰富（曹淑艳和谢高地，2007）。最早的时间序列生态足迹研究是 1999 年，Hanley 等（1999）对苏格兰的国内净产值、真实储蓄率、生态足迹、环境空间和净初级生产力等可持续性测度的时间变化进行了对比，分析了它们对国家持续性诊断结果的差异。随后，时间序列生态足迹研究陆续展开（刘宇辉和彭希哲，2004；Wachernagel et al.，2004b；刘建兴等，2005；刘宇辉，2005；元相虎等，2005），其中一些研究只是在时间序列上简单地扩大研究的时间尺度，核算方法依然采用生态足迹基本模型；另一些研究则在生态足迹基本模型的基础上，选择不同的生产力标准和均衡因子，改进了生态足迹模型的表达形式和内涵。

曹淑艳和谢高地（2007）对时间序列生态足迹模型的改进策略进行了总结，主要包括：①不用均衡因子，而用区域真实生产力核算生态足迹；②用逐年全球生产力和分段均衡因子核算生态足迹；③不用均衡因子，分别用固定年份的全球平均生产力、逐年全球生产力和逐年区域真实生产力核算生态足迹；④用最大可持续产量计算林地生态足迹；⑤用单位草地植物生产力计算草地足迹。基于的产量标准和所选均衡因子的策略不同，生态足迹研究揭示的信息也不同。

生态承载力具有客观存在性、资源性、开放性、综合性、层次性和多样性的特征，同时也具备空间异质性、变动性和可控性的特征（谢高地等，2011）。自然的区域差异性与经济社会条件的差异性综合决定了承载力存在空间异质性。承载力具有变动性，这种变动性在很大程度上可以由人类活动加以控制。根据生产和生活的需要，人类可以对自然进行有目的的管理和调控，促进承载力在量和质两个方面均朝着人类预期的目标变化。当人类干预自然的目标与途径是正向时，承载力的可控性意味着可改善性或可提高性，但承载力的可控性与可提高性是有限度的（谢高地等，2011）。相反地，当人类干预自然的目标与途径为负向时，将会导致承载力的可控性为负，即不可控，使承载力受到破坏，且当破坏达到一定程度时，其可控性也将失去意义。所以，对生态承载力时空异质性监测与研究意义重大，可以及时地了解生态承载力在区域内部的不平衡状态，以及在时间序列中在人类干预活动的控制下生态承载力的发展历程，从而对研究区人类干预自然的活动提供理论的指导。目前针对生态承载力的时间序列研究中，大都是简单地将时间和空间结合起来，很难真正地将其分析建立在时空维度上。

根据前文所述轨迹分析研究方法的原理，轨迹分析将时间维与空间维相结合，可以用来识别景观或地理现象随时间变化的轨迹过程，揭示自然系统运行的规律性，识别其驱动机制，最终找出其控制原则。本研究基于生态足迹计算方法，利用变化轨迹方法将其扩展到时空维度，在时空过程中研究其变化情况，从而探讨人类活动对生态环境的影响。

因为本文重点是生态系统十年变化对生态承载力的影响，故只对生态承载力进行计算，并研究其十年间的变化。由于研究单位细化到研究区内的每一个栅格，而人口因素（人均生态承载力变化）受到统计方式的限制无法达到栅格层次，所以本章分析只限于面积因素（单位面积生态承载力变化），可以较好地反映区域内时间序列单位面积生态承载力的时空变化情况。

5.4.1 分析方法

在第 4 章研究指标中，人均和单位面积平均所反映的生态承载力变化情况被局限在固定计算范围之内，而范围内的具体变化情况很难被发现。要想得到更详细的信息，只能将计算范围缩小以达到目的。由于人口数据限制，人均生态承载力指标最小只能到县级（可获取统计数据），而基于地理信息系统的空间能力，单位面积生态承载力可以在空间范围内随意获取。当单位面积等于栅格图中栅格面积（栅格分辨率）时，每个栅格上单位面积平均生态承载力就等于该栅格上的生态承载力值。鉴于此，通过栅格数据空间叠加计算获取基于栅格的生态承载力后，即可对区域内任意区域生态承载力进行分析。

利用 ArcGIS 栅格计算功能，将每个时期的生态承载力数据进行标准化处理，使其值处于 [0, 1]，极值归一化公式如下：

$$Y_i = \frac{X_i - X_{\min}}{X_{\max} - X_{\min}} \tag{5-7}$$

式中，X_i 为指标原始值；Y_i 为对应 X_i 的极值归一化标准值；$X_{\max}$ 与 $X_{\min}$ 分别为研究区内所有对应指标中的最大值和最小值。

将区域遥感分类结果分辨率调整成 100m，这样每个栅格代表 1 种土地利用类型，且每个栅格的面积即为 1hm²。这样主要计算该栅格对应地区的均衡因子和产量因子的乘积既可以得到该栅格的生态承载力了。如果全区域内各种土地利用类型的均衡因子和产量因子都不变的话，其计算结果和土地利用分类的计算结果只是倍数上的差别，分布基本是一样的。但由于每个区域及不同土地利用类型的均衡因子和产量因子均是不同的，所以最终计算结果会反映该时期区域内生态承载力的空间分布。

5.4.2 主要变化轨迹类型选择

当每一时间节点的生态承载力空间分布图计算完成后,对该结果进行重分类,由低到高分成 1~5 个等级,数字越大生态承载力越高,后进行轨迹计算,获取每个栅格在研究时间序列中的变化轨迹,可得到生态承载力变化时空分异图。从每个轨迹代码即可看出在研究时段内生态承载力的增减程度,如代码为 "334" 时,即可判断在第二、第三个时间节点间,生态承载力提升了一个等级。

研究区内共出现 108 种生态承载力转换轨迹,其中,未发生等级变化的轨迹代码(代码 111、222、333、444、555)所占比重均较大,总计 77.95%。发生变化的代码总计占研究区总面积的 22.05%,且其中大多数只是占据较少的栅格数,为了更加清楚地显示区域内主要的变化轨迹,通过重分类将未发生等级变化的轨迹代码统一规定为"999"。在发生变化的轨迹中选取在区域内占面积比例前 20 的变化轨迹类型,占据所有发生变化的区域面积的 98.96%,能够代表研究区内生态承载力的整体变化趋势,所以忽略剩余的所有发生变化的轨迹代码,将其归并为未发生变化区域,代码同上,设为"999"。整理后的环渤海地区生态承载力时空分异图见图 5-3。每个代码中每一位数字代

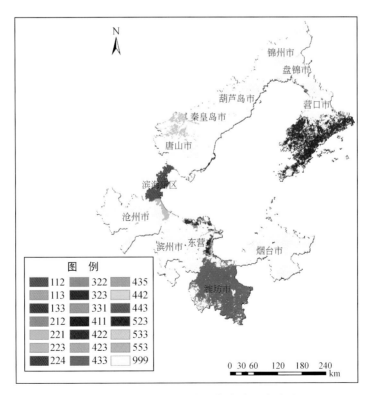

图 5-3 环渤海地区生态承载力时空分异图

表每一个时期的生态承载力等级，三个时间节点中数字变化可以较为明显地体现生态承载力的等级转换情况。

栅格图像中代码相同的相邻栅格聚类成斑块，则代表该区域生态承载力整体变化趋势，如代码"221"所构成的斑块区域内，其生态承载力的变化轨迹由代码"221"来表示，即其变化特点为，2000～2005 年，生态承载力等级未发生改变，而 2005～2010 年生态承载力下降一个等级，同时由于代码数字值较小，说明该区域生态承载力一直处于较低的等级。

5.4.3 生态承载力时空分异特征分析

从图 5-3 分析可得，环渤海区域生态承载力变化主要发生在潍坊市、滨海新区、大连市的大部分区域，唐山市西北部，沧州市、滨州市和东营市的沿海区。

天津滨海新区，整个区域绝大多数土地处于变化轨迹"112"形成的斑块之内，表明该区域生态承载的整体变化趋势为"112"，即在 2000 年和 2005 年两个时间节点未发生较大变化，但 2005～2010 年生态承载力提高了一个等级。由于斑块占据了滨海新区的绝大部分区域，所以其变化特征与图 5-1 中滨海新区单位面积生态承载力变化趋势保持一致。

在潍坊市，大部分区域处于轨迹斑块"433"范围内，表明该区域 2000～2005 年生态承载力下降了一个等级，之后维持在该等级不变。相对于滨海新区来说，虽然潍坊市的生态承载力呈下降趋势，但整体生态承载力等级高于天津滨海新区。

而对于大连市来说，轨迹斑块"323"为大连主要的变化轨迹，表明该区域生态承载力处于波动状态。其余典型区域，如唐山市西北部，沧州市、滨州市和东营市的沿海区生态承载力都发生了变化。

由于变化轨迹分析方法在计算过程中已经建立了包含每个时间节点数据的数据库，通过调取相关数据，能够很容易地对每两个时间节点之间的变化进行分析。以 2000～2010 年的整体变化为例，应用两期数据中的等级值进行差值分析，得到图 5-4，环渤海地区 2000～2010 年单位面积生态承载力等级变化空间分布图。图 5-4 中数值代表等级变化情况，正值代表等级上升，负值代表等级下降，如"-2"表示生态承载力降低两个等级。

由图 5-4 可以看出，研究区内大部分地市的生态承载力没有发生大面积改变。而滨海新区和潍坊市生态承载力发生变化很大，其中滨海新区的生态承载力增高了四个等级，潍坊市生态承载力降低一个等级；沧州市、唐山市和东营市有小部分面积生态承载力发生了变化，均降低一个等级。

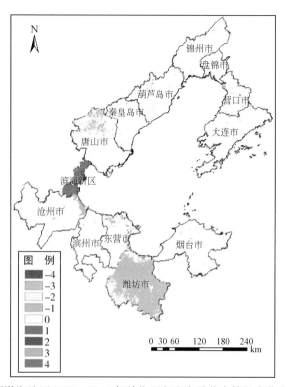

图 5-4 环渤海地区 2000～2010 年单位面积生态承载力等级变化空间分布图

第6章 环渤海沿海地区生态环境胁迫效应评估

随着环渤海沿海地区城市化、工业化及围填海的快速扩张，部分区域产业发展与资源环境之间的矛盾非常突出，已严重影响区域生态功能和环境质量。如不及时优化、引导和调控，将进一步恶化环境质量，降低生态功能，加剧生态风险，威胁区域可持续发展。本章通过统计年鉴，收集并整理社会经济及环境监测数据，从人口密度、大气环境、水环境等方面评估研究区社会经济发展的生态环境胁迫（本章中，2000 年的部分数据由于获取不全，采用 2001 年数据代替，分析时按照 2000～2010 年进行分析）。

生态环境胁迫指标包括人口密度、化肥施用强度、大气污染、水污染、固体废弃物污染等，分析计算各指标参数，研究其时空变化特征。以生态环境胁迫指标体系中指标及其相对权重，构建生态环境胁迫指数（eco-environmental stress index，ESI），用来反映各地区生态环境受胁迫状况。

研究表明，环渤海沿海地区人口密度呈现逐年上升的趋势。大气污染物排放总量中，工业 SO_2 和工业烟尘均为先增后减的变化趋势，工业粉尘则在三个产业区中均为增加趋势。十年来，主要水污染物排放总量中，除废水增加外，COD 和氨氮排放均为减少趋势。从生态环境胁迫指数来看，环渤海沿海地区各开发区中，西岸开发区生态环境胁迫最为剧烈，其指数是其他两个开发区的 2 倍左右。北岸开发区和南岸开发区生态环境胁迫程度相当。

6.1 人口密度

人口密度是指单位国土面积年末总人口数量，采用人口密度指标在宏观层面评估人口因素给生态环境带来的压力及其时空演变。

基于环渤海沿海地区的统计年鉴，收集各县（区）历年年末总人口数量以及各县（区）国土面积，计算各县（区）历年人口密度：

$$PD_{i,t} = \frac{P_{i,t} \times 10\ 000}{A_i} \tag{6-1}$$

式中，$PD_{i,t}$ 为第 i 个区（县）第 t 年人口密度（人/km^2）；$P_{i,t}$ 为第 i 个区（县）第 t 个年年末总人口（万人）；A_i 为第 i 个县区国土面积（km^2）。

采用单位国土面积常住人口数（人/km^2）表征环渤海沿海地区人口密度对生态环境的胁迫。计算结果如表 6-1 所示，人口密度的时空变化专题图如图 6-1 所示。

表 **6-1** 环渤海沿海各地市人口密度统计表 　　　　（单位：人/km²）

ID	地市	2001 年	2005 年	2010 年
1	滨海新区	523.79	616.74	1093.61
2	唐山市	519.44	530.37	545.58
3	秦皇岛市	340.86	356.66	382.74
4	沧州市	498.52	510.28	544.67
5	大连市	416.61	427.08	443.03
6	锦州市	297.49	299.31	299.34
7	营口市	418.77	426.75	436.01
8	盘锦市	298.90	308.37	321.38
9	葫芦岛市	260.71	265.70	273.49
10	东营市	217.27	227.82	233.33
11	烟台市	469.84	471.28	473.73
12	潍坊市	532.55	537.36	550.97
13	滨州市	381.98	392.73	399.79
14	环渤海沿海地区	412.66	422.18	443.45

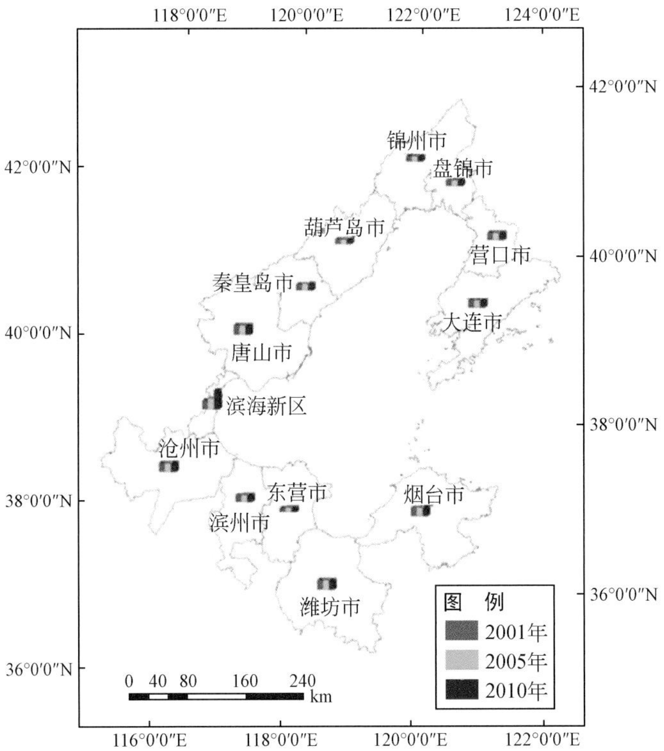

图 **6-1** 环渤海沿海各地市人口密度分布图

从表 6-1 和图 6-1 可以看出，环渤海沿海地区人口密度呈逐步上升的趋势，从 2000 年的 412.66 人/km²，上升到 2005 年的 422.18 人/km²，到 2010 年上升到 443.45 人/km²，后一时间段的增长速率较快。在各地市中，天津滨海新区各时间节点的人口密度最高，2000 年的人口密度为 523.79 人/km²，2005 年为 616.74 人/km²，2010 年急剧增长到 1093.61 人/km²，后一时间段的增速较大。唐山市、沧州市和潍坊市人口密度相对较大，仅小于天津滨海新区，到 2010 年人口密度均达到 500 人/km²，而锦州市、葫芦岛市和东营市的人口密度均不足 300 人/km²，人口密度较小。

从表 6-2 和图 6-2 可以看出，研究时间段内环渤海沿海地区人口密度均大于 0，表明十年内环渤海沿海地区人口密度呈上升的趋势。从前后两个时间段来看，锦州市、东营市和滨州市后一时间段的人口密度变化率小于前一时间段人口密度的变化率，表明这三个地市人口密度增速有所减缓；而其他地市后一时间段的人口密度变化率大于前一时间段人口密度的变化率，人口密度增速变大。从各地市来看，十年内天津滨海新区人口密度变化率最大，达到 108.79%，远高于其他地市；其次为秦皇岛市，十年内的变化率为 12.29%；其他地市的人口密度变化率较小，锦州市和烟台市分别为 0.62% 和 0.83%，人口增长速率较慢，几乎处于停滞状态。

表 6-2 环渤海沿海各地市人口密度变化率 （单位:%）

ID	地市	2001~2005 年	2005~2010 年	2001~2010 年
1	滨海新区	17.75	77.32	108.79
2	唐山市	2.10	2.87	5.03
3	秦皇岛市	4.64	7.31	12.29
4	沧州市	2.36	6.74	9.26
5	大连市	2.51	3.73	6.34
6	锦州市	0.61	0.01	0.62
7	营口市	1.91	2.17	4.12
8	盘锦市	3.17	4.22	7.52
9	葫芦岛市	1.91	2.93	4.90
10	东营市	4.86	2.42	7.39
11	烟台市	0.31	0.52	0.83
12	潍坊市	0.90	2.53	3.46
13	滨州市	2.81	1.80	4.66
14	环渤海沿海地区	2.31	5.04	7.46

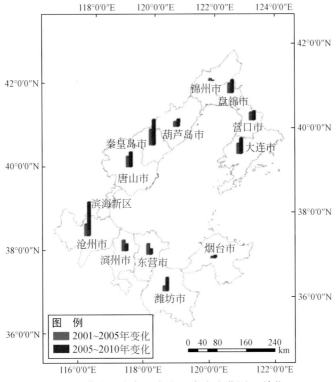

图 6-2 环渤海沿海各地市人口密度变化图（单位:%）

6.2 化肥使用强度

化肥施用强度是指本年内实际用于农业生产的化肥数量，包括氮肥、磷肥、钾肥和复合肥。化肥施用量要求按折纯量计算数量。折纯量是指把氮肥、磷肥、钾肥分别按含氮、含五氧化二磷、含氧化钾的百分之百成分进行折算后的数量。复合肥按其所含主要成分折算。

环渤海沿海地区 13 个地市及各开发区化肥使用强度统计如表 6-3、表 6-4 及图 6-3、图 6-4 所示。

表 6-3　环渤海沿海各地市化肥施用强度 （单位：t/km²）

ID	地市	2001 年	2005 年	2010 年
1	滨海新区	3.96	3.51	1.80
2	唐山市	26.13	26.55	23.48
3	秦皇岛市	21.20	18.14	16.25
4	沧州市	22.88	20.40	18.13
5	大连市	12.37	10.83	9.22

续表

ID	地市	2001 年	2005 年	2010 年
6	锦州市	16.68	13.32	11.29
7	营口市	11.63	10.10	11.44
8	盘锦市	14.17	12.19	12.19
9	葫芦岛市	8.27	6.72	5.65
10	东营市	13.46	14.53	11.72
11	烟台市	28.64	26.65	22.97
12	潍坊市	36.50	35.82	32.34
13	滨州市	25.85	27.80	28.72
14	环渤海沿海地区	21.29	20.12	18.05

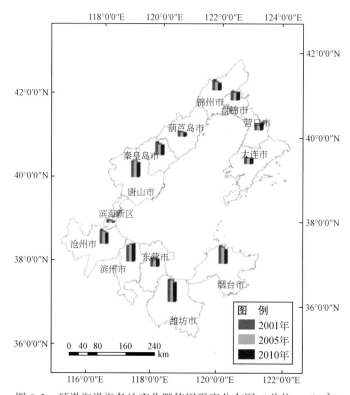

图 6-3 环渤海沿海各地市化肥使用强度分布图（单位：t/km²）

从表 6-3 和图 6-3 可以看出，十年间整个环渤海沿海地区化肥施用量明显下降，从 2000 年的 21.29t/km² 下降到 2010 年的 18.05t/km²。从各地市来看，唐山市和东营市化肥使用强度呈现先增后减的趋势，但到 2010 年总体较 2000 年有所降低。营口市化肥使用强度则呈现先减后增的趋势，总体上有所减少。而滨州市化肥使用强度在时间段内处于上升的趋势，从 2000 年的 25.85t/km² 上升到 2005 年的 27.80t/km²，再上升到 2010

年的 28.72t/km², 化肥使用量较大且上升较快。其他地市的化肥使用强度呈现降低的趋势。

表 6-4 环渤海沿海各开发区化肥施用强度 （单位：t/km²）

ID	区域	2001 年	2005 年	2010 年
1	北岸开发区	12.43	10.43	9.36
2	西岸开发区	22.80	21.47	18.98
3	南岸开发区	28.07	27.79	25.15
14	环渤海沿海地区	21.29	20.12	18.05

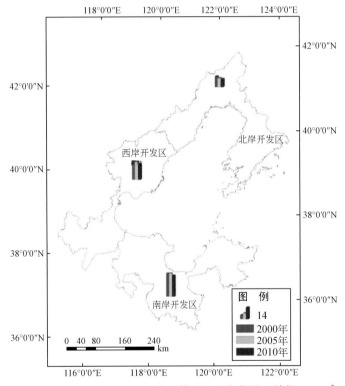

图 6-4 环渤海沿海各开发区化肥使用强度分布图 （单位：t/km²）

从表 6-4 和图 6-4 可以看出，环渤海沿海三个开发区的化肥使用强度均呈现降低的趋势。在各个时间节点，南岸开发区的化肥使用强度均高于西岸开发区的化肥使用强度，北岸开发区化肥使用强度最小。2000 年，环渤海南岸开发区的化肥使用强度为 28.07t/km²，西岸开发区为 22.80t/km²，北岸开发区为 12.43t/km²，到 2010 年，三个开发区化肥使用强度分别降低为 25.15t/km²、18.98t/km² 和 9.36t/km²，从变化幅度来看，西岸开发区减小幅度较大，其次为北岸开发区，南岸开发区减小幅度最小。

6.3 大 气 污 染

6.3.1 单位国土面积 SO$_2$ 排放量

指标含义：是指单位国土面积工业和生活 SO$_2$ 排放量，反映大气污染物排放对酸雨及各类生态系统的影响。

计算方法：收集各地区 2000 年、2005 年和 2010 年生活和工业源 SO$_2$ 排放量数据；计算各地区历年单位国土面积 SO$_2$ 排放量。

$$\text{SDOI}_{i,t} = \frac{\text{SDO}_{i,t}}{A_i} \times 100\% \qquad (6-2)$$

式中，$\text{SDOI}_{i,t}$ 为第 i 个地区第 t 年单位国土面积 SO$_2$ 排放量（t/km^2）；$\text{SDO}_{i,t}$ 为第 i 个地区第 t 年工业和生活 SO$_2$ 排放总量；A_i 为第 i 个地区国土面积（km^2）。

环渤海沿海地区 13 个地市及各开发区 SO$_2$ 排放量统计如表 6-5、表 6-6 及图 6-5、图 6-6 所示。

表 6-5　环渤海沿海各地市单位国土面积二氧化硫排放量　（单位：t/km^2）

ID	地市	2001 年	2005 年	2010 年
1	滨海新区	26.68	44.48	47.01
2	唐山市	16.73	21.00	14.09
3	秦皇岛市	9.27	8.29	7.23
4	沧州市	2.96	2.37	2.70
5	大连市	7.90	8.17	6.15
6	锦州市	6.61	7.98	6.75
7	营口市	8.30	18.06	15.94
8	盘锦市	4.41	6.52	5.73
9	葫芦岛市	5.26	8.74	7.23
10	东营市	9.39	16.56	9.87
11	烟台市	6.97	8.20	6.83
12	潍坊市	10.49	8.68	5.45
13	滨州市	6.83	14.31	8.13
14	环渤海沿海地区	8.52	10.91	8.24

从表 6-5 及图 6-5 可以看出，研究时间段内，环渤海沿海地区 SO$_2$ 排放量呈现先增后减的趋势，从 2000 年的 8.52t/km^2 上升到 2005 年的 10.91t/km^2，最终减少至 2010 年的

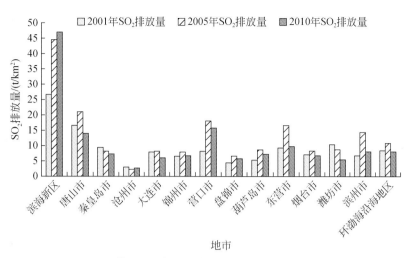

图 6-5　环渤海沿海各地市单位国土面积二氧化硫排放量

$8.24t/km^2$，总体排放量有所减少。在环渤海沿海地区 13 个地市中，天津滨海新区 SO_2 排放量处于逐年上升的趋势，从 2000 年的 $26.68t/km^2$，到 2005 年增长到了 $44.48t/km^2$，增长速率较快，而到 2010 年虽然也在增长，但幅度较小，达到 $47.01t/km^2$。各时间节点天津滨海新区的 SO_2 排放量远高于其他地市，到 2010 年时其排放量是其他地市的三倍以上，SO_2 排放量较高且处于增长趋势；而秦皇岛市和潍坊市排放量处于逐年下降趋势，变化幅度较为均匀。其他地市呈波动变化状态，其中，唐山市、沧州市、大连市、烟台市总体排放量有所降低，而锦州市、营口市、盘锦市、葫芦岛市和东营市总体排放量有所上升。

表 6-6　环渤海沿海各开发区单位国土面积二氧化硫排放量　（单位：t/km^2）

ID	区域	2001 年	2005 年	2010 年
1	北岸开发区	6.71	9.37	7.75
2	西岸开发区	10.69	12.91	10.48
3	南岸开发区	8.55	10.94	7.11
4	环渤海沿海地区	8.52	10.91	8.24

从表 6-6 及图 6-6 可以看出，各开发区单位国土面积 SO_2 的排放量变化趋势相同，都呈现先增后减的趋势。在各时间节点内，西岸开发区 SO_2 的排放量均高于其他地市，三个时间节点分别为 $10.69t/km^2$、$12.91t/km^2$ 和 $10.48t/km^2$，南岸开发区的 SO_2 排放量在 2000 年和 2005 年分别为 $8.55t/km^2$ 和 $10.94t/km^2$，高于同时期的北岸开发区；2005～2010 年，南岸开发区的 SO_2 排放量减少较大，2010 年其排放量为 $7.11t/km^2$，小于北岸开发区的 $7.75t/km^2$，为三个开发区中 SO_2 排放量最小的区域。

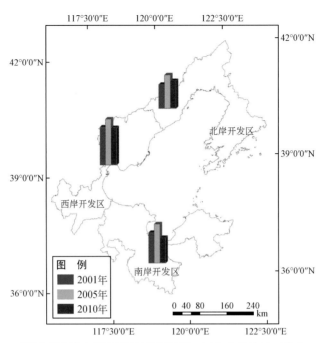

图 6-6 环渤海沿海各开发区单位国土面积二氧化硫排放量（单位：t/km²）

6.3.2 单位国土面积烟粉尘排放量

计算方法：收集各县区 2000 年、2005 年和 2010 年烟粉尘排放量数据；计算各县区历年单位国土面积烟粉尘排放量。

$$SDEI_{i,t} = \frac{SDE_{i,t}}{A_i} \times 100\% \qquad (6\text{-}3)$$

式中，$SDEI_{i,t}$ 为第 i 个县区第 t 年单位国土面积烟粉尘排放量 ［（t/km²）］；$SDE_{i,t}$ 为第 i 个县区第 t 年烟粉尘排放总量（t）；A_i 为第 i 个县区国土面积（km²）。

环渤海沿海地区 13 个地市及各开发区烟尘排放量统计如表 6-7、表 6-8 及图 6-7、图 6-8 所示。

表 6-7 环渤海沿海各地市单位国土面积烟尘排放量 （单位：t/km²）

ID	地市	2001 年	2005 年	2010 年
1	滨海新区	10.53	13.33	9.30
2	唐山市	11.93	12.02	7.06
3	秦皇岛市	3.29	2.99	2.37
4	沧州市	1.74	1.31	0.88

续表

ID	地市	2001 年	2005 年	2010 年
5	大连市	5.30	4.23	3.05
6	锦州市	6.38	6.22	4.86
7	营口市	5.55	10.46	9.15
8	盘锦市	3.04	3.57	3.04
9	葫芦岛市	4.06	5.82	2.48
10	东营市	1.46	3.95	0.83
11	烟台市	1.61	1.29	1.04
12	潍坊市	4.00	3.05	1.74
13	滨州市	2.53	3.02	2.04
14	环渤海沿海地区	4.5	4.76	3.05

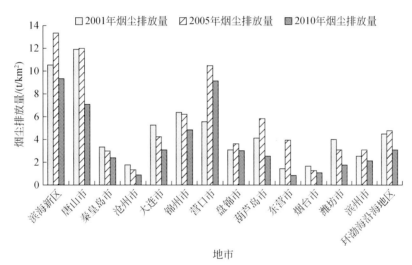

图 6-7 环渤海沿海各地市单位国土面积烟尘排放量

从表 6-7 及图 6-7 可以看出，研究时间段内环渤海沿海地区单位国土面积烟尘排放量呈现先增后减的趋势，从 2000 年的 4.5t/km² 上升到 2005 年的 4.76t/km²，到 2010 年又下降到 3.05t/km²。在各地市中，天津滨海新区和唐山市的烟尘排放量相对高于其他地市，2000 年两地市的排放量分别为 10.53t/km² 和 11.93t/km²，到 2005 年分别上升到 13.33t/km² 和 12.02t/km²，最终到 2010 年两地市分别下降为 9.30t/km² 和 7.06t/km²。研究时间段内，秦皇岛市、沧州市、大连市、锦州市、烟台市和潍坊市的烟尘排放量呈持续下降趋势，其他地市呈现先上升后下降的趋势。总体上来说，营口市排放量相对于 2000 年有所上升，盘锦市保持不变，其他地市有所下降。

表 6-8　环渤海沿海各开发区单位国土面积烟尘排放量　（单位：t/km²）

ID	区域	2001 年	2005 年	2010 年
1	北岸开发区	5.09	5.81	4.10
2	西岸开发区	6.28	6.26	3.94
3	南岸开发区	2.59	2.67	1.44
4	环渤海沿海地区	4.50	4.76	3.05

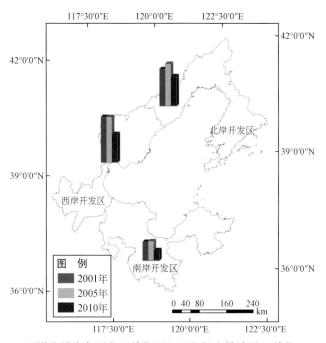

图 6-8　环渤海沿海各开发区单位国土面积烟尘排放量（单位：t/km²）

从表 6-8 及图 6-8 可以看出，环渤海沿海地区三个开发区中，西岸开发区单位国土面积烟尘排放量呈逐步减少的趋势，而北岸开发区和南岸开发区则呈现先增加后减少的趋势。从各时间节点来看，2000 年和 2005 年西岸开发区单位国土面积的烟尘排放量分别为 6.26t/km² 和 6.26t/km²，高于同时期的北岸开发区和南岸开发区；到 2010 年，西岸开发区减少至 3.94t/km²，小于同时期北岸开发区的 4.10t/km²，南岸开发区最小，为 1.44t/km²。环渤海沿海地区 13 个地市及各开发区工业粉尘排放量统计如表 6-9、表 6-10 及图 6-9、图 6-10 所示。

表 6-9　环渤海沿海各地市单位国土面积工业粉尘排放量　（单位：t/km²）

ID	地市	2001 年	2005 年	2010 年
1	滨海新区	0.93	1.46	1.13
2	唐山市	9.07	14.44	6.55
3	秦皇岛市	12.30	8.72	4.24

续表

ID	地市	2001 年	2005 年	2010 年
4	沧州市	0.23	0.20	0.14
5	大连市	1.55	1.51	0.27
6	锦州市	1.33	0.91	0.16
7	营口市	3.96	11.69	5.27
8	盘锦市	0.64	0.57	0.11
9	葫芦岛市	1.50	1.94	0.87
10	东营市	0.04	0.37	0.19
11	烟台市	6.27	4.13	1.51
12	潍坊市	4.14	2.83	0.88
13	滨州市	0.07	0.23	0.22
14	环渤海沿海地区	3.56	3.88	1.64

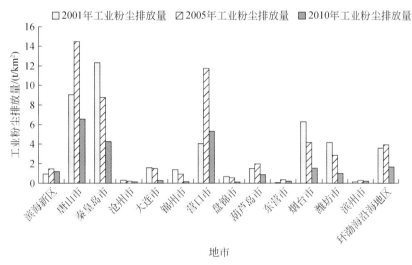

图 6-9　环渤海沿海各地市带单位国土面积工业粉尘排放量

从表 6-9 及图 6-9 可以看出，研究时间段内，环渤海沿海地区单位国土面积工业粉尘排放量呈现先增后减的趋势，从 2000 年的 3.56t/km² 上升至 2005 年的 3.88t/km²，最终减少至 2010 年的 1.64t/km²。在环渤海沿海地区 13 个地市中，2000 年秦皇岛市单位国土面积的工业粉尘排放量为 12.30t/km²，远高于其他地市。其次为唐山市，排放量为 9.07t/km²。到 2005 年，秦皇岛市降低到 8.72t/km²，而唐山市上升到 14.44t/km²；同时，营口市急剧增长，2010 上升到 11.69t/km²，仅次于唐山市，到 2010 年，这几个地市单位国土面积工业粉尘排放量均有所下降。从变化趋势来看，秦皇岛市、沧州市、大连市、锦州市、盘锦市、烟台市和潍坊市的单位国土面积工业粉尘排放量都呈下降趋势，其他地市则呈现波动变化，天津滨海新区、营口市、东营市和滨州市总体排放量有所上升，而唐山市虽然在 2005 年有较大增长，但是总排放量在十年内有所下降，同时葫芦岛市的单位国土面积工业粉尘排放量有所减少。

从表6-10及图6-10可以看出，环渤海沿海地区各开发区中，南岸开发区单位国土面积工业粉尘排放量呈现逐步减少的趋势，从2000年的3.30t/km²下降到2005年的2.30t/km²，最终到2010年下降至0.82t/km²。而北岸开发区和西岸开发区则呈现先增后减的趋势，分别从2000年的1.71t/km²和5.94t/km²上升到2005年的2.67t/km²和7.16t/km²，最终下降至2010年的1.00t/km²和3.35t/km²。总体上来看，各开发区单位国土面积工业粉尘排放量有所减少。

表6-10　环渤海沿海各开发区单位国土面积工业粉尘排放量　（单位：t/km²）

ID	区域	2001年	2005年	2010年
1	北岸开发区	1.71	2.67	1.00
2	西岸开发区	5.94	7.16	3.35
3	南岸开发区	3.30	2.30	0.82
4	环渤海沿海地区	3.56	3.88	1.64

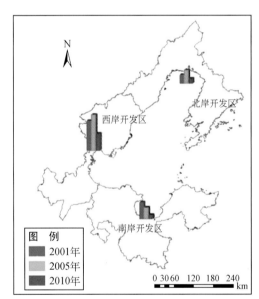

图6-10　环渤海沿海各开发区单位国土面积工业粉尘排放量（单位：t/km²）

6.4　水　污　染

6.4.1　单位国土面积污水排放量

指标含义：是指单位国土面积生活污水和工业废水排放量，反映污水排放给湿地生态系统带来的胁迫。

计算方法：收集各地区 2000 年、2005 年和 2010 年生活污水和工业废水排放量数据；计算各地区历年单位国土面积污水排放量。

$$\mathrm{WWDI}_{i,t} = \frac{\mathrm{WWD}_{i,t}}{A_i} \times 100\% \qquad (6\text{-}4)$$

式中，$\mathrm{WWDI}_{i,t}$ 为第 i 个地区第 t 年单位国土面积污水排放量（t/km²）；$\mathrm{WWD}_{i,t}$ 为第 i 个地区第 t 年生活污水和工业废水排放总量/t；A_i 为第 i 个地区国土面积（km²）。环渤海沿海地区 13 个地市及各开发区单位国土面积废水排放量统计如表 6-11、表 6-12 及图 6-11、图 6-12 所示。

表 6-11　环渤海沿海各地市单位国土面积废水排放量　（单位：10kt/km²）

ID	地市	2001 年	2005 年	2010 年
1	滨海新区	3.77	7.83	6.78
2	唐山市	2.05	2.66	2.09
3	秦皇岛市	1.34	1.76	2.09
4	沧州市	0.71	0.85	1.07
5	大连市	2.97	3.76	3.40
6	锦州市	0.90	0.90	1.16
7	营口市	1.42	1.96	2.23
8	盘锦市	1.41	1.41	2.13
9	葫芦岛市	0.51	0.72	0.81
10	东营市	1.44	1.46	2.35
11	烟台市	1.31	1.42	1.70
12	潍坊市	1.17	1.48	2.63
13	滨州市	0.90	1.43	2.67
14	环渤海沿海地区	1.41	1.79	2.10

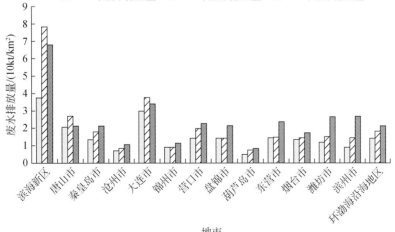

图 6-11　环渤海沿海各地市单位国土面积工业废水排放量

从表 6-11 和图 6-11 可以看出，研究时间段内，环渤海沿海地区单位国土面积工业废水排放量呈上升趋势，从 2000 年的 $1.41×10kt/km^2$ 上升到 2005 年的 $1.79×10kt/km^2$，最终增长至 $2.10×10kt/km^2$。在各地市中，天津滨海新区在各时间节点单位国土面积工业废水排放量均高于其他各地市，2000 年的排放量为 $3.77×10kt/km^2$，2005 年上升到 $7.83×10kt/km^2$，到 2010 年有所下降，排放量为 $6.78×10kt/km^2$，但总体上有所上升。葫芦岛市工业废水排放量在各个时间节点中均为最小值，到 2010 年其排放量不足 $1.0×10kt/km^2$。从变化趋势来看，天津滨海新区、唐山市和大连市的单位国土面积废水排放量波动变化，总体上排放量有所增加，而其他地市在时间序列内一直保持上升的趋势。

表 6-12 环渤海沿海各开发区单位国土面积废水排放量 （单位：$10kt/km^2$）

ID	区域	2001 年	2005 年	2010 年
1	北岸开发区	1.55	1.92	1.99
2	西岸开发区	1.51	2.12	2.00
3	南岸开发区	1.20	1.45	2.32
4	环渤海沿海地区	1.41	1.79	2.10

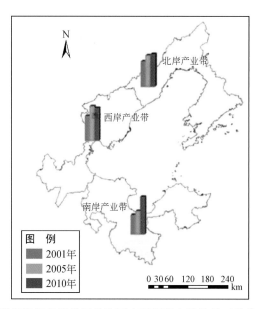

图 6-12 环渤海沿海各开发区单位国土面积废水排放量（单位：$10kt/km^2$）

从表 6-12 和图 6-12 可以看出，环渤海沿海地区三个开发区中，北岸开发区和南岸开发区在研究时间段内单位国土面积废水排放量一直上升，分别从 2000 年的 $1.55×10kt/km^2$ 和 $1.20×10kt/km^2$ 上升到 2010 年的 $1.99×10kt/km^2$ 和 $2.32×10kt/km^2$。西岸开发区呈现先增后减的趋势，从 2000 年的 $1.51×10kt/km^2$ 上升到 2005 年的 $2.12×10kt/km^2$，最后降低至 2010 年的 $2.00×10kt/km^2$。在 2000 年，北岸开发区单位国土面积废水排放量高于西岸开发区和南岸开发区；到 2005 年，西岸开发区上升较快，超过了北岸开发区；随着南岸开发区废水排放量持续上升，到 2010 年逐渐超过西岸开发区和北岸开发区，为三个开发区中排放量最大的区域。

6.4.2 单位国土面积 COD 排放量

指标含义：是指单位国土面积生活污水和工业废水中的 COD 排放量，反映污水排放给湿地生态系统带来的胁迫。

计算方法：收集各地区 2000 年、2005 年和 2010 年生活污染和工业废水中 COD 排放量数据；计算各地市历年单位国土面积 COD 排放量。

$$\text{CODI}_{i,t} = \frac{\text{COD}_{i,t}}{A_i} \times 100\% \tag{6-5}$$

式中，$\text{CODI}_{i,t}$ 为第 i 个地区第 t 个年份单位国土面积 COD 排放量〔（t/km²）〕；$\text{COD}_{i,t}$ 为第 i 个地区第 t 个年份生活污水和工业废水中 COD 排放总量（t）；A_i 为第 i 个地区国土面积（km²）。环渤海沿海地区 13 个地市及各开发区单位国土面积 COD 排放量统计如表 6-13、表 6-14 及图 6-13、图 6-14 所示。

表 6-13 环渤海沿海各地市单位国土面积 COD 排放量 （单位：t/km²）

ID	地市	2001 年	2005 年	2010 年
1	滨海新区	9.40	19.66	14.91
2	唐山市	6.55	8.17	5.15
3	秦皇岛市	3.69	2.80	2.35
4	沧州市	4.31	3.33	2.93
5	大连市	4.14	4.36	3.49
6	锦州市	11.43	5.83	4.93
7	营口市	9.43	12.73	10.69
8	盘锦市	6.63	7.65	6.41
9	葫芦岛市	2.34	2.28	1.88
10	东营市	5.04	4.93	3.91
11	烟台市	4.54	4.13	2.92
12	潍坊市	5.25	3.20	2.39
13	滨州市	3.44	5.58	5.06
14	环渤海沿海地区	5.38	5.14	4.02

从表 6-13 及图 6-13 可以看出，在研究时间段内，整个环渤海沿海地区单位国土面积 COD 排放量呈下降趋势，从 2000 年的 5.38t/km² 下降到 2005 年的 5.14t/km²，最后下降至 2010 年的 4.02t/km²，后一时间段下降幅度较大。从各地市来看，2000 年锦州市单位国土面积 COD 排放量远高于环渤海沿海其他地市，为 11.43t/km²；到 2005 年，天津滨海新区

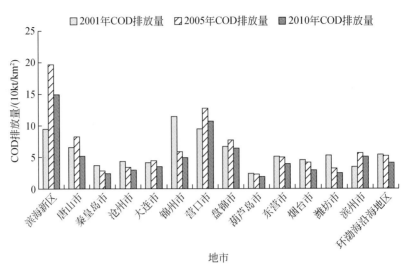

图 6-13　环渤海沿海各地市单位国土面积 COD 排放量

单位国土面积 COD 排放量有较大增长，达到 19.66t/km²，超过锦州市成为 13 个地市中 COD 排放量最大的地市；同时，营口市也有较大增长，仅次于天津滨海新区，排放量达到 12.73t/km²；到 2010 年，各地市单位国土面积 COD 排放量均有减少，天津滨海新区仍为 13 个地市中 COD 排放量最大的地市。从变化趋势来看，秦皇岛市、沧州市、锦州市、葫芦岛市、东营市、烟台市和潍坊市在时间段内 COD 排放量呈现一直下降的趋势；其他地市呈波动变化，其中天津滨海新区、营口市和滨州市在波动中上升；唐山市、秦皇岛市、大连市和盘锦市单位国土面积 COD 排放量总体有所减少。

表 6-14　环渤海沿海各开发区单位国土面积 COD 排放量　　（单位：t/km²）

ID	区域	2001 年	2005 年	2010 年
1	北岸开发区	6.28	5.52	4.58
2	西岸开发区	5.30	5.98	4.35
3	南岸开发区	4.65	4.22	3.32
4	环渤海沿海地区	5.38	5.14	4.02

从表 6-14 及图 6-14 可以看出，在研究时间段内，环渤海沿海地区三个开发区中北岸开发区和南岸开发区单位国土面积 COD 排放量呈现一直下降的趋势，分别从 2000 年的 6.28t/km² 和 4.65t/km² 下降至 2005 年的 5.52t/km² 和 4.22t/km²，最终下降至 2010 年的 4.58t/km² 和 3.32t/km²。而西岸开发区则呈现先增后减的趋势，总体上从 2000 年的 5.30t/km² 下降至 2010 年的 4.35t/km²。在各时间节点中，南岸开发区单位国土面积 COD 排放量为三个地区中最小的地区，2000 年北岸开发区排放量最大；到 2005 年西岸开发区上升至 5.98t/km²，超过北岸开发区；到 2010 年，西岸开发区 COD 排放量有较大幅度的降低，小于北岸开发区。

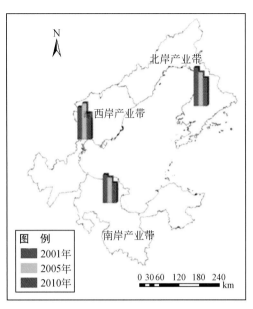

图 6-14　环渤海沿海各开发区单位国土面积 COD 排放量（单位：t/km²）

6.4.3　单位国土面积氨氮排放量

指标含义：是指单位国土面积生活污水和工业废水中的氨氮排放量，反映污水排放给湿地生态系统带来的胁迫。计算原理同上。环渤海沿海地区 13 个地市及各开发区单位国土面积氨氮排放量统计如表 6-15、表 6-16 及图 6-15、图 6-16 所示。

表 6-15　环渤海沿海各地市单位国土面积氨氮排放量　　（单位：t/km²）

ID	地市	2001 年	2005 年	2010 年
1	滨海新区	1.07	2.22	2.00
2	唐山市	0.57	0.62	0.37
3	秦皇岛市	0.29	0.26	0.21
4	沧州市	0.60	0.42	0.39
5	大连市	0.90	0.99	0.40
6	锦州市	0.47	0.40	0.47
7	营口市	0.74	0.88	0.80
8	盘锦市	1.17	0.88	0.61
9	葫芦岛市	0.48	0.33	0.21
10	东营市	0.53	0.54	0.25
11	烟台市	0.38	0.38	0.27
12	潍坊市	0.29	0.26	0.40

ID	地市	2001 年	2005 年	2010 年
13	滨州市	0.45	0.44	0.38
14	环渤海沿海地区	0.54	0.53	0.40

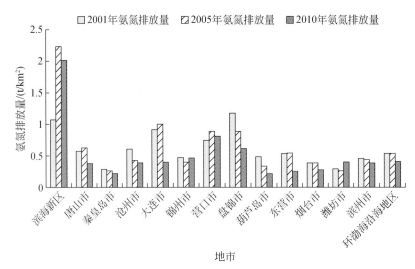

图 6-15　环渤海沿海各地市单位国土面积氨氮排放量

从表 6-15 及图 6-15 可以看出，在研究时间段内环渤海沿海地区单位国土面积氨氮排放量呈逐渐减小的趋势，从 2000 年的 0.54t/km² 下降至 2005 年的 0.53t/km²，最终下降至 2010 年的 0.40t/km²。从环渤海沿海地区 13 个地市来看，天津滨海新区三个时间节点单位国土面积氨氮排放量分别为 1.07t/km²、2.22t/km² 和 2.00t/km²，均高于同时期的其他地市。从变化趋势来看，研究时间段内，秦皇岛市、沧州市、盘锦市、葫芦岛市、烟台市和滨州市单位国土面积氨氮排放量呈逐渐下降的趋势。其他地市呈波动变化，天津滨海新区、营口市、潍坊市排放量在波动中上升，锦州市在十年间氨氮排放量基本无变化；唐山市、大连市和东营市整体排放量有所减少。

表 6-16　环渤海沿海各开发区单位国土面积氨氮排放量　　　（单位：t/km²）

ID	区域	2001 年	2005 年	2010 年
1	北岸开发区	0.70	0.67	0.44
2	西岸开发区	0.55	0.57	0.45
3	南岸开发区	0.39	0.38	0.33
4	环渤海沿海地区	0.54	0.53	0.40

从表 6-16 及图 6-16 可以看出，在研究时间段内，环渤海沿海地区三个开发区中北岸开发区和南岸开发区单位国土面积氨氮排放量呈现一直下降的趋势，分别从 2000 年的

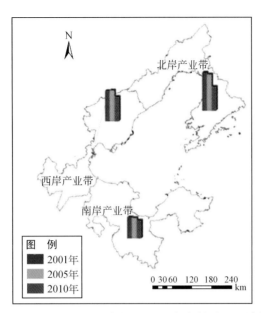

图 6-16　环渤海沿海各开发区单位国土面积氨氮排放量（单位：t/km²）

0.70t/km² 和 0.39t/km² 下降至 2005 年的 0.67t/km² 和 0.38t/km²，最终下降至 2010 年的 0.44t/km² 和 0.33t/km²。而西岸开发区则呈现先增后减的趋势，总体上从 2000 年的 0.55t/km² 下降至 2010 年的 0.45t/km²。在各时间节点中，南岸开发区单位国土面积氨氮排放量为三个地区中最小的地区，2000 年和 2005 年北岸开发区排放量最大；到 2010 年，西岸开发区氨氮排放量下降幅度小于北岸开发区氨氮排放量，为三个开发区中排放量最大的地区。

6.5　固体废弃物污染

指标含义：是指单位国土面积固体废弃物的排放量，反映固体废弃物给湿地生态系统带来的胁迫。

计算原理同上。

环渤海沿海地区 13 个地市及各开发区单位国土面积固体废弃物排放量统计如表 6-17、表 6-18 及图 6-17、图 6-18 所示。

表 6-17　环渤海沿海各地市单位国土面积工业固体废弃物产生量

（单位：10kt/km²）

ID	地市	2001 年	2005 年	2010 年
1	滨海新区	0.09	0.18	0.28
2	唐山市	0.28	0.55	0.69
3	秦皇岛市	0.03	0.04	0.19
4	沧州市	0.00	0.00	0.02

ID	地市	2001 年	2005 年	2010 年
5	大连市	0.02	0.02	0.02
6	锦州市	0.02	0.03	0.03
7	营口市	0.01	0.02	0.13
8	盘锦市	0.02	0.02	0.02
9	葫芦岛市	0.02	0.03	0.04
10	东营市	0.01	0.02	0.03
11	烟台市	0.07	0.09	0.16
12	潍坊市	0.02	0.03	0.03
13	滨州市	0.02	0.04	0.06
14	环渤海沿海地区	0.05	0.09	0.13

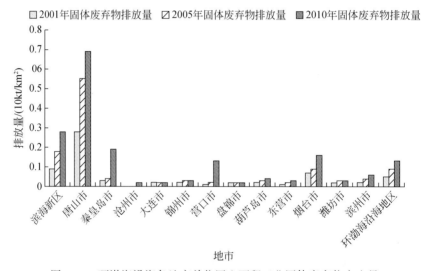

图 6-17　环渤海沿海各地市单位国土面积工业固体废弃物产生量

从表 6-17 及图 6-17 可以看出，在研究时间段内环渤海沿海地区单位国土面积工业固体废弃物产生量呈逐渐上升的趋势，从 2000 年的 $0.09 \times 10kt/km^2$ 上升至 2005 年的 $0.09 \times 10kt/km^2$，最终上升至 2010 年的 $0.13 \times 10kt/km^2$。从环渤海沿海地区 13 个地市来看，唐山市三个时间节点单位国土面积工业固体废弃物产生量分别为 $0.28 \times 10kt/km^2$、$0.55 \times 10kt/km^2$ 和 $0.69 \times 10kt/km^2$，均高于同时期的其他地市；天津滨海新区单位国土面积工业固体废弃物产生量仅次于唐山市，三个时间节点的产生量分别为 $0.09 \times 10kt/km^2$，$0.18 \times 10kt/km^2$ 和 $0.28 \times 10kt/km^2$，相对其他地市来说，排放量较高。从变化趋势来看，研究时间段内，大连市、盘锦市国土面积工业固体废弃物产生量基本无变化，沧州市、锦州市、葫芦岛市、东营市、潍坊市在时间序列内变化较小，略有上升。

表 6-18　环渤海沿海各开发区单位国土面积工业固体废物产生量

（单位：10kt/km²）

ID	区域	2001 年	2005 年	2010 年
1	北岸开发区	0.02	0.02	0.04
2	西岸开发区	0.11	0.22	0.32
3	南岸开发区	0.03	0.05	0.07
4	环渤海沿海地区	0.05	0.09	0.13

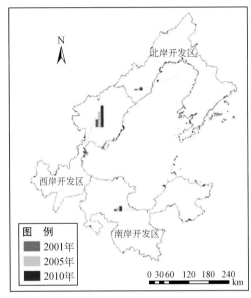

图 6-18　环渤海沿海各开发区单位国土面积工业固体废弃物产生量（单位：10kt/km²）

从表 6-18 及图 6-18 可以看出，在研究时间段内，环渤海沿海地区三个开发区单位国土面积工业固体废弃物产生量呈现一直上升的趋势。在各时间节点内，西岸开发区固体废弃物的产生量均高于同时期的其他开发区，三个时间节点分别为 0.11×10kt/km²，0.22×10kt/km² 和 0.32×10kt/km²，而南岸开发区略高于北岸开发区。

6.6　生态环境胁迫时空变化特征

用生态环境胁迫指标体系中人口密度、大气污染、水污染、固体废弃物污染等指标和各指标在该主题中的相对权重，构建生态环境胁迫指数（eco-environmental stress index，ESI），用来反映各地区生态环境受胁迫状况。

$$\text{ESI}_i = \sum_{j=1}^{n} \text{ES}w_j \times \text{ES}r_{ij} \tag{6-6}$$

式中，ESI_i 为第 i 地区生态环境胁迫指数；$\text{ES}w_j$ 为生态环境胁迫主题中各指标相对权重；

ESr_{ij} 为第 i 地区各指标的标准化值。生态环境胁迫指数计算过程如下：

人口密度、化肥使用强度、固体废弃物污染是直接的一级指标，水污染由污水排放量、COD 排放量、氨氮排放量二级指标综合获取，大气污染由 SO_2 排放量、粉尘排放量二级指标综合获取。

1）采用极差标准化的方法，按照时间序列对各指标进行归一化处理，计算方法参照式（3-11）。以水污染指标（由二级指标综合获取）数据归一化计算为例说明，如表 6-19 ~ 表 6-21 所示。

表 6-19 环渤海沿海地区 2000 年水污染指标归一化值

ID	地市	污水排放量	COD 排放量	氨氮排放量
1	滨海新区	0.45	0.42	0.43
2	唐山市	0.21	0.26	0.18
3	秦皇岛市	0.11	0.10	0.04
4	沧州市	0.03	0.14	0.19
5	大连市	0.34	0.13	0.34
6	锦州市	0.05	0.54	0.13
7	营口市	0.12	0.42	0.26
8	盘锦市	0.12	0.27	0.48
9	葫芦岛市	0.00	0.03	0.13
10	东营市	0.13	0.18	0.16
11	烟台市	0.11	0.15	0.08
12	潍坊市	0.09	0.19	0.04
13	滨州市	0.05	0.09	0.12
14	环渤海沿海地区	0.12	0.20	0.16

表 6-20 环渤海沿海地区 2005 年水污染指标归一化值

ID	地市	污水排放量	COD 排放量	氨氮排放量
1	滨海新区	1.00	1.00	1.00
2	唐山市	0.29	0.35	0.20
3	秦皇岛市	0.17	0.05	0.02
4	沧州市	0.05	0.08	0.10
5	大连市	0.44	0.14	0.39
6	锦州市	0.05	0.22	0.09
7	营口市	0.20	0.61	0.33
8	盘锦市	0.12	0.32	0.33
9	葫芦岛市	0.03	0.02	0.06
10	东营市	0.13	0.17	0.16

ID	地市	污水排放量	COD 排放量	氨氮排放量
11	烟台市	0.12	0.13	0.08
12	潍坊市	0.13	0.07	0.02
13	滨州市	0.13	0.21	0.11
14	环渤海沿海地区	0.17	0.18	0.16

表 6-21　环渤海沿海地区 2010 年水污染指标归一化值

ID	地市	污水排放量	COD 排放量	氨氮排放量
1	滨海新区	0.86	0.73	0.89
2	唐山市	0.22	0.18	0.08
3	秦皇岛市	0.22	0.03	0.00
4	沧州市	0.08	0.06	0.09
5	大连市	0.39	0.09	0.09
6	锦州市	0.09	0.17	0.13
7	营口市	0.23	0.50	0.29
8	盘锦市	0.22	0.25	0.20
9	葫芦岛市	0.04	0.00	0.00
10	东营市	0.25	0.11	0.02
11	烟台市	0.16	0.06	0.03
12	潍坊市	0.29	0.03	0.09
13	滨州市	0.30	0.18	0.08
14	环渤海沿海地区	0.22	0.12	0.09

2）采用主成分分析方法，计算各指标的权重，以水污染指标（由二级指标综合获取）数据计算为例说明。

通过 SPSS19.0 进行主成分分析，得到解释的总方差和成分得分系数矩阵，综合考虑主成分确定的两个原则提取主成分，主成分分析报告中"方差的百分比"表示各主成分的权重，成分得分系数矩阵中的值为各指标的系数，以 2000 年的数据为例，计算结果如表 6-22所示。

表 6-22　2000 年水污染主成分分析报告

成分	解释的总方差					
	初始特征值			提取平方和载入		
	合计	方差的百分比/%	累积百分比/%	合计	方差的百分比/%	累积百分比/%
1	1.869	62.284	62.284	1.869	62.284	62.284
2	0.753	25.105	87.389	0.753	25.105	87.389
3	0.378	12.611	100.000	0.378	12.611	100.000

项目	成分得分系数矩阵		
	成分		
	1	2	3
污水排放量	0.446	−0.491	1.087
COD 排放量	0.348	1.004	0.197
氨氮排放量	0.464	−0.281	−1.193

运用式（3-12）计算得到水污染的主成分。表 6-23 为主成分分析得到的三个时间节点的水污染主成分归一化后的结果。

表 6-23　三个时间节点水污染主成分归一化值

ID	地市	2000 年	2005 年	2010 年
1	滨海新区	0.28	1.00	0.83
2	唐山市	0.16	0.27	0.15
3	秦皇岛市	0.06	0.07	0.07
4	沧州市	0.06	0.07	0.06
5	大连市	0.11	0.31	0.18
6	锦州市	0.27	0.12	0.12
7	营口市	0.22	0.38	0.34
8	盘锦市	0.14	0.26	0.22
9	葫芦岛市	0.00	0.03	0.00
10	东营市	0.10	0.15	0.12
11	烟台市	0.08	0.10	0.07
12	潍坊市	0.10	0.06	0.12
13	滨州市	0.04	0.14	0.18

生态环境胁迫指数的各指标，采用主成分分析方法，计算各指标的主成分即得到各指标主成分参量，从而计算生态环境胁迫指数，计算结果如表 6-24 所示，同时生成统计图 6-19，统计各产业区的生态环境胁迫指数，如表 6-25 和图 6-20、图 6-21 所示。

表 6-24　环渤海沿海地区各地市生态环境胁迫指数

ID	地市	2000 年	2005 年	2010 年
1	滨海新区	0.43	0.70	0.68
2	唐山市	0.51	0.66	0.56
3	秦皇岛市	0.23	0.21	0.22
4	沧州市	0.20	0.19	0.21
5	大连市	0.27	0.28	0.23

ID	地市	2000 年	2005 年	2010 年
6	锦州市	0.19	0.16	0.14
7	营口市	0.29	0.44	0.41
8	盘锦市	0.19	0.20	0.19
9	葫芦岛市	0.09	0.11	0.07
10	东营市	0.07	0.12	0.07
11	烟台市	0.27	0.26	0.25
12	潍坊市	0.30	0.27	0.27
13	滨州市	0.16	0.21	0.21

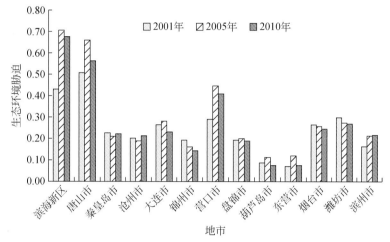

图 6-19　环渤海沿海各地市生态环境胁迫指数分布统计

从表 6-24 和图 6-19 可以看出，在研究时间段内，天津滨海新区和唐山市综合生态环境胁迫高于同时期的其他地市。在 2000 年，唐山市生态环境胁迫为 0.51，其次为天津滨海新区，胁迫达到 0.43；到 2005 年，天津滨海新区和唐山市生态环境胁迫分别为 0.70 和 0.66，均有较大幅度上升，天津滨海新区超过唐山市，为 13 个地市中胁迫值最大的地市；到 2010 年，两个地市生态环境胁迫均有一定幅度下降，但仍然较高，两地市胁迫值分别为 0.68 和 0.56。从变化趋势来看，锦州市、烟台市和潍坊市生态环境胁迫呈逐步降低的趋势；其他地市呈现波动变化，天津滨海新区、唐山市、沧州市和营口市生态环境胁迫总体上有所上升；盘锦市和东营市总体基本保持不变，其他地市总体上有所减小。

表 6-25　环渤海沿海各开发区生态环境胁迫指数

ID	区域	2001 年	2005 年	2010 年
1	北岸开发区	0.32	0.40	0.25
2	西岸开发区	0.62	0.84	0.69
3	南岸开发区	0.28	0.33	0.28

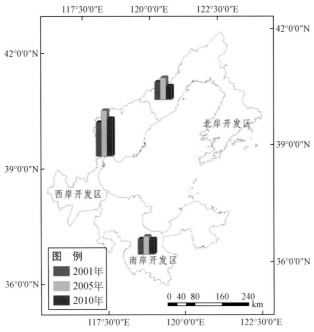

图 6-20 环渤海沿海各开发区生态环境胁迫指数分布图

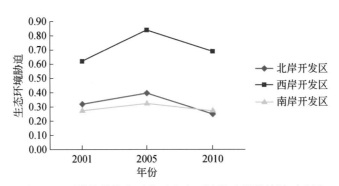

图 6-21 环渤海沿海各开发区生态环境胁迫指数统计对比图

从表 6-25 和图 6-20、图 6-21 可以看出，西岸开发区生态环境胁迫最为剧烈，其生态环境胁迫指数远高于同时期其他开发区的胁迫指数。北岸开发区和南岸开发区生态环境胁迫程度大致相当。从变化趋势来看，三个开发区变化趋势一致，2000～2005 年生态环境胁迫增强，而 2005～2010 年胁迫程度减弱。在三个开发区中，北岸开发区胁迫指数较 2000 年均有所降低，南岸开发区基本持平。而西岸开发区 2010 年胁迫指数仍高于 2000 年的胁迫指数，整个研究时段 10 年内胁迫程度增加。

第7章 区域生态环境对资源开发与产业发展的响应

区域生态环境包含自然生态、社会生态和经济生态，随着资源的不断开发，区域产业经济发展给环境带来了较大的影响。如何协调环境、资源、产业经济之间的关系，达到在环境破坏最小，资源利用最少的情况下，产业经济发展最快，即以最小的环境代价获取更多的社会效益、经济效益。

基于前面开发强度的数据及分析结果，研究其与生态用地流失、资源利用效率、生态承载力、生态环境胁迫等指标之间的相关性及耦合关系，并对环渤海沿海地区生态环境十年变化进行总体评价，为该区域生态环境保护，构建可持续的发展战略，提供对策与建议。

7.1 产业开发与生态用地流失

对研究区各地市 2000 ~ 2010 年开发强度动态度、湿地流失量和农田流失量进行统计，见表 7-1。应用综合开发强度动态度指数（2000 ~ 2010 年）与农田流失量、湿地流失量分别进行相关分析（表 7-2、表 7-3）。

表 7-1 产业开发与生态用地流失统计表

地区	开发强度动态度	湿地流失量/hm²	农田流失量/hm²
滨海新区	1.33	7 260	9 202
唐山市	1.25	− 1 247	20 066
秦皇岛市	1.50	− 201	9 477
沧州市	1.14	− 2 608	9 881
大连市	0.89	4 206	5 379
锦州市	0.75	342	6 952
营口市	0.73	5 655	4 282
盘锦市	0.77	2 616	3 335
葫芦岛市	0.80	− 1 509	20 920
东营市	0.52	− 27 354	54 145
烟台市	1.82	− 3 494	90 119
潍坊市	2.50	− 14 421	84 513
滨州市	3.40	− 17 175	56 541

表 7-2　开发强度动态度与湿地流失相关性分析

相关性		开发强度动态度	湿地流失
开发强度动态度	Pearson 相关性	1	−0.375
	显著性（双侧）		0.206
	N	13	13
湿地流失	Pearson 相关性	−0.375	1
	显著性（双侧）	0.206	

表 7-3　开发强度动态度与农田流失相关性分析

相关性		开发强度动态度	农田流失
开发强度动态度	Pearson 相关性	1	0.612 *
	显著性（双侧）		0.026
	N	13	13
农田流失	Pearson 相关性	0.612 *	1
	显著性（双侧）	0.026	
	N	13	13

＊在 0.05 水平（双侧）上显著相关。

结果表明，十年间开发强度动态度与农田流失量在 0.05 水平上显著相关（相关系数 0.612），随着开发强度的动态增强，农田流失量增大。与湿地流失量没有显著的相关关系，由于湿地保护政策，产业开发与建设用地扩张主要占用农田，同时在开发建设过程中，人工湿地对自然湿地的流失起到了补充作用。

7.2　产业开发与污染物排放

城市污染主要表现在三个方面：大气污染、水污染和固体废弃物污染。随着城市综合开发强度不断增加，城市污染物排放量也发生了变化。

7.2.1　产业开发与大气污染

大气污染主要包括二氧化硫污染和粉尘污染。分别用综合开发强度与二氧化硫排放量和烟尘排放量进行相关性分析，得到结果分别如图 7-1 和图 7-2 所示。

二氧化硫是主要的大气污染物之一，它主要来源于化石燃料的燃烧。由图 7-1 可知，三个时间节点产业开发与二氧化硫排放量均呈正相关，说明产业开发导致二氧化硫排放量增加。同时，研究期间研究区的 R^2 由 0.528 增加到 0.802，由中度相关上升到高度相关，说明两者关系逐渐加强。

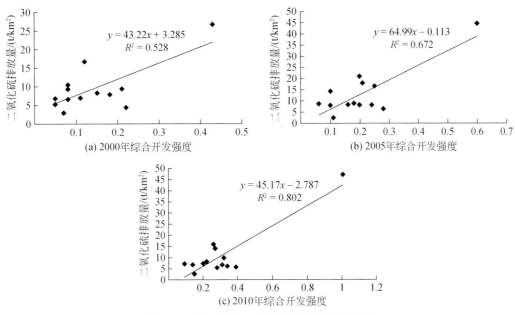

图 7-1　产业开发与二氧化硫排放量相关关系

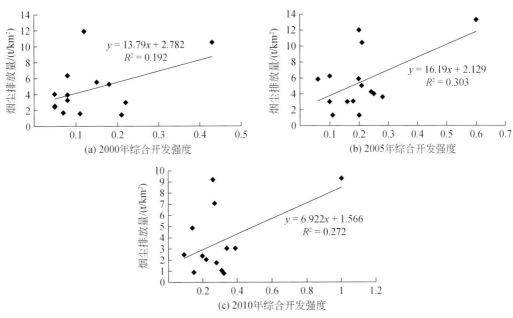

图 7-2　产业开发与烟尘排放量相关关系

　　大气中的烟尘会对人类健康产生危害，由图 7-2 可知，三个时间节点产业开发与烟尘排放量均呈正相关，说明产业开发会导致粉尘排放量的增加。研究期间，R^2 值由 2000 年的 0.192 上升到 2005 年的 0.303，2010 年又有所降低，降低到 0.272，两者的相关性由低度相关上升到中度相关。产业开发与烟尘的相关性不如产业开发与二氧化硫排放量的相关性强。

7.2.2　产业开发与水污染

水污染主要有三个方面：污水排放、COD 排放和氨氮排放。将产业开发与污水排放量、COD 排放量和氨氮排放量分别进行相关性分析，得到结果如图 7-3、图 7-4、图 7-5 所示。

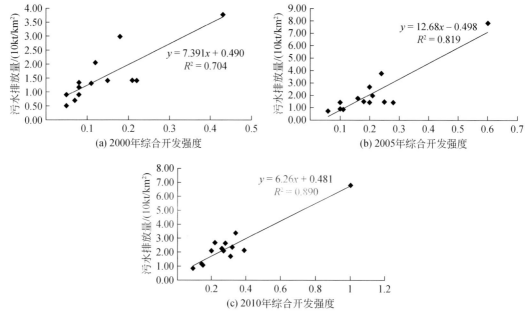

图 7-3　产业开发与污水排放量相关关系

由图 7-3 不难看出，三个时间节点产业开发与污水排放量均呈正相关，说明产业开发导致了污水排放量的增加。2000~2010 年，两者的 R^2 值呈持续增加状态，由 0.704 增加到 0.890，一直处于高度相关的状态，说明两者的相关关系非常密切。

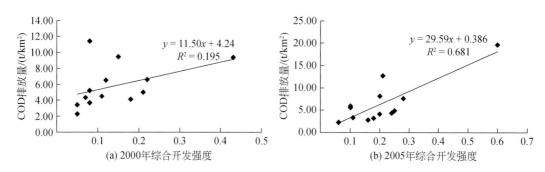

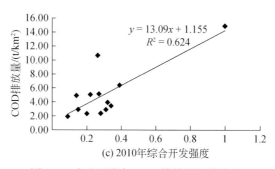

图 7-4　产业开发与 COD 排放量相关关系

由图 7-4 可知，三个时间节点产业开发与 COD 排放量均呈正相关，说明产业开发促进了 COD 排放。研究期间 R^2 变化有起伏，呈先增大后减小的变化。两者相关性逐渐上升，所以总体来说两者关系得到了加强。

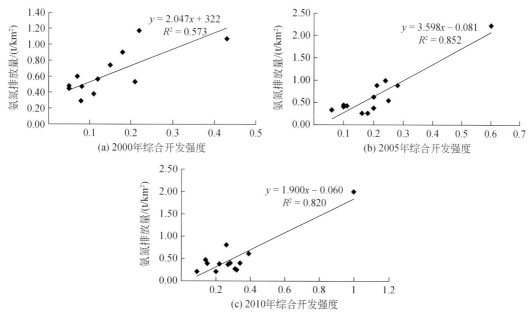

图 7-5　产业开发与氨氮排放量相关关系

由图 7-5 可知，三个时间节点产业开发与氨氮排放量一直呈正相关，说明产业开发导致了氨氮排放量的增加。研究期间 R^2 由 0.573 增加到 0.820，说明两者的相关性逐渐加强。两者相关性由中度相关上升到高度相关，虽然 2010 年相比于 2005 年相关性有所减弱，但两者仍然高度相关，所以总体来说两者关系比较强。

7.2.3　产业开发与固体废弃物污染

由图 7-6 不难看出，产业开发和固体废弃物排放量的 R^2 值在整个研究期间都非常小，分别为 0.019（2000 年）、0.051（2005 年）、0.061（2010 年），说明两者之间相关关系较弱或者不相关。

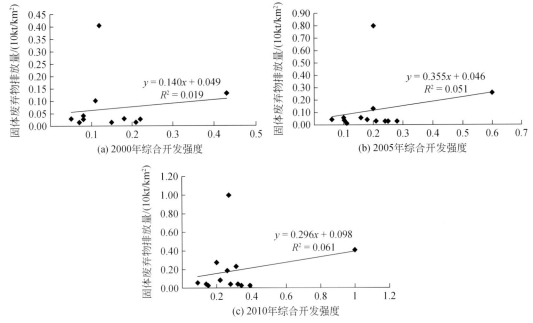

图 7-6　产业开发与固体废弃物排放量相关关系

总体来说，产业开发与大气污染、水污染和固体废弃物污染都呈正相关，即产业开发的推进导致了各方面污染的加剧。截至 2010 年，二氧化硫排放、污水排放、氨氮排放与产业开发均呈高度相关，说明它们与产业开发的关系非常密切；烟尘排放量、COD 排放量与产业开发呈中度相关，说明它们与产业开发的关系也比较强；只有固体废弃物的排放量与产业开发的相关程度较低，说明两者之间的关系很弱或者没有相关关系。

7.3　产业开发与生态承载力变化

将上述各节动态度统计结果汇总成表（表 7-4），与人均生态承载力动态度进行相关关系分析。本节分析应用 SPSS19.0 软件进行。

表 7-4　2000～2010 年各指标年动态度统计表

序号	区域	人均承载力动态度	土地开发动态度	经济活动强度动态度	经济城市化动态度	人口城市化动态度	交通运输强度动态度
1	滨海新区	0.070	0.105	0.243	0.001	0.005	0.171
2	唐山市	-0.028	0.024	0.172	0.011	0.018	0.262
3	秦皇岛市	0.011	0.020	0.125	0.000	0.055	0.255

序号	区域	人均承载力动态度	土地开发动态度	经济活动强度动态度	经济城市化动态度	人口城市化动态度	交通运输强度动态度
4	沧州市	−0.038	0.003	0.169	0.007	0.063	0.163
5	大连市	0.025	0.021	0.166	0.003	0.022	0.261
6	锦州市	0.003	0.008	0.166	0.011	0.013	0.159
7	营口市	0.010	0.023	0.194	0.008	0.019	0.167
8	盘锦市	−0.014	0.013	0.120	−0.002	0.052	0.221
9	葫芦岛市	0.001	0.053	0.127	0.002	0.013	0.080
10	东营市	0.002	0.051	0.176	0.003	0.005	0.029
11	烟台市	−0.002	0.062	0.174	0.008	0.046	0.222
12	潍坊市	−0.015	0.046	0.158	0.012	0.083	0.254
13	滨州市	−0.003	0.050	0.191	0.015	0.047	0.504
14	环渤海区域	−0.008	0.035	0.175	0.007	0.039	0.195

首先对 2000～2010 年人均承载力动态度与本节中计算的五个动态度分别进行相关性分析，得出表 7-5。其中人均承载力动态度与土地开发动态度在 0.01 水平上显著相关，相关性为 0.667。交通运输强度动态度在 0.05 水平上与人均承载力动态度显著相关。与其他开发强度相关性不显著。

表 7-5 2000～2010 年人均生态承载力动态度与各开发强度动态度相关性统计表

相关性		土地开发动态度	经济活动强度动态度	经济城市化动态度	人口城市化动态度	交通运输强度动态度
2000～2010 年人均生态承载力动态度	Pearson 相关性	0.667**	−0.445	−0.517	−0.125	0.540*
	显著性（双侧）	0.009	0.111	0.059	0.671	0.046

＊＊ 在 0.01 水平（双侧）上显著相关。

＊ 在 0.05 水平（双侧）上显著相关。

为了解释各因子对生态承载力动态度的贡献度，设人均生态承载力动态度为因变量，其他几个开发强度动态度为自变量，进行逐步线性回归分析。分析结果只有土地开发强度动态度进入因变量，其他四个由于不满足步进准则被排除。表 7-6 为土地开发强度动态度模型汇总表，表 7-7 为方差分析汇总表。

表 7-6 模型汇总

模型	R	R 方	调整 R 方	标准估计的误差
1	0.667[a]	0.444	0.398	0.021631

a. 预测变量：（常量），土地开发动态度。

表 7-7　方差分析^b

模型		平方和	df	均方	F	Sig.
1	回归	0.004	1	0.004	9.601	0.009[a]
	残差	0.006	12	0.000		
	总计	0.010	13			

a. 预测变量：（常量），土地开发动态度。

b. 因变量：人均承载力动态度。

从以上因素都可以看出，土地开发动态度是影响生态承载力动态度的主要因素。但通过相关性统计表来看，其他因素也对生态承载力的动态变化有所贡献。所以在以上分析的基础上，去掉土地开发动态度因子后，再次进行逐步线性回归分析，进一步找出在不受土地开发动态度干扰的情况下，其他因子对生态承载力动态度的回归关系。分析结果中出现两种输入选择，第一种为单变量，"经济活动强度动态度"，第二种为"经济活动强度动态度"和"经济城市化动态度"共同作为自变量，具体 F 检验和 t 检验结果如表 7-8、表7-9 和表 7-10。第一种单变量输入时，"经济活动强度动态度"与因变量"人均生态承载力动态度"在 0.05 水平上显著相关；而第二种多变量输入则在 0.001 水平上显著相关，且 t 检验中"经济活动强度动态度"和"经济城市化动态度"都与"人均生态承载力动态度"在 0.005 水平上显著相关。

表 7-8　模型汇总

模型	R	R 方	调整 R 方	标准估计的误差
1	0.540[a]	0.292	0.233	0.024421
2	0.839[b]	0.705	0.651	0.016477

a. 预测变量：（常量），经济活动强度动态度。

b. 预测变量：（常量），经济活动强度动态度，经济城市化动态度。

表 7-9　方差分析^c

模型		平方和	df	均方	F	Sig.
1	回归	0.003	1	0.003	4.947	0.046[a]
	残差	0.007	12	0.001		
	总计	0.010	13			
2	回归	0.007	2	0.004	13.114	0.001[b]
	残差	0.003	11	0.000		
	总计	0.010	13			

a. 预测变量：（常量），经济活动强度动态度。

b. 预测变量：（常量），经济活动强度动态度，经济城市化动态度。

c. 因变量：人均生态承载力动态度。

表 7-10　系数[a]

模型		非标准化系数		标准系数	t	Sig.
		B	标准误差			
1	（常量）	−0.073	0.037		−1.979	0.071
	经济活动强度动态度	0.478	0.215	0.540	2.224	0.046
2	（常量）	−0.081	0.025		−3.250	0.008
	经济活动强度动态度	0.661	0.152	0.748	4.343	0.001
	经济城市化动态度	−3.704	0.945	−0.675	−3.919	0.002

a. 因变量：人均生态承载力动态度。

根据以上统计结果，采用第二种多变量输入方案，利用经济活动强度动态度和经济城市化动态度同时解释人均生态承载力动态度，得到以下线性回归方程：

$$人均生态承载力动态度 = 0.661 \times 经济活动强度动态度 − 3.704 \times 经济城市化动态度 − 0.081$$

$$(7\text{-}1)$$

环渤海沿海地区开发强度呈增长趋势，而人均承载力呈下降趋势。通过对三个年份（2000 年、2005 年和 2010 年）两者的相关性分析，得出如下结论：

1）渤海地区综合开发强度与人均承载力呈负相关；

2）2010 年两者显著负相关，符合 0.05 显著相关水平，2000 年和 2005 年综合开发强度与人均承载力显著性水平低；

3）综合三年数值进行相关性分析，符合 0.01 水平，呈显著负相关，结果如表 7-11 所示。

表 7-11　总开发强度与人均承载力的相关性分析

		人均承载力			
		2000 年	2005 年	2010 年	三年合计
综合开发强度	2000 年	−0.28			
	2005 年		−0.49		
	2010 年			−0.62[*]	
	三年合计				−0.478[**]

＊是符合 0.05 水平显著相关。

＊＊是符合 0.01 水平显著相关。

7.4　产业开发与生态环境胁迫的关系

随着城市的发展，城市开发建设活动增强，给城市带来社会经济效益的同时，也给城市的生态环境带来了压力，不合理的城市开发建设不仅造成资源的浪费，而且也给城市的规划管理者带来困难。从时间序列上对比研究环渤海沿海地区城市的综合开发强度与生态环境胁迫之间的相关性和耦合度，分析城市开发建设与生态环境胁迫之间相关性的大小以及综合开发强度对生态环境胁迫的影响程度。

在综合开发强度方面选取了土地利用程度综合指数（La）、经济活动强度（EAI）（万元/km²）、城市化强度（UI）、交通运输强度（TI）（km/km²）、围填海强度（SRI）（hm²/km）5 个指标，其中城市化强度包括土地城市化（LUR）、经济城市化（EUR）、人口城市化（PUR）三个方面；在生态环境胁迫方面选取了人口密度（PD）（人/km²）、大气污染（AP）、水污染（WP）和固体废弃物污染（SWP）（10kt/km²）四个指标，其中大气污染包括单位国土面积上 SO₂ 排放量（SDOI）（t/km²）和粉尘排放量（SDEI）（t/km²）两个指标，水污染包含单位国土面积污水排放量（WWDI）（t/km²）、COD 排放量（CODI）（t/km²）和氨氮排放量（ANDI）（t/km²）三个指标。

7.4.1　研究方法

（1）相关性分析

在获得综合开发强度主成分和生态环境胁迫主成分的基础上，通过相关性分析研究两者之间相关的方向和相关的密切程度。本文采用 SPSS19.0 软件进行双变量相关分析，设置相关系数为积差相关系数（Pearson coefficient of product-moment correlation），计算结果采用 t 统计量进行检验，验证两变量之间是否具有相关性以及相关性大小。相关性等级的划分如表 7-12 所示。

表 7-12　相关系数及相关程度

相关系数 r	等级
$r \geqslant 0.8$	高度相关
$0.5 \leqslant r < 0.8$	中度相关
$0.3 \leqslant r < 0.5$	低度相关
$r < 0.3$	相关性较弱，或不相关

（2）动态度

为分析环渤海沿海地区城市综合开发强度和生态环境胁迫在时间序列内的变化情况，从而进一步分析两者的动态演变趋势，本章引进动态度来计算综合开发强度和生态环境胁迫的年平均增长速率，计算公式如式（7-2）所示：

$$LDR = \sqrt[n-1]{\frac{LDI_e}{LDI_i}} - 1 \tag{7-2}$$

式中，LDR 为动态度；LDI_e 为初期开发强度；LDI_i 为末期开发强度；n 为调查时间长度/年，取整；生态环境胁迫动态度的计算原理与之相同。

（3）耦合度模型

耦合，原本是用来描述相互作用的两个或多个系统（或运动形式）彼此影响的现象，耦合度就是对两者的影响程度进行描述的物理量（黄金川和方创琳，2003；刘艳军等，2013）。本文引进耦合度概念可以用来描述综合开发强度和生态环境胁迫两个系统相互作用的程度，从而研究环渤海地区综合开发强度与生态环境胁迫之间的相互关系。如下构建耦合度模型（刘耀斌等，2005；刘艳军等，2013；Yu, et al., 2011；Chen and Gao, 2015；Tang, 2015；Wang, 2014；Li et al., 2012）：

$$H = \sqrt{L \times T} \tag{7-3}$$

$$L = \frac{2 \times \sqrt{DS \times RE}}{DS + RE} \tag{7-4}$$

$$T = (DS + RE)/2 \tag{7-5}$$

式中，H 为综合开发强度与生态环境胁迫的耦合度；L 为综合开发强度与生态环境胁迫的协调程度；T 为综合开发强度与生态环境胁迫的综合评价指数。在实际中 $L \in (0, 1]$，$H \in (0, 1]$。H 越大，说明综合开发强度与生态环境胁迫的耦合程度越大，反之越小。耦合度的等级及其划分标准如表 7-13 所示。

表 7-13　综合开发强度与生态环境胁迫的耦合度划分

协调度 L 值	协调关系与水平	耦合度 H 值	耦合程度
$0.8 < L \leq 1.0$	良好协调	$0.8 < H < 1.0$	高度耦合
$0.6 < L \leq 0.8$	中度协调	$0.5 < H \leq 0.8$	中度耦合
$0.4 < L \leq 0.6$	勉强协调	$0.3 < H \leq 0.5$	低度耦合
$0 < L \leq 0.4$	失调	$0 < H \leq 0.3$	勉强耦合

7.4.2　开发强度与生态环境胁迫动态变化研究

通过计算 2000～2005 年以及 2005～2010 年环渤海沿海地区综合开发强度和生态环境胁迫的动态度，生成统计图如图 7-7、图 7-8 所示。

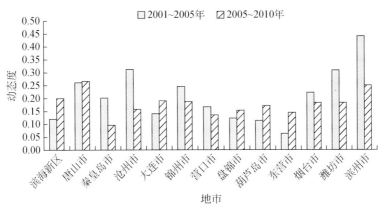

图 7-7　环渤海沿海地区综合开发强度动态度统计图

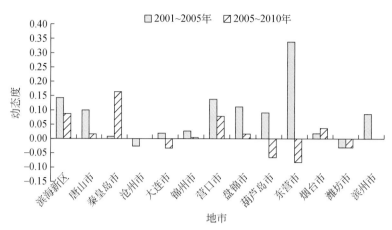

图 7-8 环渤海沿海地区生态环境胁迫动态度统计图

从图 7-7 可以看出，环渤海沿海地区综合开发强度动态度均大于 0，表明时间序列内研究区所有城市的综合开发强度逐年增大。天津滨海新区、唐山、大连、盘锦、葫芦岛、东营等城市在后一时序列内的增幅大于前一时间序列，说明这些城市后一时间序列内综合开发强度增长速率大于前一时间序列内的增长速率，而其余城市在后一时间序列内的综合开发强度增长速率相对于前一时间序列有所减缓。总体来说，2000~2010 年，环渤海沿海地区的综合开发强度呈现逐年增大的趋势。

图 7-8 中，大连、葫芦岛、东营等城市第一个时间序列内生态环境胁迫动态度为正值，第二个时间序列内为负值，表明 2000~2010 年这些城市的生态环境胁迫呈现减弱趋势。其中，东营市在前后两个时间序列内动态度减小幅度最大，表明东营市生态环境在逐渐改善。秦皇岛和烟台后一时间序列内的动态度大于前一时间序列的动态度，说明这两个城市生态环境胁迫上升趋势增大，生态环境所承受的压力越来越剧烈。另外，沧州市和滨州市后一时间序列动态度为 0，其余城市动态度有所减小，说明这些城市生态环境胁迫呈现稳定或缓慢上升的趋势。

7.4.3　开发强度与生态环境胁迫相关关系研究

通过相关性分析，得出三个时间序列内环渤海沿海地区综合开发强度和生态环境胁迫之间的相关性表，如表 7-14、表 7-15、表 7-16 所示。

表 7-14　2000 年综合开发强度与生态环境胁迫相关性

		综合开发强度	生态环境胁迫
综合开发强度	Pearson 相关性	1	0.349
	显著性（双侧）		0.242
	N	13	13

续表

		综合开发强度	生态环境胁迫
生态环境胁迫	Pearson 相关性	0.349	1
	显著性（双侧）	0.242	
	N	13	13

表 7-15　2005 年综合开发强度与综合生态环境胁迫相关性

		综合开发强度	生态环境胁迫
综合开发强度	Pearson 相关性	1	0.661*
	显著性（双侧）		0.014
	N	13	13
生态环境胁迫	Pearson 相关性	0.661*	1
	显著性（双侧）	0.014	
	N	13	13

* 在 0.05 水平（双侧）上显著相关。

表 7-16　2010 年综合开发强度与综合生态环境胁迫相关性

		综合开发强度	生态环境胁迫
综合开发强度	Pearson 相关性	1	0.781**
	显著性（双侧）		0.002
	N	13	13
生态环境胁迫	Pearson 相关性	0.781**	1
	显著性（双侧）	0.002	
	N	13	13

** 在 0.01 水平（双侧）上显著相关。

　　从表 7-14 至表 7-16 可以看出，环渤海沿海地区 2000 年城市综合开发强度与生态环境胁迫两者之间相关系数为 0.349，呈低度相关；其相关系数检验的概率 P 值为 0.242，远大于原假设值，两变量之间相关性不显著。2005 年两者相关系数为 0.661，呈中度相关；相关系数检验的概率 P 值为 0.014，两者在 0.05 水平上显著相关。2010 年两者相关系数为 0.781，呈中度相关，相关系数检验的概率 P 值为 0.002，两者在 0.01 水平上显著相关。

　　从上述统计分析结果可以看出，2000~2010 年十年间，环渤海沿海地区综合开发强度与生态环境胁迫之间的相关性越来越显著，且相关性越来越强。这说明时间序列内随着城市综合开发强度的提高，对城市的生态环境胁迫越来越大。2000~2005 年，两者逐渐呈现显著相关性，密切程度逐渐增强。2005~2010 年，相关性仍然显著，密切程度增强的趋势有所减缓。这从图 7-7 和图 7-8 也可以看出，在前一个时间序列内，综合开发强度增强，相应的生态环境胁迫逐渐加大；后一个时间序列内综合开发强度继续增强的同时，研究区内各城市的生态环境胁迫呈现不同趋势，但总体上仍然在增大。这也表明两者相关性越来越显著，密切程度稳中有升。

7.4.4 开发强度与生态环境胁迫耦合性分析

通过计算，得到三个时间序列综合开发强度与生态环境胁迫的耦合度，得到统计表 7-17 和统计图 7-9。

表 7-17 环渤海沿海地区综合开发强度与生态环境胁迫耦合度统计表

地市	T_{2001}	T_{2005}	T_{2010}	L_{2001}	L_{2005}	L_{2010}	H_{2001}	H_{2005}	H_{2010}
滨海新区	0.26	0.44	0.75	1.00	1.00	0.99	0.51	0.66	0.86
唐山市	0.30	0.45	0.69	0.99	1.00	0.97	0.54	0.67	0.82
秦皇岛市	0.08	0.13	0.30	0.99	0.95	0.90	0.28	0.35	0.52
沧州市	0.08	0.10	0.12	0.94	1.00	0.97	0.27	0.31	0.34
大连市	0.08	0.13	0.18	0.89	1.00	0.94	0.27	0.36	0.41
锦州市	0.10	0.14	0.23	0.99	0.95	0.82	0.31	0.36	0.44
营口市	0.08	0.14	0.22	0.84	0.92	0.97	0.26	0.36	0.47
盘锦市	0.06	0.10	0.14	1.00	0.99	0.95	0.24	0.31	0.36
葫芦岛市	0.08	0.13	0.19	0.93	0.91	0.72	0.28	0.35	0.37
东营市	0.03	0.06	0.08	0.98	0.99	0.95	0.17	0.25	0.27
烟台市	0.13	0.15	0.23	1.00	0.99	0.95	0.36	0.39	0.47
潍坊市	0.11	0.15	0.22	0.93	1.00	0.89	0.33	0.39	0.44
滨州市	0.07	0.13	0.21	0.97	0.99	0.91	0.26	0.37	0.43

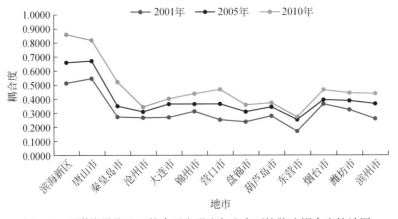

图 7-9 环渤海沿海地区综合开发强度与生态环境胁迫耦合度统计图

整体上看来，在整个时间序列内综合开发强度与生态环境胁迫的耦合度呈现逐年上升的趋势，表明在时间序列内两个系统在相互影响的作用下走向稳定状态的趋势增强。

其中，天津滨海新区在 13 个地市中耦合度最高，且上升趋势最大，而东营市在 13 个地市中耦合度最低，上升幅度较小，说明天津滨海新区在调节两个系统共同稳定方面比其他城市要好，而东营市有待改善。2000 年 13 个地市除天津滨海新区、唐山、锦州、烟台、潍坊的耦合度高于 0.3 外，其余城市耦合度均低于 0.3，表明在 2000 年前后，整个滨海新区综合开发强度与生态环境胁迫的耦合度均较低，之后耦合度逐渐上升。结合表 7-17 进行分析，天津滨海新区和唐山市前两个时间节点的综合开发强度与生态环境胁迫呈现中度耦合，2010 年高度耦合，而其余城市耦合度较低，或勉强耦合，表明滨海新区和唐山市在处理综合开发强度和生态环境胁迫相互稳定性方面做得更好。同时，2000 年和 2005 年天津滨海新区的耦合度低于唐山市，2010 年耦合度高于唐山市，说明 2005~2010 年天津滨海新区比唐山市更加注重两系统的相互稳定关系。

7.5 产业开发与城镇扩展

2000~2010 年城镇用地不断扩展，十年间扩展了 3485.66km^2，扩展比例为 27.86%。转入城镇用地的各种类型中，农田占比最大，占城镇用地总扩展面积的 87.02%。城镇用地转出 5085.27hm^2，仅占原面积的 0.42%，转出主要类型是湿地和农田，按地市（表 7-18、图 7-10）和开发区（表 7-19、图 7-11）对城镇扩展情况进行统计。

表 7-18　环渤海沿海地区各地市城镇扩展统计表　　　（单位:%）

名称	2000~2005 年	2005~2010 年	2000~2010 年
滨海新区	44.36	27.91	84.66
唐山市	8.17	11.16	20.24
秦皇岛市	13.23	10.62	25.25
沧州市	3.02	5.87	9.06
大连市	9.42	4.03	13.83
锦州市	3.8	2.86	6.76
营口市	6.57	13.41	20.86
盘锦市	5.02	7.94	13.36
葫芦岛市	6.78	23.55	31.92
东营市	24.62	20.44	50.09
烟台市	26.54	24.66	57.73
潍坊市	21.28	15.8	40.44
滨州市	21.93	20.57	47.01
环渤海沿海地区	13.55	13.84	27.86

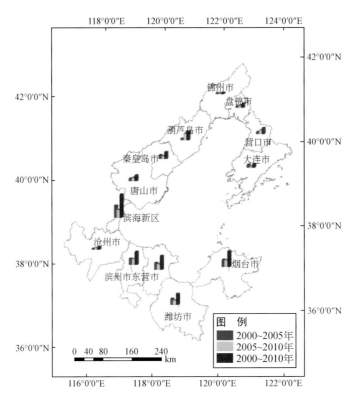

图 7-10　环渤海沿海地区各地市城镇扩展分布图

表 7-19　环渤海沿海地区分区城镇扩展统计表　　　　　　（单位:%）

名称	2000～2005 年	2005～2010 年	2000～2010 年
北岸开发区	6.59	8.91	14.39
西岸开发区	9.22	10.73	31.16
南岸开发区	23.4	19.96	47.58
环渤海沿海地区	13.55	13.84	27.86

　　将每年综合开发强度和十年间各地市的城镇扩展比例进行相关分析，如图 7-12 所示。三个时间节点两者均呈正相关，说明产业开发导致城镇扩展比例增大。同时，相关系数 2000～2010 年逐年增加，说明综合产业开发与城镇扩张的关系越来越强。

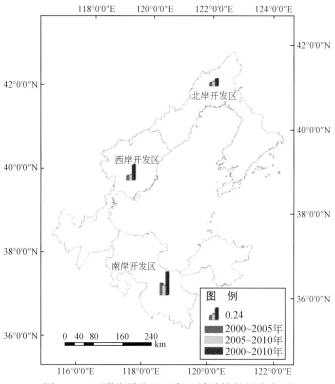

图 7-11　环渤海沿海地区各区域城镇扩展分布图

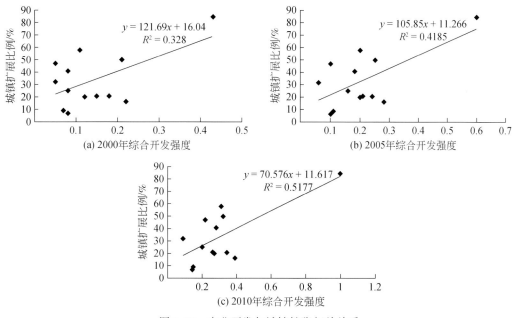

图 7-12　产业开发与城镇扩张相关关系

7.6　产业开发与经济活动强度

开发强度均呈逐年递增态势，且后 5 年开发力度要远远大于前 5 年。经济增长与土地开发之间的关系越来越密切，经济增长越来越依赖于土地资源的开发利用，利用效率亟待提高（图 7-13）。

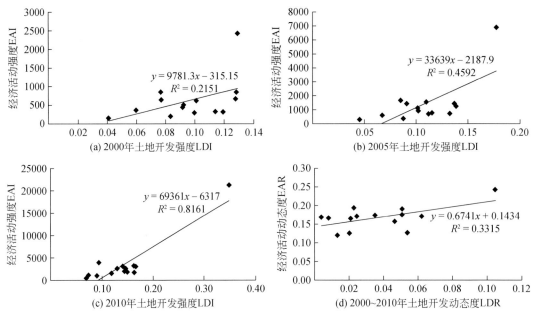

图 7-13　环渤海沿海地区土地开发强度与经济活动强度关系

将土地开发强度作为自变量，经济活动强度作为因变量，对整个区域内各个子区域每一时间节点数据做线性回归分析，结果见图 7-13。从结果可以看出，2000 年 R^2 为 0.2151，2005 年为 0.4592，到 2010 年已经达到 0.8161。说明在过去 10 年中，经济增长与土地开发之间的关系越来越密切，经济增长速率越来越依赖于土地资源的开发利用。

从动态度来看，十年间经济活动动态度（EAR）与土地开发动态度（LDR）也呈线性相关增长，相关系数为 0.58。

|第8章| 典型地区土地利用格局动态变化监测与情景模拟

本书第 2~7 章从生态环境的生态系统构成与格局、开发强度、生态承载力、生态环境质量、生态环境胁迫等方面阐述了环渤海沿海地区十年变化规律和演变趋势。从前面研究结果可知，天津滨海新区开发强度和环境胁迫均排在研究区首位，为了进一步深入探讨人类活动对生态环境的影响，第 8~10 章将以天津滨海新区和环城四区为研究区，从三个不同角度入手，综合运用相关的技术和方法，解决现实问题。本章主要是对天津滨海新区土地利用格局动态变化进行监测和情景模拟。

土地覆被变化是表明人类活动和生态环境之间相互作用的最敏感的因素之一（余庆年和王万茂，2002）。本章以天津滨海新区为案例区开展土地利用变化监测与情景模拟研究。基于研究区多源，结合地理信息遥感影像科学中的 RS 与 GIS 技术以及景观生态科学中景观格局方法，应用轨迹分析方法分别从各种不同时间和空间尺度对研究区内的土地利用变化规律进行研究，并结合 CA 模型对未来滨海新区土地利用变化情况进行了初步预测。

基于像素的不同时空尺度 LUCC 轨迹表达与景观格局指数分析方法有效结合（张世文和唐南奇，2006），将轨迹分析思想应用到土地利用变化研究的不同环节，通过景观指数对滨海新区 1993~2009 年土地利用格局及其变化进行监测与分析，并初步探讨土地利用变化与人类活动之间的关系（翟文侠和黄贤金，2003），为土地利用时空动态分析提供新的思路（张永民等，2007）。结果表明，21 世纪初十年间应该是当地土地利用变化较大的时期，主要是填海造陆和建设用地的扩张（刘新卫，2003；Alig et al.，2004）。

8.1　研究区概括

1994 年 3 月，天津市十二届人大二次会议做出"用 10 年左右的时间基本建成滨海新区"的重大决议。滨海新区作为天津经济新区的建设由此拉开序幕。滨海新区位于天津市东部滨海地带，包括天津港、天津经济技术开发区（以下简称开发区）、天津港保税区（以下简称保税区）、海河下游工业区 4 个经济功能区和塘沽区、汉沽区、大港区三个行政区，规划面积 350km²。

2006 年 5 月 26 日下发《国务院推进天津滨海新区开发开放有关问题的意见》正式批准天津滨海新区为全国综合配套改革试验区，成为我国继深圳特区和上海浦东新区之后国家整体发展战略中又一个重点开发开放的区域。新区的发展定位为：建设成为我国北方对外开放的门户，高水平现代制造业和研发转发基地，北方国际航运中心和国际物流中心，成为经济繁荣、社会和谐、环境优美的宜居生态新城区。2009 年 11 月，经国务院批准，天津市调整部分行政区划，撤销塘沽区、汉沽区、大港区，设立滨海新区。新区范围陆域面积 2270km²，近海滩涂 336km²。

天津滨海新区位于天津东部沿海，环渤海经济圈的中心地带，是亚欧大陆桥最近的东部起点，也是中国邻近内陆国家的重要出海口。

天津滨海新区包括先进制造业产业区、临空产业区、滨海高新技术产业开发区、临港工业区、南港工业区、海港物流区、滨海旅游区、中新天津生态城、中心商务区九大产业功能区和世界吞吐量第五位的综合性贸易港口——天津港。

天津滨海新区的油气、海洋地热、湿地等自然资源丰富，为经济发展和特色产业部门的形成与发展提供了有力的支撑，尤其是大量可供开发的土地资源更是滨海新区在国家级新区中独树一帜的原因，为天津滨海新区的发展提供了有利的条件。天津滨海新区基本情况如下。

（1）地理位置

天津滨海新区地处华北平原北部，位于山东半岛与辽东半岛交汇点上、海河流域下游、天津市中心区的东面，渤海湾顶端，濒临渤海，北与河北省丰南县为邻，南与河北省黄骅市为界，地理坐标位于北纬 38°～39°、东经 117°～118°（图 8-1）。紧紧依托北京、天津两大直辖市，拥有中国最大的人工港、最具潜力的消费市场和最完善的城市配套设施。以滨海新区为中心，方圆 500km 范围内还分布着 11 座 100 万人口以上的大城市。对外，滨海新区雄踞环渤海经济圈的核心位置，与日本和朝鲜半岛隔海相望，直接面向东北亚和迅速崛起的亚太经济圈，置身于世界经济的整体之中，拥有无限的发展机遇。

图 8-1　天津滨海新区位置图

（2）自然资源

天津滨海新区自然资源丰富。大港油田、渤海油田分布于此。大港油田是中国东部开发较早的油田，长期以来一直保持着稳定的石油产量。渤海油田近年来发展迅速，已探明的渤海海域石油资源总量 100 多亿吨、天然气储量 1937 亿 m^3。滨海新区产盐条件良好，是中国最大的海盐产地。其中，中国最大的盐场——长芦盐场原盐年产量 240 多万吨，占全国总产量的 7% 和全国海盐总量的四分之一。在地热资源方面，年可开采地热水达 2000 万 m^3。陆域、海域面积广阔，可供开发的荒地、滩涂、盐田等超过 1200km^2。

（3）人口

随着滨海新区建设速度的加快，吸引了大量的建设者和投资者涌入新区、投身滨海，新区户籍人口、常住人口明显增加。2009 年，新区户籍人口已经达到了 118.57 万人，常住人口 230 万人，人口迁入率 22.72‰。

数据显示，在 118.57 万人的户籍人口中，男性人口达 60.92 万人，女性人口达 57.65 万人，非农业人口 92.24 万人，农业人口 26.33 万人。

（4）经济

1994~2005 年，滨海新区生产总值以年均 20.6% 的速度增长，2005 年实现国内生产总值 1608.63 亿元（是浦东的 76%），累计实际利用外资 187 亿美元，世界 500 强企业有 70 多家在新区投资。

8.2　研究方法

8.2.1　研究方法及内容

通过轨迹分析方法，分析基于遥感影像中每个栅格点在时间序列中整体变化情况，并形成土地利用变化分布图。利用景观格局指数，分析其分布特征，从而研究土地利用变化与相关因素（地形、人类活动、政策措施等）之间的关系（徐春迪等，2011）。

在土地利用遥感监测和景观格局分析已有研究成果的基础上（柳海鹰等，2001），结合目前地理信息科学最新研究前沿和成果，以及复杂性学科中的 CA-Markov 模型（赵建军等，2009），利用多源（Landsat TM、Landsat ETM+及 HJ1 ACCD）、多时态（三期）遥感数据，提取滨海新区土地利用/覆盖信息，主要通过轨迹分析方法构建基于遥感与地理信息系统的更为合理有效的土地利用/土地覆盖遥感监测体系，并对轨迹变化模式进行格局分析（柳海鹰等，2001）。通过对研究区土地利用变化情况进行景观格局分析，研究滨海新区土地利用变化模式及其发展趋势的合理性（刘会军和高吉喜，2008）。

（1）土地利用变化轨迹分析方法的研究

基于时间序列的轨迹曲线分析方法经常被用来分析土地利用变化的趋势。但一般情况下是基于低空间分辨率（高时间分辨率）的遥感影像（如 AVHRR 和 MODIS）来进行的。将轨迹分析方法用于中高分辨率时间序列遥感影像，研究其可行性及其在研究区的应用实践。本章利用轨迹曲线（trajectory curves）研究基于栅格空间的滨海新区土地利用变化趋势。

（2）基于轨迹曲线的研究区土地利用变化格局分析

传统的研究方法一般是对每个时期的分类结果分别进行景观格局分析，然后将分析结果进行年度间的对比。将景观分析方法与轨迹分析结果相结合，直接对土地利用变化轨迹曲线进行格局分析，从而判断变化的驱动力（宋开山等，2008）。

研究方法：

1）将遥感与地理信息系统相结合，利用多源、多分辨率的不同时期的遥感影像进行信息提取；

2）利用轨迹分析方法对时间序列影像动态变化进行分析；

3）景观格局分析方法与轨迹分析方法相结合，研究土地利用变化规律；

4）基于 CA-Markov 模型对土地利用变化格局进行分析（邱炳文和陈崇成，2008），初步预测未来发展趋势。

技术路线图如图 8-2 所示。

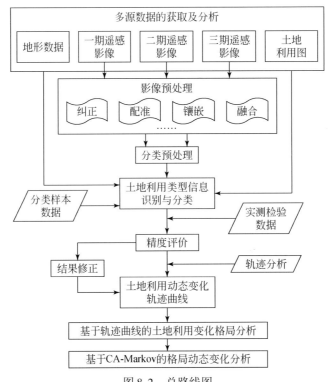

图 8-2　总路线图

1）数据预处理。首先，通过辐射校正、配准、图像镶嵌、切割、融合等图像处理手段对获取的多源数据进行处理，为影像分类做准备。

2）影像分类。利用预处理结果对每期影像进行监督分类，尝试各种分类方法，如支撑向量机（SVM），面向对象的 feature extraction，人工神经网络分类（ANN）等，找出适合研究区的分类方法（黎夏和叶嘉安，2002）。

3）分类精度评价。利用实测检验数据对分类结果进行精度评价，同时对结果进行修正。

4）土地利用动态变化轨迹曲线的研究与计算。将轨迹分析方法应用到研究区，在计算机的帮助下制作每一栅格点的利用变化曲线。

5）轨迹分析。将上述结果作为一个对象，对其进行分割、分类，将变化类型相同的区域作为一个面对象。该对象代表相对位置上土地利用变化的轨迹，然后针对这些变化区域进行分析。

6）基于 CA-Markov 的土地利用格局动态变化分析。利用上述分析结果，应用 CA-Markov 模型对土地利用变化格局进行分析，并初步预测未来发展趋势。

8.2.2 数据预处理

8.2.2.1 遥感影像处理

利用 Landsat TM 和 ETM+ 的历史数据及 CBERS-02BCCD 图像进行土地利用动态监测，具体应用数据为：Landsat TM（1993 年 6 月 15 日）、ETM+（2001 年 9 月 1 日）、HJ1A images（2009 年 8 月 30 日）。主要对原始数据做了一下预处理，来提高遥感影像分类的精度。

（1）辐射校正

辐射校正可以消除图像数据中依附在辐射亮度中的各种失真现象。在应用遥感影像进行分析之前必须进行几何校正和辐射校正。传感器仪器本身造成的辐射畸变，一般来说应该在数据生产过程中，由生产单位根据传感器参数进行校正，而不需要用户自行校正。用户只需考虑大气影响造成的畸变。

大气校正就是指消除由大气散射引起的辐射误差的处理过程。大气影响的校正方法主要有：回归分析法和直方图最小值去除法等。

1）回归分析法。

大气散射主要影响短波部分，波长较长的波段几乎不受影响，故可用其校正其他波段数据。

校正方法：在不受大气影响的波段（如 TM5）和待校正的某一波段图像中，选择由最亮至最暗的一系列目标，将每一目标的两个待比较的波段灰度值提取出来进行回归分析。

2）直方图最小值去除法。

在图像中总有某种地物或某几种地物的辐射亮度或反射率为 0，如地形起伏产生的阴影区，云块的阴影区，或反射率很低的清水等。但实际量测不为 0，多出来的值应是大气散射导致的辐射度值。

校正方法：为每一波段每一像元都减去本波段最小值，使图像亮度的动态范围得到改善，提高图像质量。

（2）几何精校正

目前获取的遥感影像一般只是经过了几何粗校正，实际应用中还需要进行几何精校正。同时，在利用遥感图像提取信息的过程中，尤其是当运用多源、多时相遥感的时候，要求把所提取的信息表达在某一个规定的图像投影参数系统中，以便进行遥感图像的进一步处理，当原始图像上各种地物的几何位置、尺寸、形状、方位等特征与参照系统的表达要求不一致时，需要在统一的地理参考系统内进行几何精校正。

影像图的几何纠正精度在很大程度上依赖于控制点的精度、分布和数量。采用基于已经具有精确坐标的高分辨率影像为底图，对其他影像进行几何配准的方法来进行校正。

控制点选择原则：

1）均匀分布在图像内，保证一定数量；

2）控制点在图像上要易辨认，地面可以实测，具有较固定的特征；

3）低精度图像应与高精度图像配准（在高精度图像上选地面控制点）。

为保证控制点的精度，研究区域内控制点均匀分布，图幅的中心和四角均有控制点，整体校正的控制点数目为25～30个，全部是道路交点等固定、醒目、能在卫星影像上清晰显示的地物。分别利用二次多项式、三次多项式和样条函数方法对研究区遥感影像进行校正试验，结果表明样条函数校正方法在研究区具有较好的校正效果，能够保证校正误差在0.5个像元之内。

（3）图像融合

图像融合（image fusion）就是通过一种特定算法将两幅或多幅图像合成为一幅新图像，是指将多源通道所采集到的关于同一目标的图像数据经过图像处理和计算机技术等，最大限度地提取各自信息中的有利信息，最后综合成高质量的图像，以提高图像信息的利用率、改善计算机解译精度和可靠性、提升原始图像的空间分辨率和光谱分辨率。

应用Principal Components（主成分）、HPF高通滤波融合方法和Wavelet小波融合算法对多光谱波段与全色波段进行融合。测试结果表明，HPF方法如果滤波器尺寸取得过小，则融合图像中包含过多的纹理特征，且难于融入高分辨率图像中的空间信息；反之，若尺寸取得过大，则融合图像中将难以包含高分辨率图像所包含的纹理特征。小波变换融合所得影像纹理信息更加丰富，但产生大量干扰信息。通过比较，主成分变换融合结果比较理想，能满足需要，且该方法比其他两个方法计算量小，耗费机时少，如果做大面积融合，可以节省时间。

（4）图像增强

空间增强技术是利用像元自身及其周围像元的灰度值进行运算，达到增强整个图像之目的。遥感图像的增强处理包括空间域增强、频率域增强、彩色增强、多光谱图像增强等。

采用直方图均衡化和卷积增强对图像进行增强处理。

直方图均衡化（histogram equalization）

直方图均衡化实质上是对图像进行非线性拉伸，重新分配图像像元值，使一定灰度范围内的像元数量大致相同。这样,原来直方图中间的峰顶部分对比度得到增强,而两侧的谷底部分对比度降低,输出图像的直方图是一较平的分段直方图(图8-3)。

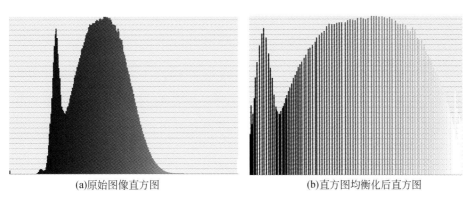

(a)原始图像直方图　　　　　　　　　　(b)直方图均衡化后直方图

图8-3　直方图均衡化

卷积增强(convolution)

卷积增强是在空间域上采用卷积运算的方法对图像进行增强的一种方法,它是将整个图像分块进行处理,用于改变图像的空间频率特征。卷积增强处理的关键是卷积函数(模板)的选择。

所谓卷积运算是指在空间域上对图像作局部检测的运算,以实现平滑和锐化的目的。在卷积运算中,首先选定一个卷积函数,又称"模板"或滤波器,实际上是一个 $M \times N$ 图像(一般为 3×3、5×5、7×7 等),然后从图像左上角开始开一个与模板大小相同的活动窗口[图8-4(a)],将图像窗口与模板像元的亮度值相乘后再相加,即空间卷积。将计算结果放在窗口中心的像元位置,成为新像元的灰度值[图8-4(b)]。然后活动窗口向右移动一个像元,再按上述过程做同样的运算,仍旧把计算结果放在移动后的窗口中心位置上,依次进行,逐行扫描,直到全幅图像扫描一遍结束,则新图像生成。

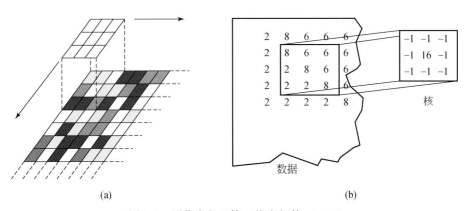

(a)　　　　　　　　　　　　　　　(b)

图8-4　图像卷积运算(梅安新等,2001)

卷积运算主要用于对图像进行平滑和锐化处理。例如,均值平滑、中值平滑等属于图像平滑,当图像中出现某些亮度变化过大的区域,或出现不该有的亮点(噪声)时,采用平滑的方法可以减少变化，使亮度平缓或去掉不必要的"噪声"；边缘检测、高通模板等属于图像锐化处理，主要为了突出图像的边缘、线状目标或某些亮度变化率大的部分，使图像细节反差提高，锐化后的图像已不再具有原遥感图像的特征而成为边缘图像。

8.2.2.2　其他基础数据及历史数据处理

需要获取的基础数据及历史数据按照其存在形式分为四类：纸质普通和专题地图、纸质文字资料、数据库表和数字文件数据。对基础数据和历史数据的数字化、标准化及入库管理是后续工作的前提。不同的数据来源应该采用不同的方法分别进行处理，最终汇集到统一的中心数据库中，如图 8-5 所示。

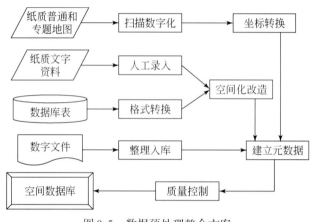

图 8-5　数据预处理整合方案

图纸包括地图图纸，如地形图、水文图、土壤图、植被等自然要素图以及不同时期的土地利用图、政区图等专题地图等，作为土地利用分类的辅助数据，可以提高分类精度。由于历史、经济等原因，这部分图纸尚未被数字化，既不利于新的信息系统的建设，又不利于数据的查找和重用，因此需要对图纸进行扫描数字化，然后进行坐标转换，统一坐标系。扫描数字化和坐标转换可以在 GIS 软件中完成（图 8-5）。

8.2.3　土地利用信息提取

研究时间尺度为 1993~2009 年，将近 20 年时间土地利用变化情况，根据最小可计算时间单元的确定方法，采取确定关键点的方法来确定最小可计算时间单元，同时加上已有数据的限制，数据包括 Landsat TM（June. 15，1993 年）、ETM + （Sept. 1，2001 年）、HJ1A images（Aug. 30，2009 年）多光谱影像数据。土地利用分类统一采用面向对象的分类方法进行。遥感分类技术路线见图 8-6。主要是在图像配准的基础上对 3 个时间节点数据进行信息提取，采用面向对象的影像分割方法后，利用支持向量机（support vector machine，SVM）对象多边形进行监督分类。通过对初步分类结果进行轨迹分析，对分类结果进行联合校正，以提高时间序列土地利用分类的整体精度。

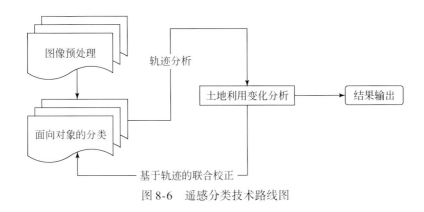

图 8-6　遥感分类技术路线图

8.2.3.1　基于面向对象分类方法的 LUCC 分类信息提取

面向对象的分类方法基于 ENVI4.7 软件中面向对象的空间特征提取扩展模块 Feature extraction 来进行。ENVI 的特征提取模块是一个半自动化的方法。该模型以一种强大、快捷而且简单的分割算法为基础，该算法使用两个参数生成一个确定性的结果（同一数据库上使用相同的参数产生相同的结果）。特征提取流程以向导的界面形式出现，允许预览每一步参数设置的预期结果，使得参数的选择变得更加容易。当参数确定后，该模型还可以用来对多数据集进行批处理。最终结果以与 ArcGIS 通用的栅格或矢量的形式保存。

特征提取是影像处理中一项复杂的任务，与其他任务，如影像分割、影像分类等密切相关。特征提取从数字影像中识别在真实世界中属于同一类别的像素的组合，能够在一定程度上达到自动化。全自动的算法目前仍然存在较大限制。半自动化方法应用用户根据目标地物特征提供的参数从影像中提取尽可能多的信息。该工作流程的主要优势是人机高度交互，用户可以预览每一步骤的结果，实时地看到所选择的参数值所产生的影响。图 8-7 为特征提取工作流程。

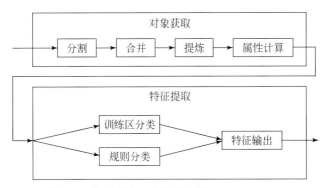

图 8-7　特征提取工作流程（据 Imanol，2009）

（1）图像分割

图像分割是指通过像素相似的特征值，包括亮度、光谱、颜色等，将整个图像分割成与真实世界的对象相对应的小的对象，进一步更加真实地模拟现实世界。面向每一多边形对象可计算出所包含像元的光谱信息以及多边形的形状信息、纹理信息、位置信息以及多边形间的拓扑关系信息等。具体的分类规则可以充分利用对象所提供的各种信息进行组合，以提取具体的地物。该过程的主要任务是分割参数（scale level parameter）的设置。

图像分割后，影像的最小可计算单元已不是单个像元，而是由同质像元组成的多边形对象。对象的大小由分割阈值来确定。参数范围为 0～100 的数值，用来控制分割结果对象的大小和复杂度。参数越接近 0 就生成越多的分割对象，其相对面积也越小；参数越接近 100 生成的对象越少，相应面积较大。

分割阈值的确定采用试误法来确定，通过目视解译方法来判断其效果，图 8-8 中，（a）、（b）、（c）分别为采用 50、80、70 为阈值对图像进行分割的结果，其中（a）呈现过度分割现象，（b）则分割不足，不能把不同地物，如居民点、植被与水域区分开，而（c）的分割较好，能够更明确地将目标地物区分开。

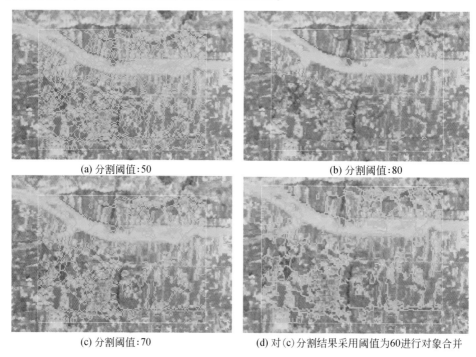

(a) 分割阈值：50   (b) 分割阈值：80

(c) 分割阈值：70   (d) 对(c)分割结果采用阈值为60进行对象合并

图 8-8 分割阈值的设定效果比较

（2）对象合并

第二步是对当前分割后的对象进行合并。目的是为了避免上一步骤产生过度分割现象。小的对象可以经过若干步骤合并成大的对象，每一对象大小的调整都必须确保合并后对象的异质性小于给定的阈值。因此，图像影像分割可以理解为一个局部优化过程，而异质性则是由对象的光谱和形状差异确定的，形状的异质性则由其光滑度和紧凑度等指标来衡量（Benz，2004；陈云浩，2006）。合并过程同样通过 0～100 的参数来控制。0 意味着不再合并，100 意味着将所有分割对象合并成一个对象。图 8-8 中 D 图是将分割阈值为 70

的 C 图进行对象合并后的结果，阈值为 60，其中一些相邻的同质性对象被合并成同一个对象。

（3）提炼

分割过程完成后，可以应用一个简单的阈值来去掉所有对我们无用的对象。这一过程只有当目标地物与背景能够明显被分开时才被应用，这样可以减少属性计算的计算量。

（4）属性计算

计算每一个分割对象的属性，包括如下几个。

光谱特征：包括每一个波段的最小、最大、平均及标准差等。

空间特征：包括面积、长度、形状等。

纹理特征：包括对象的范围、平均、方差及熵等。

通用特征：波段比、亮度、饱和度与强度等。

（5）分类

为了给分割后的对象赋予目标特征值，要对其进行分类处理。这种分类可以以两种不同的方式进行：基于规则的分类或基于样本的分类。规则分类是通过对对象属性限定具体条件来进行，用户要选择一个属性及其值的类别适应范围，可以通过逻辑操作来将几条规则合并使用。

在基于样本的分类中，软件通过用户提供的一系列训练区数据建立自己的规则进行分类。对于所寻找的每一种特征分类，用户需要选定若干个分割后的对象来提供样本以供软件建立分类算法。ENVI 中可用两种分类算法 K-最邻近法（K-nearest neighbors）和支持向量机（support vector machines）。

（6）特征输出

最后，分类结果输出为可以与 ArcGIS 通用的栅格或矢量的形式。

8.2.3.2 分类结果联合校正

ENVI Feature Extraction 允许用户添加辅助数据来帮助对影像进行分割。加入 DEM 数据辅助分割过程，在对各个时期的分类调整中要加入分类人的本身经验，以及专家意见，或从各种渠道，如历史数据查询、实地调查等获取的相关信息加入其中。

对各个时间节点的遥感数据［Landsat TM（1993 年）、Landsat ETM+（2001 年）及 CBERS2B CCD（2009）］分别进行分类，土地利用分类编码如表 8-1 所示。分类后采用基于 trajectory 的联合校正方法对分类结果进行联合校正。修改不符合实际的类别。

表 8-1 土地利用分类编码

土地利用类型	所包含的主要地类	编码
耕地	灌溉水田 旱地 菜地	1
海	海洋	2

土地利用类型	所包含的主要地类	编码
海岸	海岸	3
建设用地	城镇 居住用地	4
水域	河流水面 湖泊水面	5
未利用土地	裸地	6
特殊用地	盐场	7

分类结果修正：采用 trajectory 曲线结合专家信息，对几个时期的分类结果进行联合校正，发现问题时根据实地调查数据，或者到现场再次调查，确定其类别信息。

具体做法：将各个时间节点的分类结果转成矢量图（ENVI EX 中自动提供矢量结果），这样在修改属性时就可以对面对象进行属性修改，效率远远高于对单个的栅格进行修改。

存在问题：由于再分类过程中或在把分类结果转换成矢量的过程中，连片的对象是以一个面的形式来表达的，所以对矢量进行编辑时，编辑的对象就只能是一个面，如果面比较大的话就很难对局部进行编辑。例如，农地是研究区内比例较大的地类，而且经常连片出现，所以图斑面积很大，对该面进行修改即改变了分类结果中大面积的地物的属性，会产生更大的误差。

解决方法：将各个时期的矢量图两两进行相交分析（intersect），或者也可以对所有时间节点的分类结果同时进行 intersect 分析，将矢量图分割成更小的斑块（联合校正时的最小可计算单元）。同时矢量图的属性表里面包含对应于每个最小可计算斑块单元的各个时期的地类属性。根据 trajectory 曲线提供信息对属性表里面相应的不符合实际的属性值进行修改。例如，trajectory 值为 147，表示该点在 3 个时间节点的变化历程为"耕地—建设用地—盐场"，这种变化的可能性较小，而且盐场一般要毗邻海域，在研究区内陆出现盐场的机会很少。这时候就要参照野外调查点，或者是专家建议对该地区进行联合修正。如果实际调查结果是该地区那一时段出现问题，或者周围各个对象多数均为"144"，那么一般情况下需要将第三期的属性改为 4。但如果有证据表明该地区确实临海，且各个时期均没有发现问题，那么就要保持该值不变。又如，141 代表"耕地—建设用地—耕地"，如果做轨迹变化时出现了这种变化，那么分类错误的可能性很大，因为一般情况下不会有在分类时间序列内出现耕地变成建设用地，过几年又变回耕地的，即便是有也应该是特殊情况，要有证据表明，或者通过实地调查才能够确定其正确与否。如果不符合实际，很可能就是在第二个时间节点的分类中该点分类出现了问题，可能本来应该是耕地，而错分成了建设用地。其他的值，如 414、435、614 等可能性都值得怀疑。将人的经验通过轨迹分析过程参与到分类修正中去，这样可以非常方便地对分类结果进行修正，从而提高分类精度。

因为栅格数据格式计算比较方便，而且轨迹分析也是基于栅格数据的基础上来进行的，所以校正后的分类结果可以再转回栅格形式，用来做其他的分类后分析。转换方法：

利用各个时间节点的地类属性作为转换后栅格的属性值，将矢量图转成不同时期的分类结果。由于原矢量图中面与面之间边界并非严格的完全重合，转换后会出现一些零散的无数据漏洞，通过运用 Majority analysis 方法，采用 5×5 模板对转换后的栅格图层进行处理，可以消除漏洞。最终分类结果见图 8-9 ~ 图 8-11。

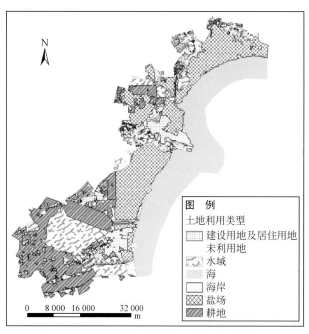

图 8-9　1993 年滨海新区土地利用格局分布图

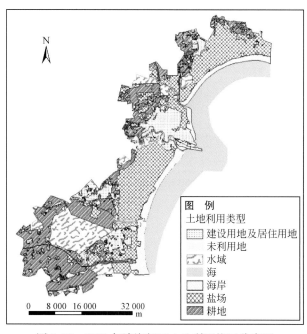

图 8-10　2001 年滨海新区土地利用格局分布图

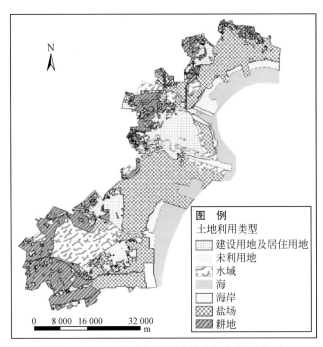

图 8-11　2009 年滨海新区土地利用格局分布图

在分类结果联合校正中，trajectory 能够很好地被用来辨识错误的分类结果，进行分类调整，尤其对于历史数据来说，很难直接找到实地真实数据，一般野外调查获取数据大多为当前实时的土地利用类型，对于历史数据，在野外调查中一般无法体现，所以一般历史数据的分类标志点与分类精度检验数据的获取有一定的局限性。基于轨迹变化曲线与专家经验相结合，再加上实地调查、走访、历史数据参考等手段，可以有效地对历史时期的分类结果进行误差校正，从而提高其分类精度。通过分类结果精度评价，分类精度均达到85% 以上，能够满足研究轨迹分析的需要。

8.2.3.3　基于分类结果的土地利用变化分析

研究区土地总面积加上部分海洋面积为 259 905.36hm²。由于研究区临海，政府对旅游和港口的决策使得每年土地面积都在增加。1993 年研究区陆地面积为 192 090.63hm²，2001 年研究区陆地面积为 206 387.47hm²，2009 年研究区陆地面积为 228 082.94hm²。其中土地利用在三个时点没有变化的面积为 167 375.74hm²，占研究区总面积的 64.3987%，其余为土地利用面积变化的部分。

表 8-2 为滨海新区三个时间节点的用地类型及所占研究区面积的比例。我们从图 8-9 至图 8-11 中可以看出海洋和未利用地在逐年减少，建设用地、盐场和海岸是逐年增加的，耕地为一期至二期增加、二期至三期减少，水域为一期至二期减少、二期至三期增加。

表 8-2　各个时间节点土地利用状况

地类	1993 年		2001 年		2009 年	
	面积/hm²	比例/%	面积/hm²	比例/%	面积/hm²	比例/%
耕地	51 779.44	19.92	55 642.42	21.41	46 520.09	17.90
海	67 814.73	26.09	53 517.89	20.59	31 822.42	12.24
海岸	3 182.45	1.22	15 380.20	5.92	16 345.54	6.29
建设用地	26 039.09	10.02	30 607.57	11.78	42 416.62	16.32
水域	34 517.66	13.28	28 670.60	11.03	35 881.04	13.81
未利用地	10 637.79	4.09	3 862.59	1.49	2 718.39	1.05
盐场	65 934.20	25.37	72 224.09	27.79	84 201.26	32.40
陆地面积	192 090.63	73.91	206 387.47	79.41	228 082.94	87.76
总计	259 905.36	100.00	259 905.36	100.00	259 905.36	100.00

　　利用遥感分类结果图，通过空间叠加，进行土地利用类型变化监测。根据各年度土地利用类型的时空转换情况，求得每两个时间节点之间的土地利用类型面积转移矩阵，见表 8-3、表 8-4。

表 8-3　1993～2001 年土地利用类型转移矩阵　　　　　（单位：%）

1993～2001 年	耕地	海	海岸	建设用地	水域	未利用地	盐场
耕地	82.08	0.00	0.00	2.77	7.92	39.60	8.30
海	0.00	78.92	0.00	0.00	0.00	0.00	0.00
海岸	0.00	19.70	58.99	0.21	0.09	0.00	0.09
建设用地	6.60	0.02	0.71	85.00	3.06	8.08	4.70
水域	1.05	0.00	0.00	1.69	77.15	7.17	0.45
未利用地	0.42	0.03	2.46	0.05	0.25	31.69	0.12
盐场	9.86	1.33	37.83	10.27	11.52	13.47	86.34

　　表 8-3 表示了 1993 年土地利用类型向 2001 年各种土地利用类型转换的比例，有 17.93% 的耕地转变为其他类型，主要分布在建设用地和盐场，分别为 6.60% 和 9.86%；海洋减少了 21.08%，其中 19.70% 转变为海岸；而且有 41.00% 的海岸变为其他类型，其中 37.83% 为盐场，原因为大力发展盐业造成的；未利用地变化最大，39.60% 转变为耕地，13.47% 变成了盐场。

表 8-4　2001～2009 年土地利用类型转移矩阵　　　　　（单位：%）

2001～2009 年	耕地	海	海岸	建设用地	水域	未利用地	盐场
耕地	78.96	0.00	0.00	5.01	1.80	1.09	0.68
海	0.00	59.01	0.00	0.00	0.00	0.00	0.34
海岸	0.00	13.89	57.33	0.00	0.00	0.32	0.11

2001~2009 年	耕地	海	海岸	建设用地	水域	未利用地	盐场
建设用地	8.89	0.00	12.62	93.24	1.85	21.25	7.81
水域	4.41	5.27	28.19	1.08	88.59	4.03	0.53
未利用地	0.00	0.00	0.00	0.00	0.10	68.34	0.07
盐场	7.74	21.84	1.86	0.68	7.65	4.98	90.45

从表8-4中2001~2009年转移矩阵可以看出，这一时期土地利用变化与前期有较大的不同。耕地总体转变了21.04%，主要转变成8.89%的建设用地、4.41%的水域和7.74%的盐场；海洋转变了41.00%，其中有13.89%转变为海岸，5.27%转变成水域，21.84%转变成盐场；海岸也发生了很大的变化，由于政府大力支持港口的发展和天津滨海新区纳入国家整体发展战略，导致12.62%变成了建设用地，未利用地也得到了很大的利用，有21.25%变成建设用地，4.98%变成了盐场。综上所述，2001~2009年，由于政府的决策使海岸面积得到扩大，港口增加，使得天津港成为世界大港之一。

8.3 基于轨迹分析方法的土地利用变化轨迹实现

8.3.1 轨迹计算及主要轨迹选取

轨迹分析是在天津滨海新区1993年、2001年、2009年三个时间节点分别遥感分类的基础上进行的。根据研究的具体目标以及土地利用类型的重要性，将原有7个土地利用类型合并为4个主要的土地利用类型，用于轨迹分析，如表8-5所示。

表8-5　合并后的土地利用类型表

类型	代码
植被	1
建设用地	2
水域	3
海湾	4

土地利用类别包括植被、建设用地、水域和海湾4种，用代码1~4来代替。研究的一个主要目的是找出主要的变化类型，并对其变化模式进行分析。根据前面列出栅格计算方法，可以对每一个栅格对应的几个时间节点进行轨迹分析，求得其变化轨迹。根据各个影响土地利用分类后的数据叠加可获得研究区土地利用类型的基于时间轨迹的变化图及数据。图8-12显示了所有可能发生的土地利用变化轨迹，其中像111、222、333、444之类的代码表示没有发生变化，在该点上一直保持某个土地利用类型不变，然而其他土地利用类型，如122、211、322等代表了该点上相应的土地利用变化。例如，133表示土地利用

在第二个时期从第一个时期的植被变成了水域，第三个时期未发生变化。理论上讲，根据排列组合可以求出土地利用变化轨迹的所有变化可能性为 4×4×4＝64 种（图 8-12）。但是实际变化类型远远没有这么多，有的变化是不会出现的，而且一般以主要的几种变化类型为主，所以有些小的变化类型可以被忽略掉。应用 5×5 的掩膜窗口，采用最大值分析方法，将研究区内包含栅格数较小的部分轨迹代码替换成其周边栅格代码中数量最大的轨迹代码。最终选取 17 种主要的轨迹代码做进一步分析（图 8-13），包括 3 种未发生变化的代码和 14 种发生变化的代码。

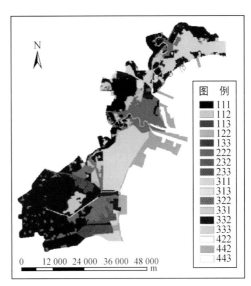

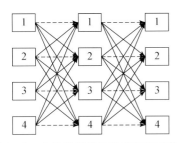

图 8-12　土地利用变化轨迹所有可能性

图 8-13　天津滨海新区主要土地利用变化轨迹分布图

8.3.2　基于主要轨迹的格局指数分析

图 8-13 显示了研究区所有主要变化轨迹。发生了变化的轨迹代码所在区域用彩色图例来表示，未发生变化的代码所在区域用灰度图例来表示。这样，土地利用变化发生区域在图中便一目了然。变化轨迹散布在研究区各个区域，但在沿海区域聚集比较明显。然而，在研究区东南部大港油田和部分小村庄所在地时，较少发生土地利用变化。在研究时段内未发生过变化的大型宗地主要包括中部和南部的大型盐场所在地，在图像上表现为水域。由此可以推断，土地利用变化主要发生在两块大型盐场所在地的中间区域和沿海区域，而在老牌工业基地变化较小。

在研究区，变化轨迹的景观指数包括 CA、PLAND、NP、LPI 和 LSI 被计算用来探测不同斑块类型的变化特征。表 8-6 列出了所有变化轨迹斑块的指数计算值，从表 8-6 中可以看出在研究时段内发生了巨大的变化。

表 8-6　变化轨迹的景观格局指数

类型	CA/hm²	PLAND	NP	LPI	LSI	状态	比例/%
111	85 498.29	38.24	27	23.49	10.31		51.87
333	48 731.94	21.80	44	10.50	8.29	未变化	29.56
222	30 606.48	13.69	126	3.40	12.85		18.57
442	18 761.58	8.39	33	4.11	3.96		31.95
332	10 103.13	4.52	23	0.62	7.49		17.21
112	8 375.04	3.75	36	0.70	9.42		14.26
133	6 137.10	2.75	5	1.15	3.73		10.45
113	3 901.59	1.75	5	0.90	3.04		6.64
322	3 638.07	1.63	3	1.47	2.77		6.20
331	3 626.37	1.62	3	1.51	2.65	变化	6.18
122	2 070.63	0.93	17	0.17	5.65		3.53
313	766.44	0.34	1	0.34	1.15		1.31
233	511.74	0.23	1	0.15	2.12		0.87
311	283.50	0.13	4	0.04	2.88		0.48
443	241.74	0.11	5	0.07	4.27		0.41
232	177.03	0.08	1	0.08	1.06		0.30
422	123.84	0.06	1	0.06	1.43		0.21

通过变化轨迹的格局指数，可以对所有变化轨迹类型的变化分布特征进行对比。未发生变化的轨迹代码（如 111、222、333）所在区域占整个研究区面积的 72%，所有变化类型所占区域面积占整个研究区的约 28%。在所有发生过变化的轨迹类型中，442 占 31.95%，是研究区所占面积最大的变化类型。涉及海域变化的轨迹类型还有 443，占变化类型的 0.41%，422 占 0.21%。这些代码意味着在第二个阶段大约 18 761.58hm² 的海域变成了建设用地，还有 241.74hm² 的海域变换成了内陆水域（轨迹 443）。而在第一时段内，仅仅有 123.84hm² 的海域转变成建设用地。人类活动在这些土地利用变化中扮演着重要的角色，这些变化轨迹都具有较小的 LSI 值也证明了这一点。该指数表面当地居民不断的填海造陆，特别是在第二个时间段内，2001 年以后更加突出。另外两个占比例较大的轨迹代码为 332 和 112，变化均发生在第二个阶段，土地利用类型分别由植被和水域变成建设用地，变化总面积为 18 478.17hm²，而相对应的变化在第一个阶段发生的面积为 5708.70hm²（轨迹代码 322 和 122），这就更进一步证明了自从 2001 年后的第二个阶段中进行了大规模的建设用地开发利用活动，致使土地利用大规模的转向了建设用地。

变化规律和现实相符。人类活动在土地利用变化过程中发挥了重要作用，它是影响环境变化的最重要的驱动力之一（张宏斌，2001；曲福田等，2005；吴次芳和杨志荣，2008；吴次芳等，2009）。

8.4 基于元胞-马尔科夫模型的土地利用发展趋势预测

8.4.1 元胞自动机模型

发展 LUCC 情景预测模型，模拟不远将来不同情景下的土地利用变化格局，考察和评估土地利用系统变化的现实和潜在生态环境影响和反馈过程，已经被众多的研究者认为是揭示土地利用系统与陆地生态系统之间相互作用机制、优化土地利用格局、降低未来土地利用过程潜在生态风险水平的有效途径之一（蔡运龙，2001；史培军等，2000）。LUCC 预测模型的研究已经成为目前 LUCC 研究的重点问题之一。LUCC 的智能模拟预测模型根据定义的转换规则进行学习和反馈，以实现土地利用的优化布局和空间模拟（唐华俊等，2009）。该类模型一般要以计算机编程为基础，依托 GIS 平台实现。元胞自动机模型（CA模型）是一种主要的智能模拟预测模型，该模型通过对其转换规则的定义和扩展，可以将最适宜的用地分配给优先配置的用地类型，有效地实现土地利用的时空动态模拟（何春阳等，2005）。

CA 模型是一种时间、空间、状态都离散，空间上相互作用及时间上因果关系皆局部的网络动力学模型。它是现代系统科学、非线性科学与人工生命、遗传算法相互交叉、渗透产生的，其固有的强大的并行计算能力以及时空动态特征，使得它在模拟空间复杂系统的时间动态演变方面具有自然性、合理性和可行性。目前，CA 已经逐渐成为一个国际前沿的研究领域，被广泛地应用到社会学、生物学、信息科学、计算机科学、数学、物理、化学、军事科学等研究中。CA 在我国的研究刚刚起步，对于环境科学和生态学领域 CA 还很陌生，CA 在环境科学领域有着广阔的应用前景。

8.4.1.1 CA 的基本概念

元胞自动机（cellular automata，CA，也有人译为细胞自动机、点格自动机、分子自动机或单元自动机），是一个时间和空间都离散的动力系统。散布在规则格网（lattice grid）中的每一元胞（cell）取有限的离散状态，遵循同样的作用规则，依据确定的局部规则作同步更新。大量元胞通过简单的相互作用而构成动态系统的演化（黎夏和叶嘉安，2002）。不同于一般的动力学模型，元胞自动机不是由严格定义的物理方程或函数确定，而是用一系列模型构造的规则构成。凡是满足这些规则的模型都可以算作是元胞自动机模型。因此，元胞自动机是一类模型的总称，或者说是一个方法框架（邱炳文和陈崇成，2008）。其特点是时间、空间、状态都离散，每个变量只取有限多个状态，且其状态改变的规则在时间和空间上都是局部的（赵建军等，2009）。

CA 模型最大的优点是，通过定义局部的元胞邻近关系以及使用比较简单的作用于元胞邻域上的局部的转换规则，可以模拟和表示整个系统中复杂现象的时空动态变化。元胞自动机具有离散性、同步性、齐质性、局部性、时空动态性和简单性等特征（李宗花和叶

正伟，2007），可表达为

$$A = (L_d, \ N, \ S, \ f) \tag{8-1}$$

式中，L 为元胞空间；d 为一正整数，表示元胞自动机内元胞空间的维数；S 为元胞的有限的、离散的状态集合；N 为一个所有邻域内元胞的组合（包括中心元胞），即包含 n 个不同元胞状态的一个空间矢量，记为

$$N = (s_1, \ s_2, \ \cdots, \ s_n) \tag{8-2}$$

式中，N 为元胞的邻居个数；$s_i \in Z$（整数集合），$i \in \{1, \ 2, \ \cdots, \ n\}$；$f$ 为 S_n 映射到 S 上的一个局部转换函数。所有的元胞位于 d 维空间上，其位置可用一个 d 元的整数矩阵 Z^d 来确定。

8.4.1.2　CA 的构成（据周成虎等，1999）

（1）元胞（cell）

元胞又可称为单元，或基元，是元胞自动机的最基本的组成部分。元胞分布在离散的一维、二维或多维欧几里得空间的晶格点上。

（2）元胞状态（status）

元胞状态是指元胞具有的有限状态 $\{S_0, \ S_2, \ \cdots S_i \cdots S_k\}$ 的集合。最简单的元胞状态可以用（0，1）二进制形式表示。一般情况下，元胞自动机的元胞只能有一个状态变量。但在实际应用中，往往可以将其进行扩展，使每个元胞可以拥有多个状态变量。

（3）元胞空间（lattice）

CA 在空间划分上，可以分为一维、二维和多维。通常在地理现象的模拟中采用二维的 CA 模型。在二维 CA 空间中，元胞单元又可以分三角、四方或六边形等多种排列形式。其中四边形的元胞单元在邻域确定和元胞间的作用分析上都较为简单，如图 8-14 所示。

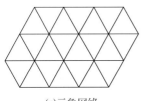

(a)三角网络　　　　　　　　(b)四方网络　　　　　　　　(c)六边网络

图 8-14　二维 CA 的网格划分（根据徐昔保，2007）

（4）邻居（neighbor）

在元胞自动机中，一个元胞下一时刻的状态取决于本身状态和它的邻居元胞的状态。因而，在指定规则之前，必须定义一定的邻居规则，明确哪些元胞属于该元胞的邻居。邻居是按元胞周围一定的形状划定的元胞集合，它们影响元胞下一时刻的状态，通常以半径来确定邻居，设定半径范围内的所有元胞均被认为是该元胞的邻居。以正方形为例（图 8-15），其邻域可以是上、下、左、右包括本身的 5 个单元的冯-诺依曼（Von. Neumann）型邻居，也可以是 9 单元的摩尔（Moore）型邻居（上、下、左、右、左上、

右上、右下、左下相邻八个元胞为该元胞的邻居），以及扩展摩尔（Moore）型邻居（将以上的邻居半径 r 扩展为 2 或者更大），此外还有马哥勒斯（Margolus）型邻居等。

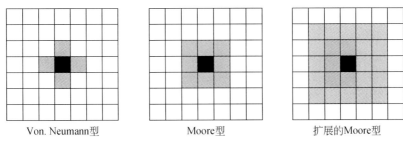

Von. Neumann型　　　　　Moore型　　　　　扩展的Moore型

图 8-15　元胞自动机的邻域模型

（5）转换规则（rule）

转换规则也称为转换函数，即根据元胞自身和邻居当前状态确定下一时刻该元胞状态的规则或函数。转换函数构造了一种简单、离散的空间/时间范围的局部物理成分，是元胞自动机的核心（郑凤燕，2009）。它表述被模拟过程的逻辑关系，决定空间变化的结果。元胞自动机只有引入了转换规则后，才能模拟复杂的空间动态过程。

CA 的转换规则包括以下几种。

1）直接确定。对于给定的元胞和邻域情况，直接确定转换结果，即元胞下一时刻的状态。

2）隐含确定。通过一些公式的计算和推导，进行转换。

3）多步计算。把 CA 的转换规则分解成几步，既清楚明了，又便于运算。

4）概率性计算。对于一个给定的元胞和邻域，没有一个确切的唯一结果。这种转换规则给出可能的几种转换结果和相应转换概率，所有转换概率的和是 1。

（6）时间（time）

元胞自动机模型是随时间（或步长）变化的动态系统，通过对现实过程的抽象，将过程在时间维上进行离散。对于地理元胞自动机而言，地理现象的时间尺度分析是确定元胞自动机时间步长的基础。元胞自动机是一个动态系统，它在时间维上的变化是离散的，即时间 f 是一个整数值，而且连续等间距。假设时间间距 $d_t = 1$，若 $t = 0$ 为初始时刻，那么，$t = 1$ 为其下一时刻。在上述转换函数中，一个元胞在 $t+1$ 的时刻只（直接）取决于 t 时刻的该元胞及其邻居元胞的状态，虽然，在 $t-1$ 时刻的元胞及其邻居元胞的状态间接（时间上的滞后）影响了元胞在 $t+1$ 时刻的状态。

8.4.2 轨迹分析与 CA 结合的可能性

景观格局演化过程模拟是一项十分复杂的系统模拟，而从微观的角度入手建构新的方法从而揭示系统的规律，一直是复杂系统研究较为活跃的领域。元胞自动机与轨迹分析的各自特点，决定了它们都适合于空间信息的时空动态分析，尤其是时空动态过程的模拟。

1）在结构上，元胞自动机采用"自下而上"的构模方式，符合景观作为复杂系统的形成规律及其研究方法。"复杂来自于简单"，只有从景观单元的状态和行为入手，模拟它们的相互作用，才能在根本上解决复杂性问题。而且，它没有一个既定的数学方程，只是一个建模原则，因此具有很好的开放性和灵活性，更符合人们认识复杂事物的思维方式（周成虎等，1999）；轨迹分析模型结构也比较简单，在自然环境下可以得到很好的限定，它是一种综合的方法框架，在该框架下，可以将不同的具体方法集成应用，与将完整的变化过程分开进行处理的抽象数学模型形成了鲜明的对比。

2）在时空动态模拟方面，元胞自动机是一个基于微观个体相互作用的时空动态模拟模型，将地理实体的空间和时间特性统一在模型中，通过划分研究对象的元胞空间和研究初始状态及状态转换规则，元胞自动机就可以自行迭代运算，模拟景观的演化过程；同样，轨迹分析主要用来识别景观随时间变化的轨迹过程，具有时空动态特征。

3）在对连续时空的模拟方法上，元胞自动机将空间和时间离散化，适合于建立计算机模型；轨迹分析也是将时间维与景观格局相结合，其对客观世界的表示也是离散的，但该模型能够让我们从最高的过程完整性上来探求其变化规律性，这对于元胞自动机（一个元胞在 $t+1$ 的时刻只直接取决于 t 时刻该元胞及其邻居元胞的状态）来说是一个有益的补充。

4）从对数据对象要求的角度来看，元胞自动机具有不依赖数据比例尺的概念，元胞只是提供了一个行为空间，本身不受元胞空间测度和时间测度的影响，时空测度的影响通过转换规则体现。因此元胞自动机可以用来模拟局部的、区域的景观演化过程；轨迹分析很容易被应用于时间序列数据，与数据的来源无关。

5）从数据模型的角度看，元胞自动机中的元胞和基于栅格 GIS 中的栅格一样，所以元胞自动机易于和 GIS、遥感数据处理等系统集成；轨迹分析通过基于每一点（可以是 GIS 中的栅格，或者 CA 中的元胞）的变化过程进行研究，揭示自然系统运行的规律性，识别其驱动机制，最终找出其控制原则。

根据以上分析，轨迹分析方法能够很好地与元胞自动机模型相结合，突出时空动态特征。本章在研究 CA 模型的基础上，结合 LUCC 轨迹特点以及轨迹分析思想，对 CA-Markov 模型进行扩展，用来对未来土地利用发展情况进行初步预测。

8.4.3 天津滨海新区土地利用变化模拟

在研究 CA 模型的基础上，结合 LUCC 轨迹特点以及轨迹分析思想，对滨海新区土地利用发展变化情况进行了初步模拟实验。

首先通过对三期遥感影像包括 1993 年 Landsat TM 影像、2001 年 Landsat ETM+影像和 2009 年 HJ1A 影像进行计算机分类，在子类提取的基础上进行类别综合，得到几个综合的土地利用类型，分别用代码 1~4 代替（1—农用地；2—建设用地；3—水域；4—海域），得到各个时间节点的土地利用分类图。

利用轨迹分析对各期土地利用图进行轨迹计算，得到土地利用变化轨迹空间分布图，通过与影响土地利用变化的自然、社会因子相叠加获取时空演变规律作为元胞自动机的元胞转换规则对土地利用进行动态模拟,得到 8 年后土地利用图(图8-16)。图8-16 代码中每个数字代替土地利用类型同前。

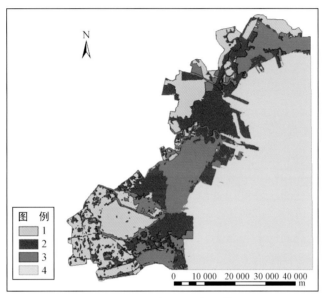

图 8-16　土地利用变化轨迹模拟

8.5　基于 Agent Analyst 的土地利用变化智能体模拟

8.5.1　智能体模拟技术

　　智能体模型(agent-based model)或称基于智能体的模型或 ABM,其最早出现并应用于人工智能领域,结合了人工智能及计算机模拟学科领域的先进成果,顾名思义,其主要组成是智能体,智能体的应用学科和领域很广,但没有一个具体的定义,可以将其理解成存在于一个事先设定好的环境中,并可以和环境及环境中其他智能体相互交互和作用的个体。智能体具有很多的特性,如反应性、自主性、能动性、目标性等。智能体的这些特性使得由其构建的模型具有比较高的模拟精度,并能较好地反映现实世界的情况。

　　智能体模型主要由具有行动规则的智能体、预定义的环境等构成,是一种自下而上的研究方法,通过把现实世界中的一种或多种个体抽象定义为智能体,再将其放到事先设定好的环境中去,并定义智能体自身、智能体与环境、智能体与智能体的交互规则和相互作用,使其完成对现实世界某一问题和现象的模拟。随着其技术的成熟,智能体模型已逐步运用到很多社会模型、商业经济模型等模拟中,具有模拟精度高、易构建、贴近事实等优点。根据问题的分布式及复杂性,智能体模型可以分成单一智能体模型和多智能体模型,本章根据研究深度和实际工作量，采用的是单一智能体模型进行模拟。

（1）智能体模拟的优点

就传统的关于土地利用变化的研究模型来说，其多只是静态的模型，无论是研究方法还是研究手段都存在着诸多的局限性，或者只能从某一方面或某一个维度对土地利用变化进行简单的模拟，而且往往表达的是空间的静态信息，无法呈现空间及时间上每一个结点的土地利用情况，且对影响土地利用变化的主要实体，如人（企业、个人、政府等）及其他外界环境因素（交通网、河流、坡度等）等不能综合考虑，即不能进行多尺度、复杂性的模拟。因此，利用传统的模型来研究土地利用变化趋势拥有诸多弊端，不能直观地看到模拟结果的连续变化，不能综合的考虑时间、各种行为主体、环境等对其变化的影响（曾辉等，2003），从而使模拟结果并不理想，其模拟的精度也不高，甚至与实际差别很大。

通过利用智能体构建模型来进行模拟是后来学者解决这一问题所提出和运用的一种方法，也正是本研究所利用的技术途径之一。与传统方法相比较，它的模型具有多维性和全面性，无论是时间、空间、环境还是参与模拟的主体上，打破了传统模拟的局限性，更加充分地综合考虑不同维度、不同主体、不同环境对最终结果的影响，使模拟结果能最大限度地贴近事实并具有更高的参考价值。智能体模型相较于传统的土地利用变化模型来说，一方面其整合了许多传统模拟方法的优点，另一方面更加突出了智能体（agent）的自主能动性以及其与其他智能体和环境的交互作用。

（2）智能体模型模拟及智能体行动的原理

1）智能体模型模拟的原理。在利用智能体模型进行模拟时，我们往往是根据总结智能体及环境在整个模拟过程中各方面所发生的变化来得出相关模拟结果。

模型通过事先设定好的环境和参数，以及定义的环境及智能体的行动规则，按照时间表上的模拟进度安排，根据用户定义的模型运算规则，将以上几个部分带入到模型运算中去，并将每一个模拟时刻模型所发生的变化通过 ArcMap 等界面展现给用户，并且可以以图表等形式输出用户想了解的模拟中智能体模型发生的某些变化。这便是智能体模型模拟的基本原理。

2）智能体变化的机制。导致智能体发生变化的机制或者说原理，就是通过在模型设计之初，根据对模拟对象或事件的分析，得出影响智能体变化的各因素，包括环境因素、物理约束、政策性因素及其他适宜性因素等，在本章中，结合嘉善实际情况，主要考虑的是交通、城镇边界等适宜性因素，其他细微因素暂不考虑。这些分析得出的因素是导致模型中智能体发生变化的主要动力。

在得出这些因素后，需要考虑的是如何运用模型识别或引用的方式来表达这些因素。其中有些因素需要利用空间地理数据等将其转换成模型及 ArcGIS 能够识别并表达和操作的矢量、栅格图层或其他数据类型，有些需要在模型中利用所采用的程序原语言来描述，不管属于哪一种，最后都会将其利用程序语言在模型中得以实现，使其参与到模型运算中去。

等这些影响智能体变化的外界因素处理完成后，接下来就需要定义这些因素是如何影响智能体的，即通过程序语言定义智能体在环境中的移动及变化规则，以及环境的行动规则等。这里主要是通过将不同影响综合后的值加给中心城区地块图层的土地利用状态字段，使其值发生改变，因这一字段是图层符号化依据字段，所以其值的改变可以通过 ArcMap 显示窗体直观地看到。以上就是模型中各因素综合作用下导致智能体变化的简单机制。

3）智能体的选择及其在模拟环境中的表现。在智能体模型构建过程中，智能体的选择是关键，前面我们提到，根据问题的分布式及复杂性等，一般的智能体模型可分为单一智能体模型和多智能体模型，前者一般应用于简单或者模拟精度要求不高的模型，后者多应用于有较高复杂性、模拟精度要求高的现象或问题的建模（蔡玉梅等，2004）。智能体的选择需要根据研究对象及所掌握数据的实际情况、模拟的精确性、模拟的简洁性等来科学的定义，根据建模对象的实际情况以及最终目的合理地选择智能体模型可以更加真实地反映并模拟现实世界的对象。

在构建智能体模型之前，需要先分析确定模型所采用的智能体。就拿土地利用模型来说，智能体的选择就有很多种，如果想详细研究各土地利用类型的变化，可以选择由已经分好类的栅格影像数据作为智能体，也可以选择农民、商人、政府等组合构成的多智能体，这是根据预期目标及模拟要求而决定的。

智能体在模拟中的表现，即智能体是以何种直观的方式让人们清楚地看到在模型中所规定的诸多因素的影响下所产生的变化，如智能体的移动、颜色的变化、大小的变化等，智能体的表现选择不恰当可能导致模拟结果体现的不够全面，或者根本看不出诸多因素对智能体的影响情况。

出于工作量及实际所掌握的数据等的考虑，本文所模拟的土地利用变化并没有去进行细致的分类，即并没有具体地去分析哪些地块是耕地，哪些是林地、水体、商业区、保护区等。本文只是简单地分析了每个地块其土地利用强度的变化，并将其分为三类：未开发地块（undeveloped）、一般开发地块（developed）和高密度开发地块（high-developed），其字面意思已经反映了具体的含义。通过将这一特性单独作为一个字段添加到中心城区地块图层的属性表中，然后利用这一字段对图层进行符号化，选择合适的颜色渲染方式，并通过设置，将各因素对智能体的综合作用通过改变这一字段值来实现，在模拟过程中，图层进行实时更新，这样便可以很清楚地看到模拟中任意时刻土地利用强度的变化状况。

8.5.2 智能体模型构建

(1) 智能体选择及其在环境中的表现

本文选用中心城区各地块构建单一智能体来进行研究。智能体在模拟中的表现，即智能体是以何种直观的方式让人们清楚地看到在模型中所规定的诸多因素的影响下所产生的变化，如智能体的移动、颜色的变化等，本文中智能体在环境中的表现通过属性表中相应字段的值及符号化分为三类：未开发地块（undeveloped）、一般开发地块（developed）和高密度开发地块（high-developed）。

(2) 参数及影响因子的分析设置

根据对嘉善县及其中心城区的区位、地理环境、经济等综合因素的分析可知，影响研究区土地利用变化各因素主要包括如下几个。

适宜性因素：距主干道距离、距次干道距离、距中心城镇距离。

环境约束因素：包括开发建设所允许的最大坡度，河流航道及其缓冲区、公园等限制开发或开发难度较大的地区等。

土地利用政策约束因素：包括基本农田保护区、政策性保留用地，以及其他受到土地利用政策约束的区域等（张安录，1999）。

领域因素：一个地块周围地块的土地利用状况对于其本身的土地利用状况而言有着一定的影响。

本章在最后的模型设计中只考虑了适宜性因素，并将其作为可调节参数放置到设置面板当中。虽然其他因素没有考虑，但可以在未来工作中添加这些要素的影响，原理基本相同。

智能体行为，即智能体在模型模拟过程中所执行的所有行动，规定了智能体在模拟过程中该如何去做决策。在本论文所研究的土地利用变化模型中，智能体需要执行以下两大类的行动。

1）地块智能体的初始化。也就是首先获得地块智能体相关的自身信息，包括各地块中心点的获取；各地块面积的初始化；各地块其土地利用现状的初始化；各地块相关信息提取；权重信息的提取等。

2）地块智能体在各模拟阶段应执行的行动规则。距中心城镇的距离情况分类；计算各地块土地利用变化总的适宜性等级；判断某一地块被高度利用的可能性、添加一些随机因素等。这些行动决定了智能体在环境中是否发生变化以及如何变化。

3）智能体层字段定义。字段是模型的重要构成部分，记录了模型运行所产生的所有信息。智能体层主要包含 12 个字段，这些字段的主要功能是用来记录模型运行过程中智能体的相关信息。图 8-17 是智能体层的相关字段。

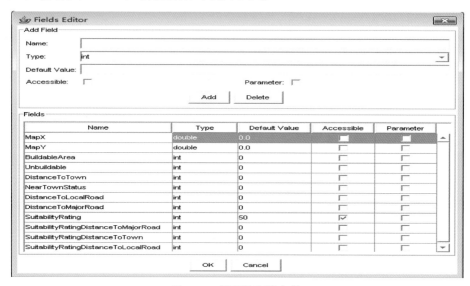

图 8-17　智能体字段定义

4）智能体时间表定义。在智能体层及模型层的属性栏中，有一个 Schedule 项，可以将 Schedule 看成是模型模拟的时间调度器和行动控制器，它规定了模型各层级的行动在什么时候执行，以及执行多长时间，对模型设计来说也是关键的一步。图 8-18 是智能体层 Schedule 栏定义的行动。

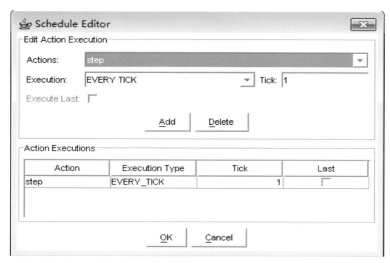

图 8-18　智能体层时间表定义

（3）模型层设计和实现

1）模型层行为定义。模型层是智能体层的上一级，管理着智能体层的所有行动，与智能体层存在着紧密的交互，共同构成了一个完整的模型，图 8-19 是模型层行为的定义。模型层的行动大体也可分为两大类。

图 8-19　模型层行为定义

①模型初始化。为模型模拟开始做前期准备，主要包括：初始化地块智能体；初始化模型层级的一些变量；检查用户输入变量的合法性；设置模型模拟所需数据图层等。

②模型层在各模拟阶段应执行的行动。这里主要包括：记录模拟进程或阶段；实时更新模拟进程中 ArcMap 显示；为下一阶段的模拟调整一些适宜性等级或边界等。

2）模型层的字段定义。模型层级的字段比智能体层的要多，有四十多个，但其作用大体上是相同的，都是记录模型运行过程中模型层及智能体层的相关信息，图 8-20 是模型层所定义的相关字段。

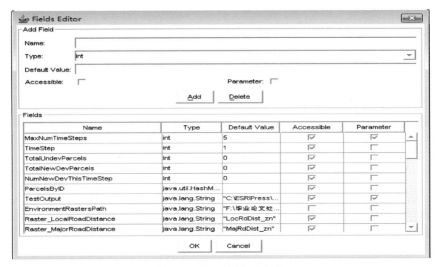

图 8-20　模型层字段定义

3）模型层模拟时间表定义。模型层的模拟时间表，它的组织形式及其作用与智能体层的基本一致。图 8-21 是模拟层模拟时间表的具体内容。

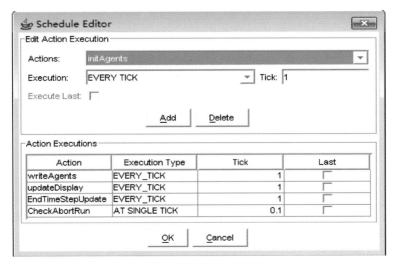

图 8-21　模型层时间表定义

4）模型调试和运行。模型构建完成后调试运行图如图 8-22 所示。

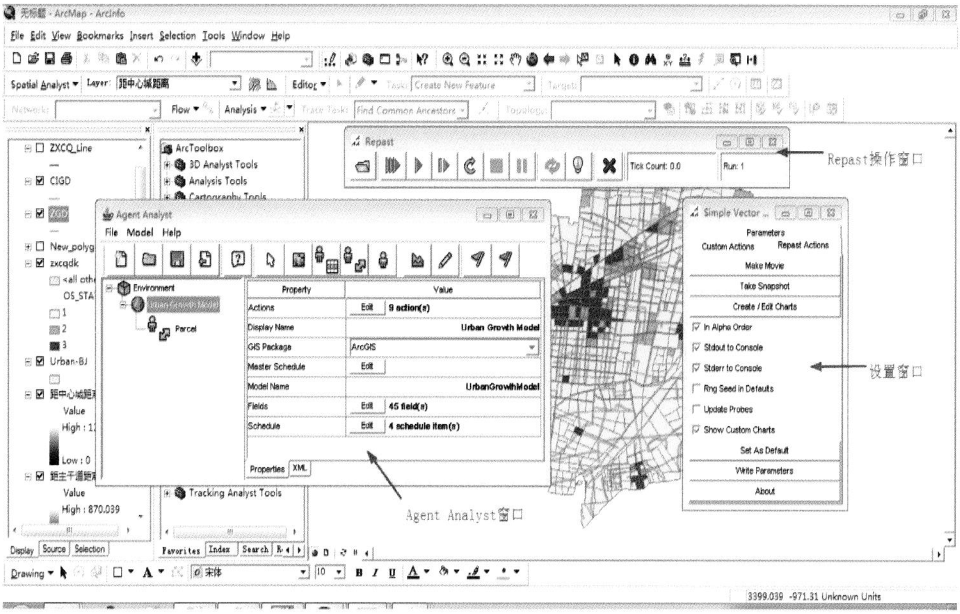

图 8-22　模型运行界面

8.5.3　模拟及结果分析

（1）模拟方案

利用 2000 年研究区的土地利用状况图作为模拟第一阶段，通过设定两组参数，来模拟 2010 年研究区土地利用状况，并将模拟结果与 2010 年的实际情况进行比较。之后再利用原始数据模拟 2015 年研究区土地利用状况，并预测研究区土地利用变化的未来发展趋势。

在模拟中，通过设定两组不同的参数来分别模拟研究区 2010 年及 2015 年的土地利用状况，这两组参数见表 8-7。

表 8-7　模拟采用的参数组　　　　　　　　　　（单位：km）

可调节权重值	距主干道距离	距次干道距离	距中心城镇距离
参数组一	0.5	0.25	0.25
参数组二	0.4	0.2	0.4

（2）模拟结果

分别利用参数组一、参数组二模拟 2010 年、2020 年研究区土地利用状况所得结果。

(3) 模拟结果分析

1）参数所占不同权重对于模拟的影响及其比较。从利用参数组一进行模拟所得的研究区 2010 年及 2020 年土地利用状况可以看出，三个参数对研究区地块的土地利用变化起着决定性作用，并且与其自身所占权重有着密切的关联，最后地块的土地利用强度分布与各参数对地块影响力分布呈正相关。

2）研究区 2010 年模拟情况与实际情况比较。利用两组参数模拟所得结果都能较好地反映实际情况，其土地利用分布及趋势与实际情况相似度高，但也存在着诸多差别，这与模型构建的不详细有关。

3）研究区未来土地利用状况预测。从模拟结果可以看出，被高强度利用的区域进一步扩大，与主干道及中心城镇的分布存在密切联系。

第9章 典型地区海岸线变化及其与经济发展关系研究

本章首先基于 Landsat MSS/TM/ETM+/OLI 系列遥感数据研究了 1995~2015 年天津滨海新区海岸线的变迁情况，再通过相关性分析研究了海岸线增长与 GDP 增长之间的相关性，最后采用"脱钩弹性指数"模型研究了时间序列内天津滨海新区围填海增量与 GDP 增量之间的脱钩关系及其变化特征，并结合相关因素分析了海岸线变化及其脱钩类型变化的原因。结论指出：①时间序列内天津滨海新区海岸线呈增长趋势，2005 年之前海岸线增长较慢，2005~2010 年海岸线急剧增长，到 2015 年增速下降，但增量仍然很大，海岸线长度达到 321.90km。海岸线增长的主要因素是人类的围海造陆活动，围填海主要类型为建筑用地和湿地。②时间序列内天津滨海新区海岸线增量与 GDP 增量之间呈中度相关，两者相关性为 0.704，在 0.01 水平上显著相关。③天津滨海新区围填海增量与 GDP 增量之间的脱钩弹性系数可划分为三个阶段：波动下降期—平稳过渡期—平稳期，三个阶段的脱钩类型分别为扩张负脱钩—弱脱钩—强脱钩。脱钩分析结果表明天津滨海新区经济增长对围填海的依赖性逐渐减弱。通过对天津滨海新区政策发展规划的分析，2005 年国家将天津滨海新区划入"国家发展战略"后，天津滨海新区进行了全面的围填海规划，海岸线长度急剧增长，给当地经济带来了巨大效益。随着围填海工程的进行，经济产业结构发生转移，围填海所起到的作用逐渐降低，而由围填后的工业、商业等活动拉动当地经济的发展，围填海增量对 GDP 增量的影响逐渐减小。从可持续发展战略来看，天津滨海新区产业结构逐渐走向合理化、规范化的发展道路，进一步规范海岸线增长将对当地经济起到越来越大的促进作用。

9.1 引　言

自 2005 年 10 月，天津滨海新区被纳入国家总体发展战略以来，天津滨海新区围填海进入加速发展阶段（孟伟庆等，2012）。由此引起了众多学者对天津海岸线变化或围填海的研究。胡聪等（2014）采用层次分析法和德尔菲法分析了天津围填海工程对海洋资源环境的影响。孟伟庆等（2012）基于 Landsat TM 数据对天津滨海新区 1979 年以来海岸线变化进行了研究，并分析了海岸线变化给生态环境带来的影响，针对这些影响提出了相应的建议；李建国等（2010）采用了同样的方法研究了 2000~2010 年海岸线时空变化特征，并进一步分析得出围海造陆、港口建设等人类活动是推动海岸线变化的主要因素。李秀梅等（2013）对比分析了环渤海区域的天津港、曹妃甸港、黄骅港、天津汉沽、天津大港等区域的海岸线变化，并指出人类的开发活动是造成海岸线变化的主要因素。秦文翠等（2015）、刘保晓等（2012）等利用遥感数据，采用转移矩阵的方法分别研究了天津滨海新区海岸带和天津港区的土地利用时空格局变化情况，刘保晓更进一步分析了土地利用变化的驱动因子，指出港口专业化发展、宏观和微观政策以及个体目标驱动是主要驱动因素。目前关于天津滨海新区海岸线方面的研究基本和上述研究类似，可以总结出一点，上述研究都是对天津海岸线变化或围填海变化的研究，有的分析了变化的驱动因子，有的分析了对环境带来的影响并提出相应的整改建议。这些研究对合理规划、管理天津滨海新区围填海工程具有一定借鉴意义，并给环境保护敲响了警钟。但是围填海的目的就是为了提高海岸线利用率，建设国际性港口用于货物运输，提高开发开放程度，从而促进当地经济增长。这一系列高强度的人类活动必然是造成海岸线变化的主要原因。从目的来看，研究海岸线变化对经济增长的影响特征及变化趋势，似乎很有研究价值，这可以为合理规划、管理海岸线提供参考。而且从目前的研究成果来看，尚未发现有关海岸线与经济发展之间的研究，这也使得本文极具研究意义。

有关围填海与经济发展之间关系的研究目前尚未发现，通过阅读文献发现，国内外有不少关于耕地变化与 GDP 之间脱钩关系的研究（杨良杰等，2014；王莉等，2012；刘瑞等，2013；刘年康等，2012；肖丽群和吴群，2012；Zhai and Chai，2006；Beca and Rui，2014；Chai and Yue，2005），更进一步的分析发现，脱钩分析目前广泛应用于土地资源（陈百明和杜红亮，2006；张勇等，2013；李效顺等，2008；曹银贵等，2007）、资源能源消耗（陆钟武等，2011；关雪凌和周敏，2015）、生态环境（钟太洋等，2010；赵兴国等，2011）、交通量（Tapio，2005）等方面的研究。在耕地变化与 GDP 关系的研究方面，陈百明和杜红亮（2006）根据 OECD（2001）（经济合作与发展组织）对脱钩的定义论述了中国耕地占用与 GDP 增长之间的脱钩关系。郭琳和严金明（2007）则在此基础上通过构建中国建设用地占用耕地指标与经济发展指标研究了两者之间的脱钩关系及其空间分异特点，进而对耕地保护政策的实施效果进行评价。曹银贵等（2007）借鉴 OECD 的脱钩指数法，对比分析了不同区域各时间节点耕地数量变化与 GDP 变化之间的关系，同时将耕地面积与 GDP 值进行了回归曲线分析，结论指出，脱钩理论有利于进一步深化土地利用的研究。上面这些研究相对较早，都采用了 OECD 在 2001 年提出的脱钩指数方法研究脱钩关系，但这种方法仅能判断两个研究对象之间是否脱钩，而不能对于脱钩程度进行进一步的划分。Tapio（2005）在研究芬兰城市经济与道路交通情况时提出"脱钩弹性系数"的概念，并构建了弹性系数模型用于定量化脱钩类型。将脱钩类型分为强脱钩、弱脱钩、扩张连接、扩张负脱钩、强负脱钩、弱负脱钩、衰退连接、衰退脱钩共八类。后来许多学者将这一模型应用于各个领域进行研究。Wei 和 Liu（2015）采用了 Tapio 的弹性系数法分析了中国农村居民地面积与农村人口之间的脱钩关系；Zhu 等（2013）将这一模型应用于水资源利用与 GDP 增长之间的研究；王莉等（2012）等将该模型应用于低碳经济与土地集约利用的脱钩分析；易平等（2014）等用该模型研究了嵩山世界地质公园旅游经济增长与生态环境压力的脱钩状况；杨良杰等（2014）、郝丽等（2014）、叶懿安等（2013）等将该模型应用于研究碳排放与经济增长的脱钩状况分析；王鹤鸣等（2011）、陈浩和曾娟（2011）采用该模型研究了经济发展与资源或能源消耗之间的脱钩关系。这些研究广泛地涉及能源资源、交通、生态环境、人口、经济发展等多个方面。就已有的成果来看，目前尚未发现关于海岸线与经济发展之间的脱钩关系研究。

因此，本文以天津滨海新区为研究区域，首先研究 1995～2015 年天津海岸线变化特征及其变化趋势，再通过相关性分析研究其与当地经济增长之间的相关性程度，进而采用脱钩分析方法研究围填海增量与 GDP 增量之间的脱钩关系，分析两者的脱钩程度及变化趋势，通过当地政策分析引起这种变化趋势的原因，为合理规划天津滨海新区围填海提供参考价值。

9.2 研究内容与方法

9.2.1 研究区概况

天津滨海新区（北纬 38°40′～39°00′，东经 117°20′～118°00′E）位于天津东部临海地区，海河流域下游，渤海湾顶端，南、北分别与河北省的黄骅市、风南县相接（图 9-1）（肖庆聪等，2012），包括塘沽、汉沽、大港 3 个行政区和天津经济技术开发区、天津港保税区、天津港，以及东丽区和津南区的部分区域，规划面积为 2270km^2（孙晓蓉和邵超

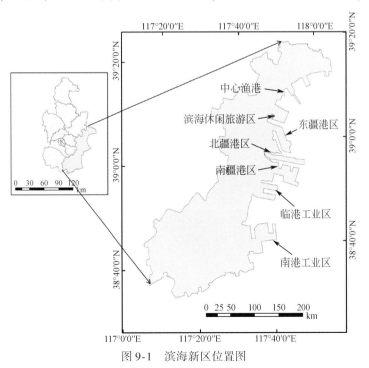

图 9-1 滨海新区位置图

峰，2010），海域面积 3000km²，水面和湿地面积 700km²（胡聪等，2014）。属于暖温带半湿润大陆性季风气候，年均气温 12.6℃，年均降水量为 604.3mm，地貌属于滨海冲积平原，西北高，东南低，海拔 1～3m，地面坡度小于 1/100 000。天津滨海新区湿地资源丰富，主要包括滩涂沼泽、海滩涂、河口水域等自然湿地及盐田、坑塘水库、水稻田等人工湿地（肖庆聪等，2012），同时有丰富的石油、天然气资源，存在着巨大的发展潜力（胡聪等，2014）。

9.2.2　数据获取与处理

本文以天津滨海新区为研究区域，研究 20 年内（1995～2015 年）海岸线变化、围填海与区域经济的相关性及脱钩关系。从天津市统计局网站上下载 1995～2015 年天津滨海新区统计年鉴数据，统计历年现价 GDP 及实际增长速率（2015 年 GDP 为估计值），计算得到可比价 GDP，衡量研究区的经济状况。海岸线变化数据是从地理空间数据云网站和美国地质勘探局网站上下载的 1995～2015 年 landsat MSS/TM/ETM+/OLI 影像数据，经波段融合，生成空间分辨率为 15m 的多光谱彩色遥感影像。结合 Google Earth 进行目视解译，提取 1995 年、2000 年、2005 年、2010 年和 2015 年海岸线，统计海岸线长度。参考中国科学院土地利用/覆盖分类体系对天津滨海新区土地利用类型进行划分（表 9-1），对 1995～2015 年各期影像数据进行解译，得到天津滨海新区土地利用数据。由于海岸线变化情况复杂，存在某一年大量围填而后一年或几年少量围填或不围填而进行工程建设的情况。因此，本文在研究天津滨海新区围填海状况与经济状况关系时，以 5 年内围填海变化及 GDP 变化为一期研究数据研究两者之间的关系，依时间序列递增（如 1996～2000 年、1997～2001 年……2011～2015 年），共得到 16 期研究数据。

表 9-1　天津滨海新区土地利用类型代码表

土地利用类型代码	名称
1	林地
2	草地
3	湿地
4	耕地
5	人工表面
6	未利用地
7	海域

9.2.3　研究方法

通过影像处理及解译得到 1995～2015 年天津滨海新区土地利用数据和海岸线变化数据，并根据现价 GDP 和实际 GDP 增长率计算历年实际 GDP 数据。首先根据海岸线变化分析其变化特征及变化趋势，并进一步分析其变迁原因。其次分析围填海变化与经济增长之间的相关性，分析两者之间的相关程度。最后通过脱钩分析，定量研究时间序列内围填海与经济发展之间的脱钩关系，研究两者变化的相关规律，以期指导天津滨海新区发展过程中合理规划围填海的问题。具体技术路线如图9-2所示。

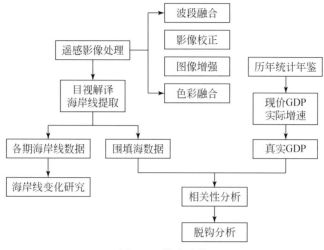

图 9-2　技术路线

9.2.4　相关性分析

在获得1996～2015年围填海数据和相应的实际GDP数据的基础上，通过相关性分析研究两者的相关性。本文采用SPSS19.0软件进行双变量相关分析，设置相关系数为积差相关系数（Pearson coefficient of Product-moment correlation），计算结果采用 t 统计量进行检验，验证两变量之间是否具有相关性以及相关性大小，相关性等级的划分如表9-2所示。

表 9-2　相关系数及相关程度

相关系数 r	等级
$0.8 \leqslant |r| < 1$	高度相关
$0.5 \leqslant |r| < 0.8$	中度相关
$0.3 \leqslant |r| < 0.5$	低度相关
$0 \leqslant |r| < 0.3$	相关性较弱，或不相关

9.2.5　脱钩分析

通过相关性分析可以研究时间序列内天津滨海新区围填海变化与经济增长之间的相关程度。为进一步研究两者关系的变化趋势及发展方向，本文在前人研究的基础上，借鉴物理学中的"脱钩"概念，将其用于研究围填海变化与经济增长之间的变化趋势。早在

1966 年，国外学者就提出了关于经济发展与环境压力的"脱钩"问题（李效顺等，2008），首次将"脱钩"概念引入社会经济领域，后来被广泛拓展到资源消耗（陆钟武等，2011；关雪凌和周敏，2015）、交通量（Tapio，2005）、农业生产贸易（Lu et al.，2007）、环境污染（钟太洋等，2010；赵兴国等，2011）、土地资源（陈百明和杜红亮，2006；张勇等，2013；李效顺等，2008；曹银贵等，2007）与经济发展等领域。"脱钩"在不同学科领域具有不同的含义，其中，比较具有影响的理解是 OECD（经济合作与发展组织）环境领域的专家在 2002 年将"脱钩"用来形容阻断经济增长与环境污染之间的联系或者说使两者的变化速度不同步。后来这一思路广泛应用于环境研究领域（陆钟武等，2011；钟太洋等，2010；易平等，2014；叶懿安等，2013）。同时 OECD 提出了"脱钩指数法"用来测度脱钩状态，首先计算脱钩率，然后计算脱钩指数（曹银贵等，2007；钟太洋等，2010）。其公式如下：

$$\text{Ratio} = (\text{EP}/\text{DF})_t / (\text{EP}/\text{DF})_0 \tag{9-1}$$

式中，EP 为环境压力指数；DF 为驱动力指数；Ratio 为脱钩率，t 为报告期。

脱钩指数则表示为

$$\text{decoupling factors} = 1 - \text{Ratio} \tag{9-2}$$

当 decoupling factors $\in (0, 1]$ 之间时，表明驱动力与环境压力之间发生了脱钩关系；当 decoupling factors $\in (-\infty, 0]$ 时，表明两者呈非脱钩状态。这种方法在刚提出来时，受到众多学者的研究与应用，如应用于温室气体排放与 GDP 的脱钩分析（Wei et al.，2006）、土壤退化与人类活动的脱钩分析（OECD，2002）以及粮食生产与水资源使用的脱钩分析（Zhu et al.，2013）。但这种方法也有其局限性，根据式（9-1）只能分辨出环境压力与驱动力之间脱钩与非脱钩的关系，不能进一步定量化分析脱钩的程度。

另一个比较具有影响力的研究是 Tapio 针对交通容量与 GDP 的脱钩问题提出的"脱钩弹性系数"，它表示在研究时间段内单位 GDP 增量的变化所伴随着的交通容量增量的变化（Tapio，2005）。用公式表示如下：

$$\beta_{n+1} = \frac{\% \Delta \text{VOL}}{\% \Delta \text{GDP}} = \frac{(\Delta \text{VOL}_{n+1} - \Delta \text{VOL}_n)/\Delta \text{VOL}_n}{(\Delta \text{GDP}_{n+1} - \Delta \text{GDP}_n)/\Delta \text{GDP}_n} \tag{9-3}$$

式中，β_{n+1} 表示第 $n+1$ 个时间节点的弹性系数；ΔVOL_n 和 ΔVOL_{n+1} 分别为初期和末期的交通容量变化值；ΔGDP_n 和 ΔGDP_{n+1} 分别表示初期和末期 GDP 的变化量。根据弹性系数的数值。Tapio 将脱钩状态进行了详细分类，从而更深一步的评价时间序列内脱钩情况及其变化趋势。脱钩状态的分类原理如图 9-3 所示（钟太洋等，2010；Tapio，2005；杨克等，2009）。

根据 Tapio 对交通容量与 GDP 的分析，当 $\beta = 1$ 时表示交通容量变化与 GDP 增长呈现耦合关系，而当 β 在 1 左右呈微小变化时其耦合关系比脱钩关系更显著。因此，Tapio 设置了两个临界点 $m_1 = 0.8$ 和 $m_2 = 1.2$，将脱钩类型分为 8 类（图 9-3）。这种方法将两研究对象之间的脱钩关系划分得更加细致，对于从时间序列上研究两者之间脱钩关系的变化趋势具有更明显的效果。

本章在分析天津滨海新区围填海与当地经济之间的关系时，借鉴 Tapio 的"弹性系数"

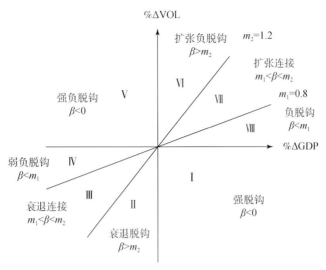

图 9-3　脱钩类型坐标图

研究方法，将式（9-3）中的%ΔVOL 表示为天津滨海新区围填海增量变化率，而%ΔGDP 表示为天津滨海新区 GDP 增量变化率，可从图 9-3 中各脱钩类型理解两者之间的关系。

借鉴 Tapio 的研究，围填海活动与 GDP 之间的关系可分以下方面进行讨论：①当 GDP 增量变化率和围填海增量变化率均为正时，会出现 3 种情况。一是围填海增量变化率小于 GDP 增量变化率并且它们的比值小于 0.8 时，两者呈负脱钩关系，表明单位 GDP 增长中围填海的贡献率较小，如图 9-3 中Ⅷ区域；二是围填海增量变化率与 GDP 增量变化率大致相当，两者比值为 0.8～1.2，两者相关性较强，表明围填海面积的增长对 GDP 增长的贡献较大，脱钩类型为扩张连接，如图 9-3 中的Ⅶ区域；三是围填海增量变化率快于 GDP 增量变化率且两者比值大于 1.2，表明单位 GDP 的增长需要围填海的大量增长来予以满足，其依赖性较强，脱钩类型为扩张负脱钩，如图 9-3 中Ⅵ区域所示。②当 GDP 增量变化率为正而围填海增量变化率为负时，此时表明 GDP 增长率加大而围填海增长率在降低，两者呈强脱钩关系，如图 9-3 中的Ⅰ区域。区域经济的发展不依赖于围填海活动，这对保护当地的自然生态环境有重要作用，是我们希望看到的变化趋势。③当 GDP 增量变化率为负而围填海增量变化率也为负时，也可分 3 种情况进行讨论：一是围填海增量变化率降低的速率小于 GDP 增量变化率降低的速率且两者比值小于 0.8，表明单位 GDP 增长率的下降中是由围填海增长率下降而引起的部分较小，两者呈弱负脱钩，如图 9-3 中Ⅳ区域所示；二是两者速率相当其比值为 0.8～1.2 时，表明两者耦合性较强，GDP 增量变化率的下降与围填海增量变化率的下降有很大关系，此时表现为衰退连接，如图 9-3 中Ⅲ区域所示；三是围填海增量变化率的下降速率快于 GDP 增量变化率的下降速率且两者比值大于 1.2，表明单位 GDP 增量变化率的下降伴随着围填海增量变化率的大幅度下降，围填海增速的降低不是 GDP 增速降低的主要原因，两者呈衰退脱钩关系，如图 9-3 中Ⅱ区域所示。④当 GDP 增量变化率为负而围填海增量变化率为正时，表明围填海活动的加强并不能给当地经济带来增长，相反还会降低当地的经济，这是最不理想的情况，如图 9-3 中Ⅴ区域所示。

9.3 结果与分析

9.3.1 天津滨海新区海岸线变化

通过对 landsat MSS/TM/ETM+/OLI 系列数据进行目视解译，得到 1995 年、2000 年、2005 年、2010 年和 2015 年天津市海岸线数据（图 9-4），统计海岸线长度及各时间段的围填海面积（表 9-3）。

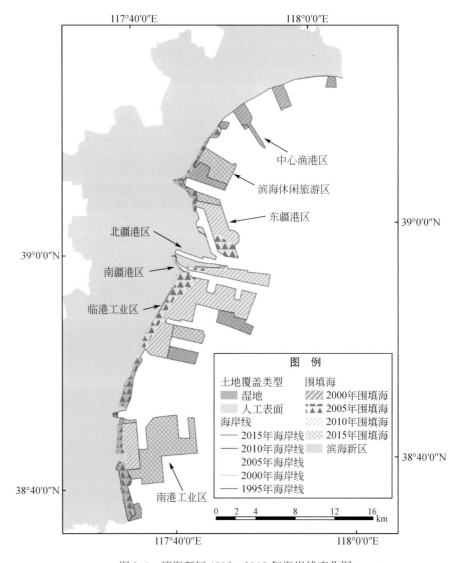

图 9-4 滨海新区 1995～2015 年海岸线变化图

表9-3　滨海新区海岸线长度及围填海面积统计表

年份	海岸线长度/km	围填海面积/km²	
		湿地	建设用地
1995	134.42	—	—
2000	133.98	3.74	2.52
2005	145.48	36.49	32.09
2010	245.04	26.84	127.67
2015	321.90	28.62	99.38

—表示以此为基年数据。

从图9-4和表9-3可以看出，在研究时间序列内，天津滨海新区海岸线整体上呈增长趋势，海岸线增加了187.48km，围填海类型主要为湿地和建设用地两种类型。1995~2000年，围填海面积增加而海岸线长度减小，从图9-4中可以看出，这是因为一些曲折的海湾被围填成规则的人工海岸，从而降低了海岸线长度。围填海主要发生在南港工业区、临港工业区和东疆港部分地区。2000~2005年，天津滨海新区海岸线长度增加了11.5km，同时湿地面积增加36.49km²，建设用地面积增加了32.09km²，这一时期较上一个时期围填海面积有了较大的增加。2005~2010年，这一时期海岸线变化速度最快、增量最大，围填类型中建设用地面积大幅度增长，增加了127.67km²，湿地较上一时期有所减少，但仍增加了26.84km²。从图9-4中可以看出，这一时期的建设用地围填海主要发生在东疆港区、南疆港区、北疆港区临港工业区及南疆工业区，而湿地围填海主要发生在中心渔港区和滨海休闲旅游区。2010~2015年，天津滨海新区海岸线长度增加了76.86km，海岸线变化速度较上一时间段有所下降，但增幅仍然较大。这一时期的建设用地类型增加了99.38km²，较上一时期有所减少，但增幅仍然很大，而湿地类型较上一时期稍有增加。建设用地围填主要发生在南港工业区、滨海休闲旅游区和临港工业区的部分地区。湿地围填主要发生在临港工业区、中心渔港区和南港工业区的部分地区。

从上面的结果可以看到，天津滨海新区海岸线变迁主要发生在2005~2015年，这一时期有大规模的建设用地围填海发生，从图9-4中可以看到，沿着滨海新区海岸线从北至南，主要的围填海活动都发生在这一时期。从国家政策来看，2005年10月召开的中共十六届五中全会将"推进滨海新区开放"写进国家"十一五"规划建议，标志着滨海新区首次被纳入国家整体发展战略。2006年我国首次制定了全国性的围填海规划，并制定了沿海各地的围填海总量控制指标。同时，国家海洋局出台了《关于加强区域建设用海管理工作的若干意见》，对围填海形成的区域内建设多个建设项目的用海工作进行了严格规定（孙丽等，2010）。随着这一系列国家政策的推出，天津围填海活动开始了长期的规划，预计到2018年，天津滨海新区将完成投资总额达600亿元，总面积达200余平方千米的填海造陆工程的建设。在国家经济政策的支持下，天津滨海新区在2005~2015年进行了大规模的围填海活动，使得海岸线不断增长。

9.3.2 相关性分析

通过 9.3.1 节对海岸线变迁及围填海面积的分析，国家政策对海岸线的变化起到了很大的促进作用，而政策背后无疑是为了促进当地经济的增长。因此，文章很有必要进行围填海面积变化与当地经济增长的研究。本文基于 SPSS19.00 软件，研究两者之间的相关性。

从图 9-5 和表 9-4 可以看出，1995～2015 年，天津滨海新区围填海增量与真实 GDP 增量之间在 0.01 水平上呈显著相关，相关性为 0.704，相关性等级为中度相关。

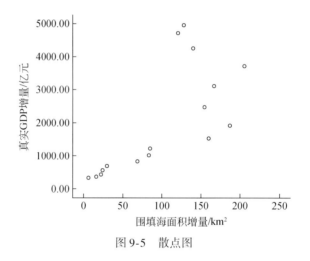

图 9-5　散点图

表 9-4　围填的增量与真实 GDP 增量的相关性

		围填海增量	真实 GDP 增量
围填海增量	Pearson 相关性	1	0.704 **
	显著性（双侧）		0.002
	N	16	16
真实 GDP	Pearson 相关性	0.704 **	1
	显著性（双侧）	0.002	
	N	16	16

＊＊在 0.01 水平（双侧）上显著相关。

从上面的结果可以看到，围填海增量与 GDP 增量之间的相关性较强，围填海活动的增强带动了当地经济的增长。然而从散点图中可以看到，在围填海面积小于 $100km^2$ 时，离散点呈现较强的线性关系；而当围填海面积大于 $100km^2$ 时，离散点分布较散，线性关系较弱。这表明当围填海增量较大时，其与 GDP 增量之间的相关性较弱。然而，这种变化趋势从相关性中只能定性的判别，不能从时间序列上定量地判断围填海增量与 GDP 增量之间的变化趋势。因此，本文接下来采用"脱钩弹性系数"法深入分析这种关系在时间序列上的变化趋势。

9.3.3 脱钩分析

根据 9.2.2 节的数据处理方法划分时间节点，通过式（9-3）计算得到各时间段的围填海增量与 GDP 增量，再计算两者的变化率及两者之间的脱钩弹性值，计算结果如表 9-5 所示。最后统计围填海增量与 GDP 增量统计图（图 9-6），围填海增量与 GDP 增量变化率统计图（图 9-7）和脱钩弹性类型变化图（图 9-8）。

表 9-5　脱钩分析数据处理结果统计表

	时期（年）	围填海增量/km²	GDP 增量/亿元	围填海增量变化率/%	GDP 增量变化率/%	脱钩弹性系数	脱钩类型
t_n	1996～2000	6.25	332.83	998.07	150.52	6.63	扩张负脱钩
t_{n+1}	2001～2005	68.63	833.82				
t_n	1997～2001	16.42	366.70	408.50	177.07	2.31	扩张负脱钩
t_{n+1}	2002～2006	83.52	1016.03				
t_n	1998～2002	22.44	440.72	278.87	178.42	1.56	扩张负脱钩
t_{n+1}	2003～2007	85.02	1227.03				
t_n	1999～2003	24.61	555.18	549.34	176.02	3.12	扩张负脱钩
t_{n+1}	2004～2008	159.82	1532.41				
t_n	2000～2004	29.93	689.63	524.83	179.25	2.93	扩张负脱钩
t_{n+1}	2005～2009	186.99	1925.80				
t_n	2001～2005	68.63	833.82	125.09	196.36	0.64	弱脱钩
t_{n+1}	2006～2010	154.49	2471.11				
t_n	2002～2006	83.52	1016.03	99.96	206.09	0.49	弱脱钩
t_{n+1}	2007～2011	167.00	3109.94				
t_n	2003～2007	85.02	1227.03	141.35	203.85	0.69	弱脱钩
t_{n+1}	2008～2012	205.18	3728.26				
t_n	2004～2008	159.82	1532.41	−12.57	178.26	−0.07	强脱钩
t_{n+1}	2009～2013	139.72	4264.06				
t_n	2005～2009	186.99	1925.80	−35.47	145.31	−0.24	强脱钩
t_{n+1}	2010～2014	120.66	4724.11				
t_n	2006～2010	154.49	2471.11	−17.16	100.84	−0.17	强脱钩
t_{n+1}	2011～2015	127.99	4963.02				

从图 9-6、图 9-8 及表 9-5 可以看出，在时间序列内，围填海增量在 2000～2004 年、2003～2007 年、2005～2009 年、2008～2012 年这几个时期有较大的变动。在 2000～2004 年这一时期之前围填海面积平稳增长，增量变化不大，从 2000～2004 年至 2001～2005 年

围填海增量变化较大，后逐渐变缓，这表明 2005 年围填海增量较前一年有较大增长。从 2003～2007 年至 2004～2008 年时期，围填海增量呈急剧增长的趋势，表明在 2008 年，围填海活动急剧增强。在 2005～2009 年这一时期之后，曲线有所下降，而 2006～2010 年时期之后又开始上升，表明 2010 年围填海增量在降低，而 2011 年和 2012 年围填海增量在上升。在 2008～2012 年这一时期之后，围填海增量又急剧下降，表明 2012 年之后，围填海面积逐渐减少。总体来说，在 2005 年之前，天津滨海新区围填海变化较平缓；而 2005～2012 年，围填海变化面积呈增长趋势，且增长量较大；2012 年之后，围填海增长趋势在下降，但总体围填面积仍较大。

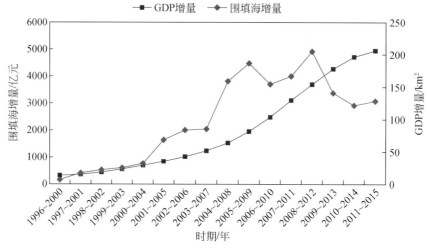

图 9-6 围填海增量及 GDP 增量统计图

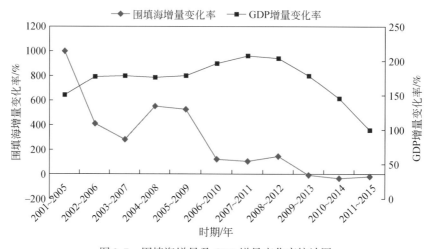

图 9-7 围填海增量及 GDP 增量变化率统计图

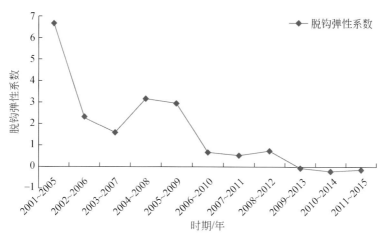

图 9-8　脱钩弹性系数变化图

而在时间序列内，天津滨海新区 GDP 增量呈逐年增长的趋势。从图 9-7 可以看到，2001～2005 年时期 GDP 增量变化率有所增加，这一时期之后到 2005～2009 年时期整体趋于平稳，有小幅度波动。再从这一时期至 2007～2011 年时期，GDP 增速经历了一个较快的增长阶段，从这一时期之后 GDP 增速开始快速下降。从国家发展情况来看，2008 年之前，我国经济处于良好的发展时期，而受到 2008 年全球经济危机的影响，放缓了经济增长速率。

从脱钩类型变化图来看，整个时间序列内，天津滨海新区围填海增量与 GDP 增量的脱钩弹性系数可以分为三个阶段，依据表 9-5 和图 9-8，结合天津近 20 年来围填海的实际情况，对每个阶段的脱钩状态及其发生的原因进行如下分析。

第一个阶段（2001～2005 年至 2005～2009 年）：波动下降期。这一时期的脱钩弹性系数呈 "V" 字形由 2001～2005 年至 2005～2009 年时间段过渡。虽然这一时期的脱钩类型均为扩张负连接，但脱钩弹性系数经过从最高的 6.63 到最低的 1.56 再上升到 2.93，整体弹性系数均大于 1.2，总体脱钩弹性系数变化率为-55.84%。这一时期的围填海增量由 2001～2005 年的 68.63km² 增加到 2005～2009 年的 186.99km²，GDP 增量由 833.82 亿元增加到 1925.80 亿元（如表 9-5 所示）。分析其原因，在 2005 年之前，天津滨海新区围填海属于粗放式围填（孙丽等，2010），仅在需要时进行围填项目申请，缺乏对围填海工程长期、全面、合理的规划，另外工程审批制度不够完善，手续不够健全，经常出现工程上的安全隐患，生态环境问题较严重，所产生的经济效益不够明显。随着 2005 年天津滨海新区被纳入国家发展战略，并且在 2006 年出台了全国性的围填海规划，天津开始规划投资 600 亿元进行天津港区、南疆港区、临港区及滨海旅游区的填海造陆工程建设，并计划在 2010 年前重点建设东疆港保税区，截至 2006 年 6 月，天津滨海新区经过填海造陆，东疆港首个码头竣工；7 月 26 日，完成天津港三分之一的围填造陆工作；到 2009 年，南港工业区共完成 45km² 填海造陆工程。这一时期在国家政策的支持下，围填海在天津滨海新区经济发展中所起的作用越来越强，脱钩弹性系数整体降低，两者越来越接近耦合状态。

第二个阶段（2006～2010年至2008～2012年）：平稳过渡期。该阶段由第一阶段的"V"字形自2005～2009年向2006～2010年过渡。通过表9-5和图9-8可以看出，第二阶段均呈现弱脱钩状态，脱钩弹性在这一阶段先下降再上升，但整体为0.8～1.2，弹性系数变化率为8.85%。这一时期围填海增量有所增加，由2006～2010年的154.49km²增加到2008～2012年的205.18km²，增长率由125.09%增加到141.35%；GDP增量由2471.11亿元增加到3728.26亿元，增长率由196.36%增加到203.85%。上述结果表明在这一阶段，天津滨海新区围填海增长率低于GDP增长率（小于0.8），两者呈弱脱钩状态，围填海活动的增强在经济发展过程中所起的作用逐渐减小，经济增长对围填海的依赖性逐渐减弱。分析其原因，根据天津滨海新区围填海规划，到2012年将完成东疆港区、南疆港区及临港工业区的填海造陆工程，整个围填海工程将完成大部分的围填工作，而工程建设完成后经济发展将主要由围填海之外的其他经济产业带动，围填海所发挥的作用将逐渐减小。

第三个阶段（2009～2013年至2011～2015年）：平稳期。该阶段由第二阶段的平稳过渡期向平稳期转变。通过表9-5及图9-8可以看出，第三阶段均呈现强脱钩状态。这一阶段的脱钩弹性系数为-0.24～-0.07，波动较小，弹性系数变化率为-141.21%。围填海增量有所下降，由2009～2013年的139.72km²下降到2011～2015年的127.99km²，围填海增量变化率由-12.57下降到-17.16，GDP增量有所上升，从4264.06亿元增加到4963.02亿元，GDP增量变化率由178.26%下降到100.84%。上述结果表明，在这一阶段内天津滨海新区围填海增长率在减小，而GDP增长率在增加，两者呈强脱钩状态，两者相关性较弱，经济增长对围填海的依赖性较小。从这一阶段的实际发展情况来看，2013年9月国务院定位天津建立第一个综合改革创新区，面积覆盖滨海新区全域，在涵盖上海自贸区全部政策的基础上更加开放。同年，天津市明确表示将建立投资与服务贸易便利化综合改革创新区列入全面深化改革的第一项任务。2014年12月，国务院决定在天津滨海新区内设立中国（天津）自由贸易试验区，并于2015年4月21日正式挂牌成立。这一系列政策的出台与实施，将天津滨海新区建设成为一个更加开放、贸易更加自由、发展更加全面的现代化新区。天津滨海新区经济的发展更加全面，产业结构更加合理，其对围填海活动的依赖性逐渐减弱，迈向更加健全的经济发展体系。

第 10 章 典型地区城镇化进程中农地非农化演变特征分析

近年来关于农地非农化的研究已成为全球变化研究的前沿和热点课题。农地非农化现象多发生在经济相对发达地区，且多发生在城镇附近，所占用的耕地一般具有相对较高的肥力和复种指数。随着城市化的快速发展，城市内部通过内涵挖潜、旧城改造、容积率提高，一定程度上促进了建设用地的集约利用。但是短期内集约程度的提高是有限的，长期随着人口和大部分生活、生产要素不断加快向城市集聚，各种生活、生产用地必然随之增加，城市化水平的提高就意味着建设用地的扩张和农地非农化进程加速。

工业化、城市化进程不可避免地要伴随着农地向非农等建设用地的转化，且所占农地多为城市边缘的优质耕地。天津市环城四区紧紧围绕市内六区，在天津整体区划上，又起到桥梁的作用，将市区与其他区县相接，所处地位不言而喻。但环城四区建设用地供给已达到指标限制，农地保护与经济增长的矛盾日益突出。只有通过研究天津市农地非农化的进程，找出农地非农化的发展趋势，才能制定相应的政策措施，实现农地保护与发展需求的动态平衡。

本章研究分析当前天津市农地非农化的发展现状，以及快速城市化背景下，城市扩展带来的农地非农化过程中的问题，主要对城市化与农地非农化之间的因果关系进行研究；并基于城市化过程与农地非农化之间的相关关系分析，提出城市化进程中农地非农化存在的问题，并建立农地非农化驱动模型，揭示农地非农化的动态特征，找出农地非农化过程中存在的问题；基于共享的多源遥感数据并结合马尔柯夫链模型，分析天津市环城四区农地变化特征，同时将空间变化数据与其他影响因子相叠加，进行空间分析，探讨土地利用变化的驱动机制，通过景观格局指标选取，将景观格局与过程相结合，探讨农地非农化时空动态变化规律并对其变化趋势进行预测；为天津市农地非农化的宏观政策调控提供相关的数据依据。

10.1 研究区概况

天津是中国 4 个直辖市之一，地理位置在北纬 38°34′~40°15′，东经 116°43′~118°04′，全市面积 11 760.26km²，南北长 189km，东西宽 117km，海岸线长 156km。共辖 13 区、3 县，整体空间布局结构是：以京津发展轴为主轴的"一带两核三轴"、倒"天"字形作为布局方向，以组团型结构为主结构，其中：以武清、北城、中心城区、东丽、塘沽方向发展的"走廊型"视为一带;"两核"作为天津的核心,将西边的中心城区与东边的滨海新区作为两核的指代;"三轴"包括三个轴向,一是沿天津市海岸方向分布的区县,由北向南依次为宁河、汉沽、塘沽和大港,二是沿蓟县、宝坻、北辰、中心城区、西青、静海沿市域南北方向和中心城区、西青沿津保高速公路方向的两条发展辅轴。

(1) 地理位置

研究区中典型区域包括天津市的四个区域:西青区、北辰区、东丽区和津南区。从地理位置上看,四个区都紧邻市内六区,同时相接拼在一起后,又在东西南北四个方向将市中心与天津市其他区县相隔,它们在其中都起着桥梁的作用。我们可以把天津市的区县按照面积的大小分为三个等级,第一个等级是指面积处于$1000km^2$以上的区县,包括蓟县、宝坻区、武清区、宁河县、滨海新区和静海县,第二个等级是指面积在$100km^2$以上、$1000km^2$以下的区县,包括北辰区、东丽区、西青区和津南区,第三个等级是指面积低于在$100km^2$的区县,主要是市内六区。在面积上看,本次所研究的区域面积都是处于第二个等级,四个区的面积都为$400\sim600km^2$。

(2) 气候概况

研究区域属暖温带半湿润大陆性季风气候,其特点是四季分明,春季干燥,多风;夏季炎热、降雨集中;秋季晴朗凉爽;冬季寒冷少雪。年平均气温为11.8℃,全年日照时间2733.1h。

(3) 地形地貌

西青区地势西高东低,海拔为$5.0\sim3.0m$,洼地海拔为2.0m。北辰区由于地质构造下沉、河流海洋搬运,以及一些人为因素的综合作用,形成了冲积海积平原的地貌类型区,地势与地表及地下水流方向一致,西高东低。东丽区地势较为平坦,区内还有洼地和堤状地带。津南区属海积及冲积平原,境内地势低平,适宜垦殖。

(4) 土壤概况

天津市受地形因素影响,多是非地带性土壤。山地、丘陵、平原和滨海的土壤类型分别为棕壤、褐土、潮土、湿土和盐土。

环城四区都属于潮土类,这种土体结构复杂,沉积层明显,其中,潮土又可分为六类,褐潮土、普通潮土、脱沼泽潮土、盐化潮土、湿潮土和盐化湿潮土。

(5) 水资源

a. 降水

2009年天津市平均降水量为604.3mm,约$72.03\times10^8 m^3$,比上年减少5.68%,属于平水年份。

从行政区划分,市区降水量最大为689.8mm,武清最小为561.8mm。与上年比较,宝坻、武清、东丽、西青、塘沽、市区与上年偏多,最大为市区,偏多38.1%;其余区县均偏少,最少为蓟县,偏少18.1%。

b. 地表水

地表水是指位于地表的动态水量,也是天然河川径流量。

2009 年全市地表水资源量为 $10.59 \times 10^8 m^3$，比上年度偏少 22.19%，比多年平均偏少 0.56%。

从流域分区看，各分区地表水资源量比上年普通偏少，北四河下游平原最大，偏少 25.64%；与多年平均比较除北四河下游平原偏多 11.78% 外，其余普遍偏少，北三河山区偏少 29.28%，大清河淀东平原偏少 1.92%。

c. 地下水

地下水是埋藏在地下表层的动态水，通常用补给量和排泄量作为定量的标准。

2009 年天津市地下水资源总量为 $5.60 \times 10^8 m^3$，比上年减少 $0.31 \times 10^8 m^3$，比多年平均值 $5.71 \times 10^8 m^3$ 少 $0.11 \times 10^8 m^3$。其中地表水与地下水重复量为 $1.22 \times 10^8 m^3$。

（6）社会经济概况

a. 经济与产业

2009 年，东丽区实现区县生产总值 451.13 亿元，与上年相比增加 25.59 亿元，增速为 22%，其中第一产业为 3.54 亿元，第二产业为 304.64 亿元，但就工业实现生产总值 286.69 亿元，第三产业实现 142.95 亿元，三产在区县生产总值所占的比例分别为 0.78%、67.5% 和 31.72%。外贸出口额为 16.14 亿美元，实际直接利用外资 45 701 万美元，实际利用内资 941 058 万元。

2009 年，西青区实现区县生产总值 455.91 亿元，与上年相比同期增加 300.76 亿元，增速为 33.3%，其中第一产业 8.31 亿元，第二产业 343.41 亿元，单就工业实现总值 323.3 亿元，第三产业生产总值为 104.2 亿元，三产在西青区生产总值中所占的比例分别为 1.82%、75.32% 和 22.86%。实现外贸出口总额 17.06 亿美元，实际直接利用外资 49 097 万美元，实际利用内资 763 471 万元。

2009 年，津南区实现区县生产总值 241.69 亿元，与上年相比同期增加 230.68 亿元，增速为 21.4%，其中第一产业 3.82 亿元，第二产业 146.32 亿元，单就工业实现生产总值 129.65 亿元，第三产业生产总值为 91.55 亿元，三产在津南区生产总值中所占的比例分别为 1.59%、60.54% 和 37.87%。实现外贸出口总额 8.84 亿美元，实际直接利用外资 26 220 万美元，实际利用内资 1 268 386 万元。

2009 年，北辰区实现区县生产总值 388.69 亿元，与上年相比同期增加 300.57 亿元，增速为 31.7%，其中第一产业 7.96 亿元，第二产业 271.38 亿元，单就工业实现生产总值 255.41 亿元，第三产业生产总值为 109.35 亿元，三产在津南区生产总值中所占的比例分别为 2.05%、69.81% 和 28.14%。实现外贸出口总额 22.05 亿美元，实际直接利用外资 49 228 万美元，实际利用内资 387 950 元。

b. 社会与发展

2009 年东丽全区户籍人口 34.5 万人，其中农业人口 20.22 万人，非农业人口 14.28 万人，年平均人口出生率为 5.3‰，人口自然增长率为 3.5‰。

2009 年西青区户籍人口数为 35.35 万人，其中农业人口数 23.67 万人，非农业人口数

11.68 万人，人口出生率为 9‰。城镇单位从业人员 17.04 万人，新增就业人员 15 835 人，乡村从业人员 12.73 万人。

2009 年年底津南区户籍人口数为 41.17 万人，其中农业人口数 28.99 万人，非农业人口数 12.18 万人，人口出生率为 9.17‰，人口自然增长率为 4.94‰。城镇单位从业人员 4.5 万人，新增就业人员 16 002 人，乡村从业人员 14.32 万人。

2009 年底北辰区户籍人口数为 36.37 万人，其中农业人口数 19.93 万人，非农业人口数 16.44 万人，人口出生率为 7.85‰，人口自然增长率为 2.26‰。城镇单位从业人员 7.97 万人，新增就业人员 13 355 人，乡村从业人员 13.05 万人。

10.2 研 究 方 法

本书在分析城市化过程中土地利用结构演变的特征和驱动因子及其与农地非农化之间的相关关系的基础上，构建农地非农化的动力机制模型，揭示农地非农化的动态特征，找出农地非农化过程中存在的问题；再利用 SPOT 遥感影像并结合马尔柯夫链模型，以环城四区为例，分析天津市环城四区农地变化特征，并对其变化趋势进行预测；最后分析出农地非农化过程中存在的问题并提出政策建议，为天津市农地非农化的宏观政策调控提供相关的数据依据。

关键研究内容如下。

（1）农地非农化现状研究及驱动力分析

重点分析当前天津市农地非农化的发展现状，以及快速城市化背景下，城市扩展带来的农地非农化过程中的问题，主要对城市化与农地非农化之间的因果关系进行研究；并基于城市化过程与农地非农化之间的相关关系的分析，提出城市化进程中农地非农化存在的问题，并建立农地非农化驱动模型。

（2）城市过程中农地非农化演变

1）基于共享的多源遥感数据对城市化过程及该过程中农地非农化特征进行监测与分析，同时将空间变化数据与其他影响因子相叠加，进行空间分析，探讨土地利用变化的驱动机制；

2）通过景观格局指标选取，将景观格局与过程相结合，探讨农地非农化时空动态变化规律。

（3）天津市城市化过程中农地非农化中存在问题的政策建议

结合前文的理论推理和实证分析，提出解决城市化过程中农地非农化出现的问题的整体思路，并分别从基本农田保护、集约利用、政府职能、土地市场、金融和税收等方面提出专门的政策建议。

技术路线图如图 10-1 所示。

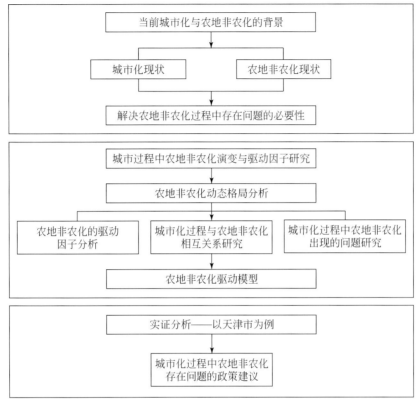

图 10-1　技术路线图

10.3　天津市耕地数量变化影响因素分析

近年来天津市社会经济发展迅速，人地矛盾日益严峻。特别是 2005 年滨海新区开发开放纳入国家整体发展战略，为天津市的社会经济发展注入了强大的发展动力。2000～2010 年，地区生产总值增长了 4.4 倍，由 1700 亿元增加到 9224 亿元，增速连续 10 年超过 12 个百分点，2009 年甚至高达 20% 以上；全社会固定资产投资增长了约 9.7 倍，人均 GDP 增长了 2.4 倍，达到 13.1 万元。与之相对，此间，天津市土地利用结构发生显著变化，建设用地大幅增加，农地数量持续减少。从年鉴数据看，建设用地面积增加了 18.6%；实有常用耕地数减少率 6%，仅 2003 年、2006 年、2007 年减少率都超过了 1%，到 2010 年人均耕地面积减少到 0.31 亩。

在天津市的农地结构中，耕地、林地和水产养殖水面为主要部分，从三者之间关系看，2010 年三者比例为 57.7∶33.4∶0.89；从三者变化趋势看，2000～2010 年，耕地数量持续下降，2010 年约为 $39.88 \times 10^4 \mathrm{hm}^2$，而林地保持较快速度增长，2010 年为 $23.07 \times 10^4 \mathrm{hm}^2$，养殖水面基本保持在 $3 \times 10^4 \sim 5 \times 10^4 \mathrm{hm}^2$，2010 年为 $4.16 \times 10^4 \mathrm{hm}^2$。图 10-2 为 2000～2010 年天津市农地数量变化统计图。

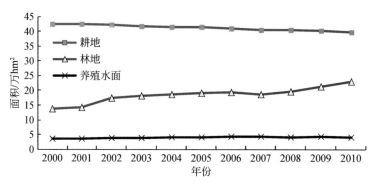

图 10-2　2000~2010 年天津市农地数量变化

城市化带来的农地非农化主要是城市近郊耕地的损失，另外，耕地是天津市农地的主体部分。因此，研究耕地非农化的变化趋势、特征及其背后的社会经济原因，是考察农地非农化的主要方面。基于此，本文主要针对耕地非农化进行较为系统的研究。

10.3.1　改革开放以来天津市耕地数量变化分析

选取 1990~2010 年作为研究时段，将天津市年末实有常用耕地面积的数量变化分作 2 个阶段（图 10-3）。

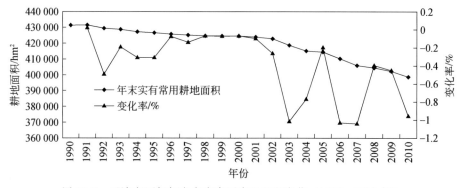

图 10-3　天津市历年年末实有常用农地面积变化（1990~2010 年）

第一阶段：农地面积缓慢下降期（1990~2000 年）。

在此 11 年间，天津市耕地数量减少了 0.72 万 hm^2，减少了 1.7%，年均减少率 0.15%；从年环比减少率看，除去 1992 年高于 0.4% 外，各年均保持在 0.3% 以内。这一时期，天津市 GDP 增加了 4.47 倍，人均 GDP 增加了 3.9 倍；人口增加了 13.6%；三次产业结构由 8.8∶58.3∶32.9 转变为 4.3∶50.8∶44.9，第一产业、第二产业比例显著下降，第三产业比例明显增加，第二产业比例下降 7.5%，第三产业比例上升 12%，是天津市经济总量和质量上升最快的时期；人口城市化率约增加了 5.4%。以上数字表明，这一期间随着社会经济的迅速发展和城市化率快速提高，天津市的经济产业结构和土地利用结构、方式已经发生显著变化，土地节约、集约利用意识增强，城市内部土地挖潜逐步代替向外扩张，因而耕地流失速率有所下降。从国家耕地保护政策看，这一时期耕地保护政策陆续制定，特别是 1994 年《基本农田保护条例》的发布和 1996 年"实现耕地总量动态平衡"首次正式提出，对促进我国耕地保护事业的发展具有重大意义，并取得了较好的效果，天津市从 1994 年后耕地减少率水平迅速降低。

第二阶段：农地面积快速下降期（2001~2010 年）。

从 2001 年开始天津市耕地减少速度有所增加，截至 2010 年的 10 年间减少约 2.51 万 hm²，减少率 5.9%，年均递减率为 0.68%；2003 年、2006 年、2007 年减少率都超过了 1%，并成为改革开放以来耕地减少速度最快的年份，耕地数量减少进入高峰期。这期间，天津市 GDP 增加了 3.8 倍，人均 GDP 增加了 2.8 倍；人口增加了 10.7%；三次产业结构由 4.3：50.8：44.9 变为 1.6：52.5：45.9。此期间随着经济的快速增长，工业和建筑业快速发展，尤其工业产值增加较快，二次产业比例显著上升，三次产业发展缓慢。此外，这一期间房地产开发建设迅速兴起，10 年间，天津市年完成房地产开发投资增长了近 4.4 倍，施工面积增长了 5.3 倍。工业的二次膨胀和房地产业的快速发展是此轮耕地面积减少的主要原因。

重点考察耕地保护政策、农业结构调整政策对耕地数量变动的影响。并以农业产值占农业、林业、牧业、渔业总产值的比例作为衡量农业结构调整指标，即反映在国家农业结构调整相关政策指导下，农民受比较经济利益驱动转变农地用途从而造成耕地面积减少。在农业耕作技术变化不大的情况下，该指标比例降低表明耕地面积向园地、养殖用地（畜牧和渔业用地）等其他农用地转化的趋势明显（肖笃宁等，2003）。在耕地保护政策对遏制耕地面积减少贡献的定量研究方面，翟文侠和黄贤金（2003）采用如下方法处理：将 1986 年以前的耕地保护政策（即颁布并实施《中华人民共和国土地管理法》之前的耕地保护政策）定义为"1"，这时耕地处于弱保护状态；1986~1994 年定义为"3"，这一时期我国开始实施《中华人民共和国土地管理法》，耕地处于较强的保护状态；1995~1996 年定义为"5"，缘于基本农田保护制度的实施，为强保护状态；1997~1999 年定义为"7"，主要因为 1997 年开始实施土地用途管制制度和在 1999 年开始实施新《中华人民共和国土地管理法》（谢高地等，2011）。刘新卫将我国改革开放以来的耕地保护政策划分为四个发展阶段：①耕地保护意识觉醒期：1978~1985 年；②耕地保护政策制定起步期：1986~1997 年；③耕地保护政策体系初建期：1998~2003 年；④耕地保护政策体系完善期：2004 年至今（谢高地等，2008）。也可将这 4 个时期予以定量。

10.3.2　天津市耕地数量变化的影响因素分析

（1）影响因素的选取

影响天津市耕地面积变化的人文影响因素包括人口因素、经济因素、城市化、政策因素和农业科技进步等。结合相关文献，综合考虑天津市耕地流向和数据的可得性，选取以下变量作为反映影响耕地数量变化各因素的具体指标（表 10-1）。笔者对各指标与农地数量（采用1990~2010年各年份的数据）的相关分析表明各指标均与耕地数量存在较显著的相关关系，说明这些变量可能均对耕地数量变化具有不同程度的影响作用。

表 10-1 耕地数量变化影响因子表

评价目标	因素层	指标层	代号
耕地数量变化驱动力	人口因素	总人口数	X1
		非农业人口数	X2
		非农就业比例	X3
	经济因素	地区 GDP	X4
		固定资产投资	X5
		全市财政支出	X6
		全市财政收入	X7
		房地产开发投资额	X8
		实际利用外资	X9
		工业总产值	X10
		第二产业比例	X11
		第三产业比例	X12
	社会因素	人口城市化率	X13
		城市每万人铺装道路长度	X14
		城镇人均住房面积	X15
		农民人均住房面积	X16
		城镇居民人均可支配收入	X17
		农民人均纯收入	X18
		绿化率	X19
	科技进步	重大科技研究成果项数	X20
		粮食单产	X21
		农业机械化率	X22
	政策因素	农业产值占农林牧渔总产值的比例	X23
		农地保护政策	X24

注：收集了1990~2010年各指标的表现，数据来源于历年天津市统计年鉴。

由于耕地保护政策难以定量，采用如下方法处理：1990~1994年定义为"1"，这一时期我国开始实施《中华人民共和国土地管理法》，农地处于弱保护状态；1995~1996年定义为"3"，缘于基本农田保护制度的实施，为较强保护状态；1997~1999年定义为"5"，主要因为1997年中央11号文件《关于进一步加强土地管理切实保护耕地的通知》印发，1999年1月1日起实施的新修订的《土地管理法》为标志，该法确立了我国耕地保护的两大政策框架：用途管制制度和耕地占补平衡制度；对2000~2007年定义为"7"，设为强保护状态。这是因为以上述两项政策为主线，辅之以财税等经济手段，2005年起实施省长负责制，不断完善了土地管理工作。2008年以后定义为"9"，设为更强保护状态，主要因为2008年以来土地政策参与宏观调控的作用得到显著提升，土地审批成为宏观调控的重要手段，也成了耕地保护的重要调控手段。

利用 SPSS19.0（Statistical Package for the Social Science），将上述 24 个自变量与耕地面积在 1990~2010 年的数据进行 Pearson 相关性分析，均通过相关性检验，且具有一定的相关性。其中，除第二产业比例与农业占农林牧渔业总产值比例与耕地数量正相关外，其余均负相关。与总人口数、非农业人口数、人口城市化率、国民生产总值、地方财政收入、房地产开发投资额、农业机械化率等指标相关系数均接近和超过 −0.90，并且显著水平都达到 0.01，即具有显著的统计学意义。

以上分析表明，上述指标均与耕地数量变化具有一定的相关性，指标选择合理。但同时各指标也具有一定的相关性，不能依据彼此互不独立的变量，来分析其对耕地数量变动的作用情况，因而有必要进行主成分分析。

（2）探索性因子分析

在社会经济研究中，人们往往希望收集到更多的有关研究对象的数据信息，进而能够得到一个更加全面的、完整的和准确的把握和认识。于是描述一个对象会有许多指标，这些指标数量繁多、重复、类型复杂，给统计分析带来许多麻烦。

探索性因子分析（EFA）是把原来多个变量化为少数几个综合指标的一种统计分析方法，从数学角度来看，它是一种降维处理技术。假定有 n 个样本，每个样本共有 p 个变量描述，这样就构成了一个 $n \times p$ 阶的矩阵，如式 10-1 所示：

$$X = \begin{bmatrix} x_{11} & x_{12} & \cdots & x_{1p} \\ x_{21} & x_{22} & \cdots & x_{2p} \\ \vdots & \vdots & & \vdots \\ x_{n1} & x_{n2} & \cdots & x_{np} \end{bmatrix} \tag{10-1}$$

综合指标（即新变量）应如何选取呢？显然，其最简单的形式就是取原来变量指标的线性组合，适当调整组合系数，使新的变量指标之间相互独立且代表性最好。如果记原来的变量指标为 x_1，x_2，$\cdots$，x_p，它们的综合指标——新变量指标为 z_1，z_2，$\cdots$，z_m（$m \leqslant p$）。则有式（10-2）：

$$\begin{cases} z_1 = l_{11}x_1 + l_{12}x_2 + \cdots + l_{1p}x_p \\ z_2 = l_{21}x_1 + l_{22}x_2 + \cdots + l_{2p}x_p \\ \cdots\cdots\cdots\cdots\cdots\cdots\cdots\cdots\cdots\cdots\cdots \\ z_m = l_{m1}x_1 + l_{m2}x_2 + \cdots + l_{mp}x_p \end{cases} \tag{10-2}$$

在式（10-2）中，系数 l_{ij} 由下列原则来决定：

1）z_i 与 z_j（$i \neq j$；i，$j = 1$，2，$\cdots$，m）相互无关；

2）z_1 是 x_1，x_2，$\cdots$，x_p 的一切线性组合中方差最大者；z_2 是与 z_1 不相关的 x_1，x_2，$\cdots$，x_p 的所有线性组合中方差最大者；$\cdots\cdots$；z_m 是与 z_1，z_2，$\cdots$，z_{m-1} 都不相关的 x_1，x_2，$\cdots$，x_p 的所有线性组合中方差最大者。

这样决定的新变量指标 z_1，z_2，$\cdots$，z_m 分别称为原变量指标 x_1，x_2，$\cdots$，x_p 的第一，第二，$\cdots$，第 m 主成分。其中，z_1 在总方差中占的比例最大，z_2，z_3，$\cdots$，z_m 的方差依次递减。

从以上分析可以看出，找主因子关键在于确定原来变量 $x_j(j=1, 2, \cdots, p)$ 在诸主成分 $z_i (i=1, 2, \cdots, m)$ 上的载荷 $l_{ij}(i=1, 2, \cdots, m; j=1, 2, \cdots, p)$，从数学上容易知道，它们分别是 $x_1, x_2, \cdots, x_p$ 的相关矩阵的 m 个较大的特征值所对应的特征向量。

采用统计软件 SPSS19.0 进行探索性因子分析，过程如下：

a. 计算 24 个自变量的相关系数矩阵

利用 SPSS19.0 计算 24 个自变量的相关系数矩阵。影响耕地面积变化的 24 个变量之间存在不同程度的相关性，因此需要进行主成分分析，提取影响耕地面积变化且相互独立的公共因子。

b. 检验因子分析中的共同度

从共同度表（略）可以看出 24 个变量的共同度都在 80% 以上，表明这些变量在公共因子提取中信息损失减少，变量可以被公共因子解释。

c. 因子分析中的总方差解释

表 10-2 给出了主成分分析中的原有变量中总方差被解释的情况（部分）。表共由三部分组成：初始因子解的方差解释、提取因子解的方差解释和旋转因子解的方差解释。第三部分是主成分分析的最终解。三个主因子的累计贡献率（%）达到了 95.59%，超过了一般 85% 的要求。因此提取三个主成分因子。

表 10-2 总方差解释

主成分	初始因子解的方差解释			提取因子解的方差解释			旋转因子解的方差解释		
	特征值	方差贡献率	累计方差贡献率	特征值	方差贡献率	累计方差贡献率	特征值	方差贡献率	累计方差贡献率
1	10.941	72.940	72.940	10.941	72.940	72.940	8.537	56.911	56.911
2	2.353	15.684	88.624	2.353	15.684	88.624	3.960	26.397	83.309
3	1.045	6.966	95.590	1.045	6.966	95.590	1.842	12.282	95.590

d. 计算旋转后的因子载荷矩阵

表 10-2 所示的是主成分分析中正交旋转后的因子载荷矩阵。利用该矩阵，可以更好地帮助解释公共因子的意义，为下一步命名公共因子作出合理分析。三个主成分在 24 个因素上的载荷，即原变量在提取主成分上的重要性。

e. 主导因素的界定

第一个主成分（F1）解释所有原始变量总方差的百分比（% of Variance）为 56.9%，表明其对耕地数量减少影响最大（表 10-3）。其上高载荷的指标有地区 GPD、固定资产投资、全市财政收入、房地产开发投资、工业总产值、城镇居民人均可支配收入、农民人均纯收入、耕地保护政策（与第一主成分负相关，表明与主成分变动趋势相反，即耕地保护政策对耕地减少具有抑制作用）。这些指标主要反映了经济总量和收入水平，可定义为第一主导驱动因子——经济发展因子。

第二个主成分（F2）解释所有原始变量总方差的百分比为 26.4%，表明其对耕地数量减少影响居次。其上高载荷的指标有总人口数、非农人口数、人口城市化率。因此可定义为第二主导驱动因子——城市化与人口发展因子。

第三个主成分（F3）解释所有原始变量总方差的百分比约为13.3%，表明其对耕地数量减少影响最小（表10-3）。其上高载荷的指标是非农就业人口、粮食单产、农业产值占农林牧渔总产值的比例。可定义为第三主导驱动因子——农村农业发展因子。

表 10-3 旋转后的因子载荷阵

指标	F1	F2	F3	F4
总人口数	0.374	0.797	0.040	0.067
非农业人口数	0.389	0.876	−0.071	0.020
非农就业比例	−0.129	0.020	0.688	−0.187
地区GDP	0.974	0.028	−0.021	−0.161
固定资产投资	0.941	0.133	0.097	−0.063
全市财政支出	0.958	0.174	0.092	−0.048
全市财政收入	0.902	0.210	0.108	−0.047
房地产开发投资额	0.947	0.116	0.088	−0.047
实际利用外资	0.432	0.167	0.151	0.351
工业总产值	0.915	0.090	0.043	−0.191
第二产业比例	0.464	−0.050	−0.071	−0.811
第三产业比例	−0.373	−0.014	−0.159	0.828
人口城市化率	0.071	0.859	−0.168	−0.053
城市每万人铺装道路长度	0.045	−0.270	0.159	−0.033
城镇人均住房面积	0.267	−0.312	−0.017	0.180
农民人均住房面积	−0.179	0.074	−0.198	−0.075
城镇居民人均可支配收入	0.938	−0.050	−0.005	0.034
农民人均纯收入	0.933	−0.170	−0.115	0.010
绿化率	0.399	−0.605	−0.444	−0.077
重大科技研究成果项数	0.255	0.000	0.123	0.114
粮食单产	0.060	−0.112	0.652	0.464
农业机械化率	0.544	0.125	−0.097	0.396
农业产值占农林牧渔总产值的比例	0.187	−0.090	0.787	−0.025
耕地保护政策	−0.814	−0.172	−0.342	−0.043

此外，在F4中，第二产业比例、第三产业比例的载荷也达到了0.8%以上，说明产业结构对耕地数量变动也具有一定影响。从以上分析中可以看出，天津市耕地数量变化的主要驱动因素是人口增长、经济发展、人口发展及城市化和农村农业发展、耕地保护政策4

个方面。

（3）耕地数量变化主导因素分析

以上分析提取了经济发展（包括总量增加和产业结构升级）、人口发展与城市化、农村农业发展、耕地保护政策四个方面的驱动因素，现结合天津市的实际情况，对此进行进一步分析。

a. 经济发展

经济发展规模与质量取决于经济投入水平，表现为产出水平或产出预期，直接决定了土地利用的集约化程度及土地需求程度。经济投入主要包括固定资产投资与基础设施建设投资，经济产出包括经济总产值与第一产业、第二产业、第三产业产值结构。经济投入与产出直接决定土地利用的需求规模，土地利用规模反过来又通过土地利用产出影响着经济目标的实现。

天津市近年来以滨海新区开发开放为契机，经济发展迅猛，人民生活水平不断提高。2000~2010年，地区生产总值增长了4.4倍，增速连续10年超过12个百分点。按常住人口计算，全市人均地区生产总值达到40 961元，比2000增长3.2倍。三次产业全面发展，2010年三次产业结构为1.6∶52.5∶45.9，二次产业比例仍旧偏高，而二次产业相对于第三产业占地更多。

b. 城市化与人口发展

城市化带来的人口发展，表现为人口规模、结构、收入水平、素质等方面，人口发展对土地的需求主要表现在住房、交通、就业、环境等方面的需求。其中人口规模是城市土地需求的决定性因素，直接决定着住房需求规模及城市基础设施需求规模；就业方式决定着收入水平，非农就业比重表征了从事第二产业、第三产业的人口比例，各产业的发展和人民的就业方向进而影响着土地利用结构。

天津市2000~2010年以来，常住人口增加了21.6%，非农业人口增加了38.5%。增加的人口对交通通信、商业娱乐、居住休闲等建设用地有了更大的需求，城市近郊农地尤其是优质耕地转化为建设用地成为增加建设用地的经常方式。该期间，天津市建设用地面积增加了14.9%，而耕地减少了6.7%。非农人口比例的增加势必推动城市经济的发展和城市建设用地的扩张；农业人口的增加也将推动农村住宅开发、村镇道路建设、电力、电讯等公共服务设施建设，从而造成耕地大量减少。

c. 农村农业发展

农业科技进步使得农作物单产增加，产生农地替代效应，客观上减少农地面积。就粮食作物而言，粮食单产的提高，能够提高粮食的总产量，从而减少对耕地面积的依赖，客观上造成了耕地数量的减少。2000~2010年天津市粮食单产提高了16.5%。

2010年天津市农业产业化经营和机械化水平全面提高。进入农业产业化体系的农户已占总农户的80.6%。机播率和机耕率分别达到58.3%和91.2%。农业科技进步带来的粮食单产提高，在一定程度上缓解来自天津市的耕地压力，其产生的耕地替代效应，是造成耕地面积减少的原因之一。

10.4 典型城乡结合部农地非农化特征监测

10.4.1 数据来源与处理

（1）数据来源

数据源可以根据是否和遥感有关而分为两类：一是非遥感数据；二是遥感数据。本次研究的非遥感数据源是天津市行政区划图，遥感数据是天津市 SPOT 影像。鉴于影像质量、天津市环城四区的实际情况以及研究的内容，本次研究选用 2001 年、2005 年和 2009 年三个时相的遥感影像。

（2）影像预处理

影像预处理部分主要包括：矢量研究区的裁切、叠加分析、土地利用类型的矢量化。具体内容如下。

1）裁切研究区，天津市行政区划图中，包含天津市所有的县市区，而本次研究是专门针对天津市环城四区的相关研究，为了更方便地处理图片，需要裁切出四个区加以处理分析。首先打开天津市行政区划矢量图，确定所研究区域在图中的具体位置；其次单击属性表上的每条属性，查看区域信息是否正确；最后，若信息都正确，选中不需要的区域进行删除，得到要研究的区域，如图 10-4 所示。

图 10-4　研究区行政边界

2）叠加分析，叠加分析在 GIS 中是一个重要的空间分析功能，是指在一个统一的空间参考系统下，通过对两个数据进行一系列几何运算，产生新数据的过程，它的目标是分析在空间位置上有一定关联的空间对象的空间特征和专属属性之间的相互关系。

叠加分析是将第一步裁切出的研究区矢量图，分别与 2001 年、2005 年和 2009 年的遥感影像图进行叠加，得到新的遥感影像数据，使已矢量化的研究区上能够显示不同的土地利用类型，为下一步的矢量化打好基础。经过上述步骤处理后，生成了 2001 年、2005 年和 2009 年的土地利用类型基础影像图，图 10-5 为 2009 年影像图。

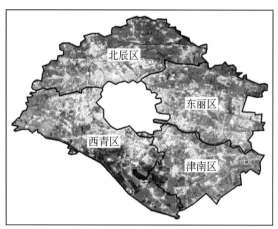

图 10-5　2009 年研究区影像图

　　3）土地利用类型矢量化，本章的主体是天津市环城四区农地非农化的进程研究，计算农用地的面积变化是 GIS 最基础的操作过程，而对各种土地利用类型的提取并加以矢量化又是计算面积的前提。对遥感影像进行上面两步处理后，对影像进行相关选取得出三种土地利用类型。以 2001 年的图像为基础，将影像图中的土地类型分为农用地、建设用地和未利地三类，分别选取，并附上对应属性值；以同样的方法对 2005 年和 2009 年的影像图加以处理，得到以下矢量结果图，见图 10-6 ~ 图 10-8。

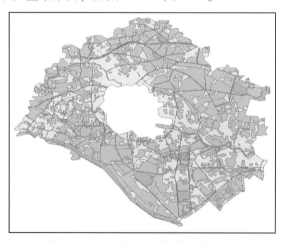

图 10-6　2001 年土地利用类型矢量图

（3）影像数据后处理

　　研究思路是以 GIS 技术为基础，求出研究期间内土地利用类型的面积变化，并加以比较分析；同时利用 ArcMap 的空间分析模块，进行运算分析，得出研究时段内土地利用变化的转移概率。

　　土地利用类型面积的计算步骤：打开影像图的属性表，选择 land-use 一列，右键单击 Calculate Geometry 工具，选择 Area 作为要计算的属性，单位用平方千米来表示，最后单

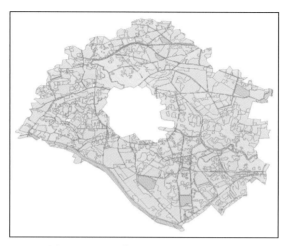

图 10-7 2005 年土地利用类型矢量图

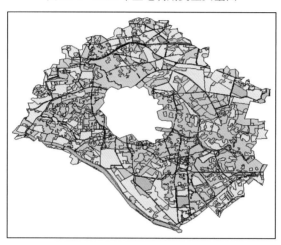

图 10-8 2009 年土地利用类型矢量图

击 OK，就求得需要统计的三类土地利用类型的面积，将得到的属性表再导入到 Excel 表格中，做统计处理。

转移概率矩阵的计算步骤：运用 ArcMap 中的空间分析功能，对 2001 年、2005 年和 2009 年的三期解译结果矢量图做空间叠加分析，为了提高运算速度，将数据转换为栅格形式，同时将图片的大小设置为 10 以提高精度；最后利用 Zonal 模块中的 Tabulate Area 工具进行计算，得到研究区 2001～2005 年、2005～2009 年、2001～2009 年三个时间段的土地利用面积转移矩阵概率。

10.4.2 分析模型

（1）土地变化分析模型

土地利用变化的速度一般是通过"单一土地利用动态度"和"综合土地利用动态度"

来计算和表达，而土地利用变化的幅度一般通过"土地利用变化幅度"计算和表现，这些模型都是分析土地利用变化情况的常用模型，也同样适用于农用地变化分析，进而分析农用地的变化情况。

1）农用地利用的变化幅度。

它指的是每个土地（农用地）利用类型在面积上发生的变化，这种变化幅度表现的是利用类型总量上产生的变化。其数学运算式为

$$F = \frac{u_b - u_a}{u_a} \qquad (10\text{-}3)$$

式中，u_a、u_b 分别为最初的研究时段及末段的研究期每个利用类型的数量；F 为变化幅度。

2）单一土地利用动态度。

在研究土地利用变化时，不仅要分析土地利用类型的变化，还要求出土地利用变化的速度，以能更好地明确土地利用的变化过程，而土地利用变化的速度通常利用动态度来定量描述，土地利用动态度在分析研究区土地利用变化的差异和预测未来各种地类的发展趋势时非常重要。土地利用动态度分为综合土地利用动态度和单一土地利用动态度两种方式，选取单一土地利用动态度作为研究内容。

研究区内一定时段内某一特定的土地利用类型的变化状态常用单一土地利用类型动态度定量描述，其数学运算式为

$$K = \frac{u_b - u_a}{u_a} \times \frac{1}{T} \times 100\% \qquad (10\text{-}4)$$

式中，K 为单一土地利用类型动态度；u_a、u_b 分别为最初的研究时段及末段的研究期每个利用类型的数量；T 为初始的研究期与末段的研究的时间段。

（2）马尔柯夫链模型

马尔柯夫链是一种具有"无后效性"的特殊随机运动过程。它假设一个动态系统在 $T+1$ 时刻的状态和 T 时刻的状态有关，而和 T 时刻以前的状态无关。

运用马尔柯夫模型机型预测，首先得到初始转移概率矩阵 $\boldsymbol{P}$，也就是农用地与建设用地类型之间相互转化的转移概率矩阵，其中涉及的原理与公式如下：

$$P = (P_{ij}) = \left\{ \begin{pmatrix} P_{11} & \cdots & P_{1n} \\ \vdots & \ddots & \vdots \\ P_{n1} & \cdots & P_{nn} \end{pmatrix} \right\} \qquad (10\text{-}5)$$

P_{ij} 的计算公式为：$P_{ij} = C_{ij}/LU_i$，且必须满足以下条件：

$$\begin{cases} 0 \leqslant P_{ij} \leqslant 1 & (i, j = 1, 2, 3, \cdots, n) \\ \sum\limits_{i-1}^{n} P_{ij} = 1 & (i, j = 1, 2, 3, \cdots, n) \end{cases} \qquad (10\text{-}6)$$

式中，P_{ij} 为开始时期到预测时期由 i 类型转化为 j 类型的概率；C_{i-j} 表示在研究期内由研究地区中土地利用类型 i 类转化为 j 类的面积；LU_i 为研究开始时期 i 类土地利用类型总面积；n 为总研究地区所分土地利用类型的数目，马尔柯夫过程有无后效性的特点，再根据 Bayes 的条件概率公式，可对事件发生过程中的状态出现的概率进行预测：

$$P(n)=P(n-1)P(0) \text{ 或 } P(n)= P(0)P(n) \tag{10-7}$$

式中，$P(0)$ 为开始时期状态概率向量；P 为研究区的转移概率矩阵；$P(n)$ 为通过 $n-1$ 次转移后达到 n 次转移的状态概率向量；$P(n-1)$ 为经过 $n-2$ 次转移后达到 $n-1$ 次转移的状态概率向量。

10.4.3 土地利用变化分析

（1）土地利用动态变化分析

通过对天津市四城区 2001 年、2005 年、2009 年遥感影像根据分类数据结果做数学统计计算，得到三个年份土地利用信息，包括面积变化、幅度大小、速度快慢等一系列数据（表 10-4 和表 10-6）。根据统计数据生成三个年份土地利用现状图（图 10-9）、研究区各地类面积变化图（图 10-10）和研究区各地类变化幅度对比图（图 10-11）。

表 10-4　研究区不同年份土地利用面积　　　　　　（单位：km²）

年份	土地利用类型	西青区	北辰区	东丽区	津南区	总面积
2001	农用地	317.80	374.25	294.64	184.31	1171.00
	建设用地	191.72	91.28	159.39	196.25	638.64
	未利用地	57.48	12.95	24.06	20.25	114.74
2005	农用地	280.80	343.25	261.47	171.29	1056.81
	建设用地	234.47	121.85	193.53	210.65	760.50
	未利用地	51.73	13.38	23.09	18.87	107.07
2009	农用地	225.80	339.43	280.19	163.45	1008.87
	建设用地	259.22	132.98	201.04	219.35	812.59
	未利用地	50.98	12.07	21.86	18.01	102.92

表 10-5　不同年份各土地利用类型面积统计　　　　　　（单位：km²）

土地利用类型	2001 年	2005 年	2010 年
农用地	1171.00	1056.81	1008.87
建设用地	638.64	760.50	812.59
未利用地	114.74	107.07	102.92

表 10-6　研究区土地利用变化情况统计

指数	时期	农用地	建设用地	未利用地
变化面积/km²	2001~2005 年	−114.19	121.86	−7.67
	2005~2009 年	−47.94	52.09	−4.15
	2001~2009 年	−162.13	173.95	−11.82
变化幅度	2001~2005 年	−0.098	0.19	−0.067
	2005~2009 年	−0.045	0.068	−0.388
	2001~2009 年	−0.138	0.272	−0.103

指数	时期	农用地	建设用地	未利用地
动态度	2001~2005 年	-2.44	4.77	-1.67
	2005~2009 年	-1.13	1.7	-0.97
	2001~2009 年	-1.73	3.4	-1.28

a. 土地利用现状分析

从表 10-5 和图 10-9 可以看出，2001 年、2005 年和 2009 年天津市环城四区各地类的面积和所占比例状况。2001 年，农用地面积为 1171.00km²，占研究区总面积的 61%，建设用地和未利用地各占 638.64km² 和 114.74km²，分别占总面积的 33% 和 6%。2005 年，农用地面积为 1056.81km²，占研究区总面积 55%，建设用地占 760.50km²，所占比例为 39%，未利用地面积减少到 107.07km²，但仍占总面积的 6%。2009 年，农用地面积是 1008.87km²，所占比例 53%，建设用地和未利用地面积依次是 812.59km² 和 102.92km²，占环城四区面积的 42% 和 5%。

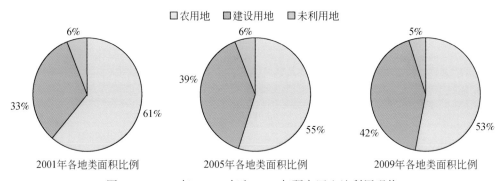

图 10-9　2001 年、2005 年和 2009 年研究区土地利用现状

b. 土地利用面积变化

从图 10-9 中可以看出，2001~2005 年天津市环城四区土地利用变化比较显著。农用地面积减少最多，减少的面积达 114.19km²，而建设用地增加 121.86km²，未利用地减少的面积为 7.67km²，也间接性转化为建设用地。2005~2009 年研究区的农用地面积持续减少，减少了 47.94km²，未利用地面积减少 4.15km²，建设用地增加了 52.09km²。在整个 2001~2009 年八年间，农用地减少量最多，减少多达 162.13km²，未利用地减少 11.82km²，建设用地相对增加了 173.95km²。

c. 变化幅度

从表 10-5 和图 10-9 可以看出，2001~2005 年，研究区增加幅度最大的是建设用地，增加幅度为 0.19，而农用地和未利用地都是相继较少，减少幅度分别为 0.098 和 0.067。2005~2009 年，建设用地的增加幅度虽然较上一个研究区间明显减小，但增加幅度最大的仍是建设用地，增加幅度为 0.068，农用地和未利用地的变化幅度仍是负值，减少幅度值分别为 0.045 和 0.388。2001~2009 年整个研究区时段分析，变化幅度最大的仍是建设用

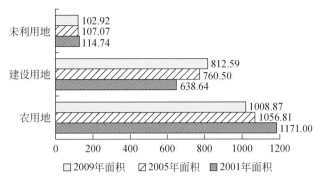

图 10-10　2001 年、2005 年和 2009 年研究区各地类面积变化（单位：km²）

地，增加幅度 0.272，其次是农用地，减少幅度 0.138，最后是未利用地，整个八年间减少幅度为 0.103。

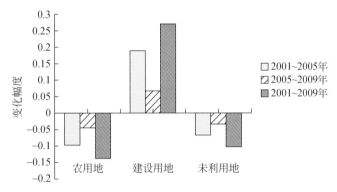

图 10-11　2001 年、2005 年和 2009 年研究区各地类变化幅度对比

d. 动态度

2001～2005 年，变化速度最快的是建设用地，达 4.77%，农用地和未利用地年均减少分别是 2.44% 和 1.67%；2005～2009 年，变化速度最快的仍是建设用地，但与第一个研究区间作比较，可以看出变化速度明显减慢，年均增加 1.70%，农用地仍处于减少状态，年平均减少 1.13%，与上一个研究区间相比，2005～2009 年速度也在降低中，未利用地面积年平均减少 0.97%。从 2001～2009 年整个时段来看，建设用地变化速度最快，为 3.40%，农用地和未利用地均较少，减少速度分别为 1.73% 和 1.28%。

（2）土地利用变化特征分析

通过分析研究可以得出，2001～2009 年研究区内的三种土地利用变化表现出以下几个特点。

1）建设用地呈明显增长势头，建设用地从 2001 年的 638.64km² 增加到 2009 年的 812.59km²，增长幅度达到 27.2%。农用地大幅度减少，从 2001 年的 1171.00km² 减少到 2009 年的 1008.87km²，减幅有 13.8%。未利用地减少的面积相对较小，由 2001 年的 114.74km² 降到 2009 年的 102.92km²，减幅为 10.30%。

2）减少的农用地多转化为建设用地，在整个 2001～2009 年研究区间内，农用地减少的面积变化有 162.13km^2，未利用地也减少 11.82km^2，而建设用地增加了 173.95km^2，可以推断，建设用地的增加量在很大程度上是由农用地转化而成的。

3）未利用地呈现出减幅降低的趋势，未利用地在 2001～2005 年减少面积 7.67km^2，减少幅度为 0.067，在 2005～2009 年减幅为 0.388，在整个研究期内，未利用地面积虽一直处于减少的状态中，但变化幅度也在降低。

（3）农用地与非农用地之间的转化分析

基于研究区 2001 年、2005 年、2009 年遥感影像分类结果，在 ArcMap 空间分析模块下运用 Tabulate Area 工具进行运算分析，得出研究时段内土地利用变化的转移概率矩阵，如表 10-7、表 10-8 和表 10-9 所示。

表 10-7　2001～2005 年天津市环城四区土地利用转移概率矩阵　（单位：%）

2001～2005 年	农用地	建设用地	未利用地
农用地	82.75	17.18	0.07
建设用地	8.04	91.96	0.00
未利用地	0.91	5.77	93.32

表 10-8　2005～2009 年天津市环城四区土地利用转移概率矩阵　（单位：%）

2005～2009 年	农用地	建设用地	未利用地
农用地	88.32	11.67	0.01
建设用地	7.33	92.57	0.10
未利用地	0.78	0.29	98.93

表 10-9　2001～2009 年天津市环城四区土地利用转移概率矩阵　（单位：%）

2001～2009 年	农用地	建设用地	未利用地
农用地	85.24	14.72	0.04
建设用地	9.73	90.25	0.02
未利用地	0.83	2.08	97.09

由表 10-7 可以看出：2001～2005 年，农用地转出概率为 17.25%，有 17.18% 的农用地转化为建设用地，0.07% 的农用地转化为未利用地；建设用地转出概率为 8.04%，全部转变为农用地；未利用地转出概率为 6.68%，其中 0.91% 转为农用地，5.77% 转化为建设用地。

由表 10-8 可知，2005～2009 年，农用地的转出概率为 11.68%，有 11.67% 的农用地转化为建设用地，有 0.01% 的农用地转化为建设用地；建设用地的转出概率为 7.43%，有 7.33% 的建设用地转化为农用地，有 0.10% 的建设用地转化为未利用地；未利用地的转出概率为 1.07%，其中 0.78% 的未利用地转为农用地，0.29% 的未利用地转为建设用地。

由表 10-9 可知，在 2001～2009 年整个研究区间内，农用地转出概率为 14.76%，有 14.72% 的农用地转为建设用地，有 0.04% 的农用地转为未利用地；建设用地的转出概率为 9.75%，有 0.02% 的建设用地转为未利用地，有 9.73% 的建设用地转为农用地；未利用地的转出概率为 2.91%，其中 0.83% 的未利用地转为农用地，2.08% 的未利用地转为建设用地。

从上述结果可以看出：农用地的转出率在三种土地利用类型中是最高的，转为建设用地的概率也最高，说明研究区的农用地在不断转化为建设用地，伴随着天津市经济的发展，城市化的加快，环城四区也在不断加速农地非农化的进程。同时，比较 2001～2005 年和 2005～2009 年两个研究区间可以看出农用地的转出概率有所下降，这可能进一步说明天津市对于城市的建设发展已不再单纯依赖于对农用地的占用，而开始思考土地利用的合理转化与布局。

10.4.4 基于马尔柯夫链模型的农地非农化预测

近些年来，对土地利用变化发展的趋势预测很多学者都常采用马尔柯夫链模型进行，这种预测模型的可靠性也得到了证明。根据目前的变量状态对未来进行预测是马尔柯夫链的基本特征，这种预测方法不需要与以往的资料相连，只要有最近或现在的动态资料便可以预测未来的变化状况。本次探究的天津市环城四区农用地与建设用地类型之间的相互转移变化符合马尔柯夫链模型的特点，故土地利用动态过程模拟与预测可以采用马尔柯夫链模型进行。

（1）向量矩阵的确定

在这次研究的过程中，只是将土地利用类型划分为农用地、建设用地和未利用地三个类型。在研究区内，三种土地类型相互转化，但总面积保持不变。

1）确定初始状态矩阵，根据马尔柯夫链的具体要求，把土地利用系统中每一个土地利用类型中占土地总面积的百分比作为研究状态的百分比。各状态初始概率构成了初始状态矩阵。选择 2009 年的概率矩阵作为初始向量，进一步预测 2019 年和 2038 年的状态向量。

2009 年的初始状态向量矩阵：

$$P(0) = \begin{bmatrix} 0.5243 & 0.4223 & 0.0534 \end{bmatrix}$$

2）转移概率矩阵的确定，转移概率指的是一种状态到另外一种状态的转化速率，成功应用于马尔柯夫链模型的关键在于转移概率矩阵的确定。在土地利用变化研究中，转移概率矩阵通过一定时段内某一土地利用类型的年平均转化率获得，即某地类转化后的各土地利用类型面积占转化前该地类的年平均百分比。

构造 2005～2009 年转移概率矩阵如下：

$$P_{ij} = \begin{Bmatrix} 0.8832 & 0.1167 & 0.0001 \\ 0.0733 & 0.9257 & 0.0010 \\ 0.0078 & 0.0029 & 0.9893 \end{Bmatrix} \tag{10-8}$$

（2）预测结果分析

运用马尔柯夫链预测模型对天津市环城四区的土地利用变化进行预测分析，具体预测过程是：首先确定一个时间段作为转移步数，研究期为 4 年，即步数等于 4 年，$n=1$ 代表经过一个步数，就是 2013 年的农用地利用情况；$n=2$ 代表经过两个转移步数 8 年，就是 2017 年的农用地利用情况。具体的计算过程如下（以农用地为例）：

2013 年农用地的百分比 =（2009 年农用地比例）×（$P11$）+（2009 年建设用地比例）×（$P21$）+（2009 年水域比例）×（$P31$）

2013 年农用地的百分比 = 0.5243×0.8832 + 0.4223×0.0733 + 0.0534×0.0078 = 0.4944

剩余建设用地和未利用地所占百分比的算法也按上述方法依次求得：

2013 年建设用地所占百分比 = 0.4223×0.9257 + 0.5243×0.1167 + 0.0534×0.0029 = 0.4523

2013 年未利用地所占百分比 = 0.0534×0.9893 + 0.5243×0.0001 + 0.4223×0.0010 = 0.0533

将各预测值进行统计，得到表 10-10。

表 10-10　研究区土地利用动态变化的 Markov 预测值

土地利用类型	农用地	建设用地	未利用地
2009 年/km²	1008.87	812.59	107.92
2013 年/km²	951.41	870.39	102.58
2017 年/km²	904.89	917.04	102.45
2009～2013 年变化量/km²	−57.46	57.8	−5.34
单一土地利用动态度/%	−1.42	1.78	−1.23
2013～2017 年变化量/km²	−46.52	46.65	−0.13
单一土地利用动态度/%	−1.22	1.34	−0.03

根据表 10-10 预测，2009 年后的 8 年内（2009～2017 年）研究区内农用地将会进一步减少，但减少的幅度在逐渐减小，建设用地将继续增加，增加的速度也将放慢，未利用地增加，但幅度不大，总的趋势呈现为农用地转化为建设用地。

从预测结果所计算的单一动态度可以得出：建设用地的变化速度最快，变化面积也最多，2009～2013 年的单一土地利用动态度为 1.78%，2013～2017 年的单一土地利用动态度为 1.34%，单一动态度呈减少趋势，说明建设用地增加的速度放缓。对应农用地在 2009～2013 年的单一动态度为−1.42%，2013～2017 年的动态度为−1.22%，动态度也是呈降低的趋势。分析两者之间的变化可以总结为：在未来 8 年间农用地虽然仍会持续转变为建设用地，但转换的速度也将持续降低，农地非农化的趋势将放缓。

10.5 典型城乡结合部景观格局变化及其驱动力分析

数据源为天津市环城四区所建立的 1∶10 000 土地利用现状数据库，数据处理平台包括 ArcGIS 9.3 和景观生态学软件 FRAGSTATS 4.1。

10.5.1 景观格局指数的选取

景观格局指数值分为斑块水平（patch）、类型水平（class）和景观水平（landscape）三种类型，结合研究实际，选用景观水平和类型水平计算各景观格局指数的值。同时，针对面积/密度/边长、形状、聚集/分布和多样性等 5 大类型，具体景观格局指数及其生态学含义详见表 10-11。土地利用类型性质间的差异将改变景观结构与布局，影响景观间物质、能量和生态流的交换，甚至将改变景观基质。景观格局指数不仅可以用来描述景观格局，且能用来建立景观结构与过程或现象的联系，更好地解释与理解景观功能。

表 10-11 景观格局指数

景观指数	计算公式	生态意义
景观要素斑块密度	$\mathrm{PD}_i = \dfrac{N_i}{A_i}$	反映景观的破碎化程度，越大，破碎化越严重
最大斑块指数	$\mathrm{LPI} = \dfrac{\max(a_{ij})}{A}(100)$	反映了最大斑块对整个景观类型或者景观的影响程度
边缘密度	$\mathrm{ED}_c = \dfrac{\sum\limits_{k=1}^{m} e_{ik}}{A}$	揭示了景观或类型对边界的分割程度，是景观破碎程度的直接反映
分维数	$\mathrm{PAFRAC} = 2\log(P/4)/\log(A)$	在一定程度上反映出人类活动对景观格局的影响，分维数高，景观的几何形状复杂
斑块聚集度指数	$\mathrm{COHESION} = \left[1 - \dfrac{\sum\limits_{j=1}^{n} p_{ij}}{\sum\limits_{j=1}^{n} p_{ij}\sqrt{a_{ij}}} \right]\left[1 - \dfrac{1}{\sqrt{A}} \right]^{-1}(100)$	衡量相应景观类型自然连接性程度
斑块丰富度密度	$\mathrm{PRD} = \dfrac{m}{A}$	反映景观组分以及空间异质性
香农多样性指数	$\mathrm{SHDI} = -\sum\limits_{i=1}^{m}(p_i \times \log_2 p_i)$	反映了景观的复杂性
香农均匀度指数	$\mathrm{SHEI} = (H/H_{\max}) \quad H_{\max} = \log(m)$	趋近于 1 时说明景观中没有明显的优势类型

注：表中双重加权的公式是对整体景观的计算公式，当计算不同景观的该项值时，则只有一个加权公式。

10.5.2 景观格局分析

(1) 类型水平的景观指数分析

类型水平的景观格局指数主要是从总体上反映区域空间格局在各时间段上的变化，其结果见表10-12。可以看出，各时间点上的景观格局指数都变化较大。研究时间段内，最大斑块面积比例 LPI 逐渐减小，说明研究区域内大多数斑块面积较小，景观破碎化程度逐渐加大；斑块密度和边缘密度持续增强再次证明了研究期间景观破碎化严重。研究区域总体分维数持续增长，分维数变大，说明从总体而言，形状趋于复杂和不规则。土地利用类型受到人类活动影响，耕地、林地等景观类型，受到建设用地的侵入和分割，使景观的整体形状变得较为复杂。研究区香农多样性指数和香农均匀度指数在研究时间段内都有所增长，说明景观类型由于人类活动的加强向均衡化方向发展的趋势。这一过程体现了耕地的控制地位下降，城镇、农村居民点与交通工矿用地和水域地位上升。反映了研究区域由传统的农业景观向现代城镇景观转变的过程。

表 10-12　研究区域景观格局动态变化

年份	PD	LPI	ED	PAFRAC	COHESION	PRD	SHDI	SHEI
2001	2.3286	7.5623	26.1788	1.0665	99.2796	0.0005	1.1846	0.5040
2009	2.8486	5.7923	39.0362	1.7283	99.7970	0.0005	1.3569	0.7207

(2) 斑块水平的景观分析

表10-13是类型水平上的景观变化规律，可以发现工矿仓储用地、其他土地以及特殊用地景观指数有所变化但是差异不大，将不作重点说明。

表 10-13　斑块水平上的景观格局指数

斑块类型	年份	LPI	ED	PAFRAC	COHESION
耕地	2001	67.406	22.4976	1.293	99.8045
	2009	57.4486	28.2587	1.313	99.7368
农村居民点及工矿用地	2001	0.1116	1.14	1.0253	29.2025
	2009	0.5617	1.4256	1.0496	53.2
未利用地	2001	0.12	1.8933	1.0869	72.4205
	2009	0.1167	1.9163	1.091	72.2659
林地	2001	2.8606	7.4534	1.2155	96.2634
	2009	3.5716	5.0178	1.1613	93.2891
水域及水利设施用地	2001	2.7896	9.5176	1.2354	96.3498
	2009	1.6513	6.2938	1.1924	92.9219

耕地斑块的 PAFRAC、COHESION 表现出增大的趋势，说明区域耕地斑块的破碎化程度加剧。随着经济的发展，道路的修建以及沿线的开发活动使得大片的耕地斑块都被分割成小斑块；加之建设用地的扩展也打破了原有的耕地空间布局加剧破碎化程度。PAFRAC的增大说明 2009 年度的斑块较 2001 年的耕地斑块自相似性越弱，且几何形状较 2001 年更加不规则。LPI 的降低说明斑块内部差异在逐渐缩小，2009 年耕地斑块在空间的聚集有所降低。COHESION 是斑块结合度指数用以衡量景观类型的自然连接程度。耕地斑块的 COHESION 在所有类型中最高，虽然有所降低但是仍然高于其他类型斑块，说明耕地斑块的连接性较好，耕地斑块间的物质和能量迁移比较通畅。

农村居民点和工矿用地是两个时期变化较大的土地利用类型，所有指数都增加，其中以 COHESION 增加最大。经济的发展导致人口的增加，建设用地需求加大，城市不断扩张，住宅用地面积的增加必然导致斑块密度的增加。开发商不断开发生活小区占据耕地面积，使得住宅用地斑块趋于集中，斑块指数有所上升，聚集程度自然增加，住宅用地之间由于基础设施条件的不断改善使得斑块之间的连接性也逐渐转好。人为干扰是促进住宅用地变化的最大驱动力。

林地斑块的 LPI 增加，而 PAFRAC 和 COHESION 减小。LPI 说明在 2009 年度林地面积有所增加，同时有些小林地斑块合并成大斑块使得最大斑块指数所有增大。其他指数的降低说明林地有趋于规则化的变化趋势。水域面积在 2009 年度较 2001 年度有所减少，但是斑块密度却有所增加，说明水域及水利设施用地的破碎化程度加剧。工程的修建不可避免地占据水域面积，加之水域污染使得水域面积有所减小，被分割成许多破碎的小水域斑块，因此水域斑块聚集性降低，斑块之间的连通性也有所降低。

10.5.3　农地非农化驱动因素分析

（1）自然驱动因素

天津市主要自然灾害类型有干旱、洪水、雨涝、冰雹、高温、大风、风暴潮、海冰、赤潮、生物病虫害、地震、地面沉降、土壤盐渍化、水土流失等，自然灾害类型多样，对人民生产生活具有一定危害，但对耕地资源的损害较少，是全国自然灾害损毁耕地最少的地区之一（西藏、宁夏、青海、甘肃和天津）（杨怡光，2009）。

自然驱动力相对较为稳定，发挥着积累性效应，短期内并不是导致天津市耕地资源变化的主要因素，长远来看，则会对耕地资源数量变化影响显著。而在短期内，社会经济驱动力（也称人文驱动力）相对活跃，对耕地数量变化和土地利用变化产生较大影响。

（2）社会经济因素

a. 城市人口的增加

城市人口是城市扩展的最初动力，主要表现在结构和总量两个方面。人口总量对农用地转为非农用地的影响主要表现在两个方面：一是普通居住和就业用地，是一种刚性需求；二是各种农产品用地，其中粮食用地占有不可忽视的比例。同时，土地面积的变化又与人口的增长呈现出明显的正相关性，一般可以说，城镇化水平越高，城镇人口也就越多，相应的对土地用途转换的影响也就越大，可以说，人口的增长直接或间接地影响到土地利用结构的调整或转换。

b. 产业集聚

产业集聚（industria cluster）是指一些相互联系的企业集中于某个特定区域，在地理位置上处于邻近，将产业集中分布，它是社会经济的发展所表现出的一种空间现象。产业集聚带来经济的集中，也使经济活动向具有较强竞争力的地区靠拢，使经济活动的分布不再均匀，这种分区域的"块状经济"的出现，也代表了经济快速发展所带来的地域选择。

天津市根据经济一体化发展要求，以构筑高层次产业结构，完善自主创新体系为宗旨，着力创造天津的优势产业和集聚效应。天津市环城四区都有各自分工，整体统一服务于市区。西青大片区域紧挨南开区和河西区，其中的新技术产业园区华苑产业园又是高新技术研发和转化的基地；新城重点发展汽车行业。津南新城重点发展电子及通信设备制造产业、环保产品制造、生物医药加工和都市型工业。作为京津走廊的北辰区，产业集聚更加明显与细则化，小淀组团重点发展高新技术产业、现代制造业，青光、双口组团重点发展现代加工工业，双街组团重点发展服务于中心城区的物流等产业。东丽区连通天津市区和滨海，一直起着桥梁的作用，而空港又是不能被大家所忽略的一个地标，重点发展商贸型物流加工。

大量产业在大城市的集聚，使得一系列相关产业得以快速发展，产业集聚加速了城市化的进程，从而加大城市对新建厂房的需求，导致城市不断向周边地区扩张，农用地转化为非农用地。

c. 固定资产投资

经济的增长来源于两个方面：一个是投入的要素增加；另一个是对要素使用效率的提高。目前对于天津市的经济增长，要素投入的贡献率要高于效益提高的贡献率，经济增长仍依靠要素投入的增加来支持。在除去劳动力的前提下，固定资产投资的增加是要素投入的主要表征指标，而固定资产投资的大部分又用于城市和工业基础设施的建设以及对场地的购买，这也直接拉动了对于农用地的需求，使得农地非农化的扩张加大。

d. 土地比较收益

在一般情况下，人们对土地的利用方式要根据不同时期的社会和经济发展现状，而被迫将土地生产效率作为土地利用变化的衡量准则，改变土地的利用类型或土地数量来满足土地利用之间配置的最优化。换句话说，土地结构的变化是由土地用途的收益来决定的。通常把农业用地的比较收益偏低作为农用地转化为建设用地的根源。城市与农村的比较利益有明显的差距，这就使得农村土地时刻面对"价格压力"，而城市所具有的"拉动效应"，又对土地利用类型的转换起到推动的作用，两者共同促进了农地的非农化。

（3）制度政策因素

a. 制度方面

中国的农地非农化进程不仅是土地数量在两个部门之间的转移问题，大量农村土地被破坏，城市建设用地被闲置，一边是损害的积累，一边是闲置的累积，其中有深层次的体制问题。目前关于制度对农地非农化的影响的研究主要集中于农地产权制度，农地收益分配制度、农地规划等方面（郭玲霞和黄朝禧，2011），当然农地征收制度也是不可忽视的影响因素。

①土地产权制度。土地产权制度直接影响到相关土地资源的配置速度和方向，而不同国家的市场机制在资源配置中的作用也是循序渐进的，农地非农化的数量也受到不同土地市场配置模式的影响。这些制度在方向上调节着农地非农化市场的均衡数量。

天津市目前的土地产权制度也是以国家的产权制度为前提的，虽然集体土地所有权的主体在法律上也是集体经济组织中的一个，但是以集体经济组织形式而存在的农村土地，在很大程度上已不能被农民行使所有权。农村集体土地所有权主体的不明确，导致了农地征用过程中出现农地保护搭便车的现象，多数农民不愿意付出更多精力或时间来抗议政府的低价征用行为，这在一定程度上弱化了土地所有权应起到的制约作用。因此，随着社会的进步，土地产权主体会日渐明晰，土地的权能也会逐步完善，农民在农用地征用过程中的地位和谈判意愿将会提高，也代表了农地非农化成本的增加，从而可以抑制农地的非农需求，达到农地非农化的动态平衡。

②农地征收制度。随着农村城镇化进程的加快，不断扩大城市建设用地的规模已成事实，但是在长期对土地征收的过程中，造成了农民合法权益受损，更使农民的利益得不到保障。农地征收制度的完善将有效提升农村土地利用度，改善大范围农村用地水平，同时它对于农村土地这种稀缺资源的配置又对农村经济的发展产生影响。目前，我国在农地征收方面存在多个困境，以下主要介绍三个方面。

第一，我国农地征收的公益性与非公益性界定不清。公共利益是以必需、抽象的性质而存在的，它注重公益性，以公共服务为宗旨，同时是全社会成员共同奋斗的目标，是各国对征用权限进行限制的通用做法。地方政府的主要收入来自于对农地的征用，为了追求经济效益，有些地方政府把经营性用地的征地看作增加地方财政收入的主要手段，这就使得农用地的经营性征收面积在征地总面积中占有很大的比例。我国在土地征收上的政策不仅体现在对公共利益的界定不明，更是在城市化进程的发展中，对征用农用地来满足建设用地的需求而采取默认的态度，这也就造成了城市征地动向不明，使得大多数城市都出现了农地过度非农化的现象，最终损害农民的合法权益。

第二，在农地征收过程中，对农民的补偿不能够合理反映农村土地的实际价值。农地过度非农化的出现在很大程度上也取决于农用地的补偿价值低，以低价征收，高价出让。在土地征收过程中，没有考虑农民的意志，忽视了对农民的相应补偿，这就出现了农民被征地后生活质量反而降低的现象。

第三，农地征收程序不完善。只有拥有健全完善的农地征收制度，才能杜绝地方政府对农用地的过度征用。然而我国在大多数情况下，对农用地的征用是在农民不知情的情况下进行的，土地的各项征地标准完全由政府制定，缺乏农民的实际意见，这种征地方式很难反映农民的意愿，只是代表了政府对土地的实际需求，同时我国实行"先征后补"的土地赔偿方式，这种方式不仅损害了农民的所有权，而且这种先上车后补票的方式，不能很好地保护农民的利益，将农民的利益置于时刻变动的位置上。

b. 政策方面

①征地政策，我国的土地的征用权限，实行的是政府定价划拨为特征的土地征用制度。2004 年的一号文件中就明确界定了"政府土地征用权和征用范围"，在 2004～2009 年的一号文件中也都规范了土地征用范围、征地程序和征地补偿的办法，同时强调"加快土地征用制度的改革"。

但农地征用在运行过程中也出现了不少问题：一是建设用地政府征购的政策框架缺乏；二是缺乏规范的农村集体建设用地一级市场；三是法律责任权限不明确，处罚程序不完善，政府与村集体组织职能错位，代表农民意愿的村组织已不再真正代表村民需求。

②农地流转政策，农地流转政策的亮点可以归结为五点，在此只简单介绍三点流转政策。第一，2005 年的一号文件提出农地流转过程要在"农户自愿、有偿的前提下依法进行"，2006 年以及 2008～2010 年也都在文件中加以强调。第二，在一号文件中着重明确农用地是对承包经营权的流转，而农地所有权是不变的。第三，农用地流转过程要始终以农民作为流转的主体。

在针对以上三个方面政策的农地流转过程中，也出现了不同的流转问题。首先，流转的顺利进行必须是在土地产权明确的情况下，而政策所规定的只是承包经营权的流转，而农地所有权的不清晰限制了执行主体的权限，在农地流转过程中出现了权责不清、分配模糊混乱的问题；其次，农村土地虽然是集体所有土地，但并没有明确规定出土地所有权的主体是农民集体，使农民在处理自己的集体土地时没有清晰的权限，最终成为名义上的流转主体；最后，农民缺乏对农地流转的根本认识，所获取的信息更多的是来自政府，这就会在很大程度上出现违背农民意愿的现象。

第11章 环渤海沿海地区生态保护对策

本章是对全书核心内容的凝练与总结。基于前文中对生态系统变化、生态环境质量、人类开发活动、生态承载力、生态环境胁迫、资源开发与产业发展及典型案例等多个方面的系统分析，揭示了该地区生态保护工作中亟待解决的突出问题，如生态用地流失严重，人均生态承载力呈现下降趋势，经济增长过多依赖于土地资源开发等。并从保护生态用地、优化产业结构、强化土地整理、控制港口建设和岸线开发规模、降低污染物量排放、加强环境信息基础能力建设、加强生态环境定量评估体系研究等方面提出了对应的生态保护对策。

11.1 生态环境评估结论

11.1.1 整体趋势

1）生态系统类型：2000～2010 年，环渤海沿海地区生态系统类型变化主要以城市化过程和港口建设为核心驱动，重点表现为经济开发对农田生态系统和部分滩涂、湿地等生态用地类型的过度占用。进而导致农田面积显著减少、城镇面积明显增加。尽管天然湿地有所减少，但人工湿地面积得以大量扩展和补充。森林生态系统类型总体变化不大，基本保持稳定；而部分海域因围填海活动而转变成城镇生态系统类型。

2）生态环境质量：十年间，区域植被覆盖度除唐山和秦皇岛略有减少外，整体呈增加趋势；湿地总面积略有增加，但各区域之间存在着差异；境内三个流域中，辽河流域污染最严重，海河流域状况也不容乐观，水质污染严重，黄河流域的 4 个入境断面的水质呈现两极分化现象。渤海作为半封闭内海，水体交换能力差，陆源污染物是影响渤海水环境的主要因素。受节能减排和污染治理加大影响，环渤海沿海部分地市污染物浓度有所下降。

3）人类开发活动：十年间，区域综合开发强度不断增大，且增幅极为明显，2005 年综合开发强度比 2000 年接近翻一番，2010 年又翻了近一番。从区域土地开发强度来看，2000～2010 年土地开发强度逐年增强，土地开发动态度 2005～2010 年超过 2000～2005 年的 2.5 倍。土地城市化、经济城市化和人口城市化等指标也显示出该地区城市化强度不断增大，且后五年显著高于前五年，彰显了人类活动对区域变革的巨大影响。此外，该区围填海活动频繁，十年间填海面积达 917.37km²，且主要集中在后 5 年。其中，天津滨海新区、唐山和潍坊市的围填海强度（SRI）值超过整个区域的平均值，形成了以天津港和曹妃甸港及各自的临港工业区为填海造陆中心和副中心的格局。

4）生态承载力：区域各地市总的生态承载力差异较大，以沧州市、潍坊市、烟台市较高，滨海新区最低。十年来，区域总生态承载力基本保持稳定，略有增加。但人均生态承载力呈下降趋势。2000～2005 年地处南岸开发区东营下降幅度最大；2005～2010 年多数地区依然维持下降趋势，且整体下降速度加快，东营、滨海新区和盘锦下降速度最快。

5）生态环境胁迫：区域人口密度呈逐年上升趋势。大气污染物排放总量中，工业 SO_2 和工业烟尘均为先增后减的变化趋势，工业粉尘则在三个开发区中均为增加趋势。十年来，主要水污染物排放总量中，除废水增加外，COD 和氨氮排放总体均为减少趋势。从生态环境胁迫综合指数来看，环渤海沿海地区各开发区中，西岸开发区生态环境胁迫最为剧烈，其指数是其他两个产业带的 2 倍甚至更多。北岸开发区和南岸开发区生态环境胁迫程度相当。

6）资源开发与产业发展：从产业开发与生态用地流失、资源利用率、生态环境胁迫、生态承载力间的相互关系角度探讨了区域产业发展对生态环境的影响，发现环渤海沿海地区资源开发和产业发展之间的矛盾突出，需要制定一些针对生态环境保护的大计方略、政策，为国家中长期生态环境保护，构建可持续的发展战略提供对策与建议。

11.1.2 典型案例

1）天津滨海新区土地利用变化：滨海新区土地利用变化仍以建设用地占用农田以及围填海为特色。通过开展土地利用变化监测与情景模拟研究，结合 CA 模型并对未来滨海新区土地利用变化情况进行了初步预测，未来几年土地利用变化仍然剧烈，主要是填海造陆和建设用地的扩张，被高强度利用的区域进一步扩大，与主干道及中心城镇的分布存在密切联系，同时围填海活动也将进一步扩大陆地面积。

2）海岸线变化及其与经济发展关系：2005 年之前海岸线增长较慢，2005～2010 年海岸线急剧增长，到 2015 年增速下降，但增量仍然很大，海岸线长度达到 321.90km。海岸线增量与 GDP 增量中度相关，相关系数为 0.704，在 0.01 水平上显著相关。围填海增量与 GDP 增量之间的脱钩弹性系数可划分为三个阶段：波动下降期—平稳过渡期—平稳期，三个阶段的脱钩类型分别为扩张负脱钩—弱脱钩—强脱钩。表明滨海新区经济增长对围填海的依赖性逐渐减弱。通过分析天津滨海新区政策发展规划，2005 年国家将天津滨海新区划入国家发展战略后，天津滨海新区进行了全面的围填海规划，海岸线长度急剧增长，给当地经济带来了巨大效益。随着围填海工程的进行，经济产业结构发生转移，围填海所起到的作用逐渐降低，而由围填后的工业、商业等活动拉动当地经济的发展，围填海增量对 GDP 增量的影响逐渐减小。从可持续发展战略来看，天津滨海新区产业结构逐渐走向合理化、规范化，进一步规范海岸线增长将对当地经济发挥起一定的促进作用。

3）天津环城四区农地非农化演变特征：快速城市化背景下，天津环城四区农地变化受多重因子叠加影响。其中自然驱动因素相对较为稳定，发挥积累效应，短期内并非导致耕地资源变化的主因。而短期内的人文驱动力相对活跃，对耕地数量变化和土地利用变化产生较大影响。包括：城市人口的增加，主要表现在结构和总量两个方面，直接或间接地影响到土地利用结构的调整或转换；产业集聚，使经济活动向具有较强竞争力的地区靠拢，经济快速发展带来地域选择，加速了城市化的进程，从而加大城市对新建厂房的需求，导致城市不断向周边地区扩张，农用地转化为非农用地；固定资产投资，直接拉动了对于农用地的需求，使得农地非农化的扩张加大；土地比较收益，城市与农村的比较利益有明显的差距。此外，制度政策因素也是农地非农化的驱动因素之一。

11.2 生态保护问题

11.2.1 农田和生态用地流失严重

随着城市化的快速发展，建设用地需求量快速增加，绝大多数新增建设用地均以占用农耕地来获取。尽管国家规定建设占用多少农田，各地人民政府就应补充划入相当数量和质量的农田，但事实上，从整个区域来看，农用地的流失和建设用地的增加是呈负相关的。天然湿地和滩涂也因开发建设大幅缩小，尽管人工湿地建设得到高度重视和加强，但其质量并不理想。此外，虽然我国每年造林面积不少，新造森林增长较快，但由于现有森林被侵占等原因，每年净增加的森林面积并不多，近几年来，有关部门为加强森林保护管理也作出了规定，但执行情况不尽如人意，尚存在主管部门责任落实和监管督查不到位等突出问题。

11.2.2 经济发展过度依赖土地资源

区域经济开发对生态环境的压力增大，表现为生态环境质量下降，生态环境胁迫增强；但部分地区由于产业聚集和城市化发展，使资源利用效率提高，部分区域经济发展对资源的依赖性有所降低。开发强度均呈逐年递增态势，且后 5 年开发力度要远远大于前 5 年。此外，基于相关分析，发现经济增长与土地开发之间的关系越来越密切，折射出当地的经济增长过度依赖于土地资源的开发利用，且其利用效率亟待提高。

11.2.3 生态压力导致环境胁迫加大

城镇化过程不仅侵占了原有的生态和农业用地，更降低了区域自然生态承载力。十年来人均承载力降低幅度为 7.59%，经济发展对生态承载力的影响巨大。区域经济开发对生态环境的压力增大，表现为生态环境质量下降，生态环境胁迫增强；突出表现在水体污染、富营养化以及大气污染物排放上。尽管部分地区总体污染物浓度有所下降，但形势依旧严峻。

11.3　生态保护对策

11.3.1　加强生态用地保护，降低产业开发对生态用地的占用和损害

环渤海沿海地区土地利用导向更多强调人类空间利用和食物生产价值，而对土地资源支撑自然和维持人工生态系统的重要基础作用重视不足。土地利用的持续扩张不断挤占自然生态空间，造成自然生态系统持续萎缩和退化。从生态用地保护的角度，应尽量降低人类活动的干扰和破坏，实施低影响开发和可持续利用战略。在产业开发的同时，适时制定好生态用地保护政策与措施极为重要。同时，在建设过程中，应实时监测生态用地流失情况，为由于人类过度利用干扰已经破碎的自然生态系统斑块的增长与弥合创造条件，从而促进自然生态系统功能的逐步恢复和优化，从而保证人类社会生态安全，满足人类整体生存需要前提下生活质量的提高、可持续性的保障以及人与自然的和谐。

11.3.2　优化产业结构，加强污水治理与排放监控

按照功能区划原则，科学慎重安排工业布局，优化产业结构，做好生态环境保护与建设工作。加强"三废"排放控制和处理，加快城市污水处理设施建设，加大工业废水、废气的治理力度，实现达标排放，保护水资源环境和大气环境。建立污水排放问责制，提高企业污染治理水平；加大环境执法力度，严肃查处和惩治违法者，让之付出惨痛代价。

11.3.3　强化土地整理措施，提高开发效率和利用强度

挖掘土地利用潜力，转变土地利用方式。严格控制建设用地规模，提高土地利用效率。在有利于土地利用效益提高的原则下，扩大产业集聚区的产业规模，优先发展技术含量高、经济社会效益好、集约用地水平高的产业，促进产业集聚区产业升级并形成产业链，避免盲目扩张占用土地。落实优化产业结构的供地措施，推进高水平节约用地模式。依据开发区产业政策和产业发展方向，制定差别化和有针对性的地价政策，对符合产业发展要求的建设项目给予支持，并通过科学适当的价格杠杆手段，结合不同产业的工艺和经营特点，引导其在不同的园区适当集聚。此外，强化用地监督，实时采取用地监测，掌握用地现状。

11.3.4　加大内部开发建设协调力度，促进各子区域产业均衡发展

根据不同产业带发展特征、区位优势和面临的生态环境约束，按照"北岸提升、西岸集约、南岸转型"的总体思路，促进各产业带的重点产业协同均衡发展。避免分散布局，

重复建设和产业同构化发展趋势。其中，北岸开发区依托东北老工业基地振兴和辽宁沿海经济带开发战略，加快提升重点产业聚集效应；西岸开发区基于统筹发展思路，发挥滨海新区大型装备制造业、现代制造业、电子信息产业等辐射带动作用，提高综合竞争力；南岸开发区围绕黄河三角洲高效生态经济区和山东半岛蓝色经济区建设，发挥装备制造、石化、轻纺等产业优势，加快新型工业化进程，率先实现产业生态化转型。

11.3.5　基于生态约束原则,适当控制港口建设和岸线开发规模,规避生态敏感区

填海造陆是用以解决土地不足，发展经济的有效手段。但大面积填海造陆易给海岸带及周边海域带来地理地质条件的改变，破坏生态环境，甚至导致动植物的灭绝。因此，需要谨慎规划，合理利用每一寸海域。对填海项目的环境影响评价进行综合论证，无项目用海需求，不得实施填海工程，禁止在生态敏感性岸线和海域敏感区进行填海造地。填海工程需进行科学建设，减缓用海冲突，降低对生态环境的影响，要依法打击违规围填海行为。

11.3.6　加强环境信息基础能力建设

环境信息化是提高环境监管能力和科学决策水平的基础保障，是促进环保部门职能转变、构建服务型环保机关的有效途径，同时也是提升环保部门形象和行政效能的创新手段。因而需要充分认识到加快环境信息基础能力建设的重要意义。并采取有力措施，加大投入，加快推进环渤海沿海区的环境信息基础能力规范化建设，进而提升环境保护监督管理的信息化水平，构建先进的"数字环保"体系，为生态文明建设和环境保护创新发展提供坚实保障。

11.3.7　加强生态环境定量评估体系研究，增强评估力度，强化评估机制

大力提倡生态环境定量评估方法体系的研究和完善工作。环境保护部门可会同有关专家优化生态功能调查与评价指标体系及生态功能评估技术规程，加强沿海地区生态功能调查与评估工作，建立健全生态功能综合评估长效机制，定期评估区域主要生态功能及其动态变化情况。评估结果应纳入政府绩效考核体系，必要时可实行一票否决制，坚决遏制破坏生态环境的各类行为，确保区域生态环境长期安全和人类福祉的可持续实现。

参 考 文 献

半月谈网综合. 2010. 土地浪费凸显经济增长的地耗之忧. http://today.banyuetan.org/jrt/101104/15893.shtml.

蔡海生, 朱德海, 张学玲, 等. 2007. 鄱阳湖自然保护区生态承载力. 生态学报, 27 (11): 4751-4757.

蔡强国. 1998. 黄土高原小流域侵蚀产沙过程与模拟. 北京: 科学出版社.

蔡玉梅, 刘彦随, 宇振荣, 等. 2004. 土地利用变化空间模拟的进展——CLUE-S 模型及其应用. 地理科学进展, 23 (4): 63-72.

蔡运龙. 2001. 土地利用/土地覆被变化研究: 寻求新的综合路径. 地理研究, 20 (6): 645-652.

曹淑艳, 谢高地. 2007. 表达生态承载力的生态足迹模型演变. 应用生态学报, 18 (6): 1365-1372.

曹银贵, 程烨, 袁春, 等. 2007. 典型区耕地变化与 GDP 值变化的脱钩研究. 资源开发与市场, 07: 586-589.

钞锦龙. 2011. 环渤海沿海城市水热条件演变分析. 辽宁师范大学硕士研究生学位论文.

陈百明, 杜红亮. 2006. 试论耕地占用与 GDP 增长的脱钩研究. 资源科学, 05: 36-42.

陈百明. 1997. 试论中国土地利用和土地覆被变化及其人类驱动力研究. 自然资源, 2: 31-35.

陈浩, 曾娟. 2011. 武汉市经济发展与能源消耗的脱钩分析. 华中农业大学学报 (社会科学版), 06: 90-95.

陈吉宁. 2013. 环渤海沿海地区重点产业发展战略环境评价研究. 北京: 中国环境出版社: 95-97.

陈婧, 史培军. 2005. 土地利用功能分类探讨. 北京师范大学学报 (自然科学版), 41 (5): 536-540.

陈利顶, 傅伯杰, 王军. 2001. 黄土丘陵区典型小流域土地利用变化研究——以陕西延安地区大南沟流域为例. 地理科学, 21 (1): 46-51.

陈利顶, 刘洋, 吕一河, 等. 2008. 景观生态学中的格局分析: 现状、困境与未来. 生态学报, 28 (11): 5521-5531.

陈耀, 叶振宇, 郑鑫. 2010. 我国环渤海地区人口流动与社会经济的协调发展. 当代经济管理, 05: 53-57.

崔毅, 陈碧娟, 任胜民, 等. 1996. 渤海水域生物理化环境现状研究. 中国水产科学, 3 (2): 1-12.

崔正国. 2008. 环渤海 13 城市主要化学污染物排海总量控制方案研究. 中国海洋大学博士研究生学位论文.

邓红兵, 陈春娣, 刘昕, 等. 2009. 区域生态用地的概念及分类. 生态学报, 29 (3): 1519-1524.

邓小文, 孙贻超, 韩士杰. 2005. 城市生态用地分类及其规划的一般原则. 应用生态学报, 16 (10): 2003-2006.

董雅文, 周雯, 周岚, 等. 1999. 城市化地区生态防护研究——以江苏省南京市为例. 城市研究, 2: 6-10.

杜奋根, 赵翠萍. 2011. 从农村土地制度缺陷看农民权益. 中国社会科学, (4): 68-72.

范斐, 孙才志. 2010. 环渤海经济圈城市化水平区位差异及其变动研究. 城市发展研究, 12: 30-35.

方国洪, 王凯, 郭丰义, 等. 2002. 近 30 年渤海水文和气象状况的长期变化及其相互关系. 海洋与湖沼, 33 (5): 515-523.

方国洪, 杨景飞. 1985. 渤海潮运动的一个二维数值模型. 海洋与湖沼, 05: 337-346.

傅伯杰, 陈利顶, 邱扬, 等. 2002. 黄土丘陵沟壑区土地利用结构与生态过程. 北京: 商务印书馆.

傅伯杰, 陈利顶. 1996. 景观多样性的类型及其生态意义. 地理学报, 51 (5): 454-462.

傅伯杰, 赵文武, 陈利顶. 2006. 地理-生态过程研究的进展与展望. 地理学报, 61 (11): 1123-1131.

傅伯杰. 1995. 黄土区农业景观空间格局分析. 生态学报, 2: 113-120.

高宾, 李小玉, 李志刚, 等. 2011. 基于景观格局的锦州湾沿海经济开发区生态风险分析. 生态学报, 31 (12): 3441-3450.

高吉喜. 2001. 可持续发展理论探索——生态承载力理论、方法与应用. 北京: 中国环境科学出版社.

高鹭, 张宏业. 2007. 生态承载力的国内外研究进展. 中国人口·资源与环境, 17 (2): 19-26.

关雪凌, 周敏. 2015. 城镇化进程中经济增长与能源消费的脱钩分析. 经济问题探索, 04: 88-93.

郭程轩, 徐颂军, 巫细波. 2009. 基于地统计学的佛山市土地利用变化驱动力时空分异. 经济地理, 29 (9): 1524-1529.

郭丽英, 王道龙, 邱建军. 2009. 环渤海区域土地利用类型动态变化研究. 地域研究与开发, 28 (3): 92-95.

郭琳, 严金明. 2007. 中国建设占用耕地与经济增长的退耦研究. 中国人口·资源与环境, 05: 48-53.

郭玲霞, 黄朝禧. 2011. 基于主成分分析法的武汉市生态用地变化驱动研究. 天津农业科学, 17 (2): 37-41.

郭明, 肖笃宁, 李新. 2006. 黑河流域酒泉绿洲景观生态安全格局分析. 生态学报, 26 (2): 207-214.

郝丽, 孙娴, 张文静, 等. 2014. 陕西省能源消费碳排放及脱钩分析. 水土保持研究, 05: 298-305.

何春阳, 史培军, 陈晋, 等. 2005. 基于系统动力学模型和元胞自动机模型的土地利用情景模型研究. 中国科学 D 辑: 地球科学, 35 (5): 464-473.

胡聪, 于定勇, 赵博博. 2014. 天津滨海新区围填海工程对海洋资源影响评价. 海洋环境科学, 02: 214-219.

黄金川, 方创琳. 2003. 城市化与生态环境交互耦合机制与规律性分析. 地理研究, 22 (2): 211-220.

黄勇, 王凤友, 蔡体久, 等. 2015. 环渤海地区景观格局动态变化轨迹分析. 水土保持学报, 02: 314-319.

黄祖珂. 1991. 渤海的潮波系统及其变迁. 青岛海洋大学学报, 02: 1-12.

姬艳梅, 王小文, 梁宝翠, 等. 2011. 陕北地区土地利用与生态承载力动态变化分析. 中国人口·资源与环境, 21 (3): 271-274.

贾宝全, 王成, 仇宽彪. 2010. 武汉市生态用地发展潜力分析. 城市环境与城市生态, 23 (5): 10-13.

贾绍凤, 张豪禧. 1997. 我国耕地变化趋势与对策再探讨. 地理科学进展, 3: 25-26.

鞠美庭, 王艳霞, 孟伟庆, 等. 2009. 湿地生态系统的保护与评估. 北京: 化学工业出版社.

兰香. 2009. 围填海可持续开发利用的路径探讨——以环渤海地区为例. 中国海洋大学硕士研究生学位论文.

雷仲敏, 杨涵. 2014. 我国环渤海地区节能减排绩效的实证分析与评价. 城市, 03: 6-11.

黎夏, 叶嘉安. 2002. 基于神经网络的单元自动机 CA 及真实和优化的城市模拟. 地理学报, 57 (2): 159-166.

李飞, 宋玉祥, 刘文新, 等. 2010. 生态足迹与生态承载力动态变化研究-以辽宁省为例. 生态环境学报, 19 (3): 718-723.

李贵才. 2004. 基于 MODIS 数据和光能利用率模型的中国陆地净初级生产力估算研究. 北京: 中国科学院遥感应用研究所.

李红丽, 智颖飙, 张荷亮, 等. 2010. 新疆生态足迹与环境压力的时空分异. 生态学报, 30 (17): 4676-4684.

李建国, 韩春花, 康慧, 等. 2010. 滨海新区海岸线时空变化特征及成因分析. 地质调查与研究, 01: 63-70.

李金海. 2001. 区域生态承载力与可持续发展. 中国人口资源与环境, 11 (3): 76-78.

李娜, 马延吉. 2013. 辽宁省生态承载力空间分异及其影响因素分析. 干旱区资源与环境, 27 (3): 8-13.

李平, 李秀彬. 刘学军. 2001. 我国现阶段土地利用变化驱动力的宏观分析. 地理研究, 20 (2): 129-138.

李姝娟, 李洪远, 孟伟庆. 2011. 滨海新区生态用地特征与低碳目标下的优化策略. 中国发展, 11 (4): 82-87.

李效顺, 曲福田, 郭忠兴, 等. 2008. 城乡建设用地变化的脱钩研究. 中国人口·资源与环境, 05: 179-184.

李秀彬. 1996. 全球环境变化研究的核心领域——土地利用/土地覆被变化的国际研究动向. 地理学报, 51 (6): 553-558.

李秀彬. 1999. 中国近 20 年来耕地面积的变化及其政策启示. 自然资源学报, 14 (4): 329-333.

李秀彬. 2002. 土地利用变化的解释. 地理科学进展, 21 (3): 196-203.

李秀梅, 袁承志, 李月洋. 2013. 渤海湾海岸带遥感监测及时空变化. 国土资源遥感, 02: 156-163.

李秀珍, 布仁仓, 常禹, 等. 2004. 景观格局指标对不同景观格局的反应. 生态学报, 24 (1): 123-134.

李琰, 牟林, 王国松, 等. 2016. 环渤海沿岸海表温度资料的均一性检验与订正. 海洋学报, 03: 27-39.

李宗花, 叶正伟. 2007. 基于元胞自动机的洪泽湖洪水蔓延模型研究. 计算机应用. 27 (3): 718-720.

梁溪, 曹银贵, 周伟. 2010. 2003—2008 年兰州市土地利用变化及其驱动因素研究. 资源开发与市场, 26 (10): 876-879.

刘保晓, 黄耀欢, 付晶莹, 等. 2012. 天津港区土地利用时空格局变化与驱动力分析. 地球信息科学学报, 02: 270-278.

刘会军, 高吉喜. 2008. 北方农牧交错带变迁区的土地利用与景观格局变化. 农业工程学报, 24 (11): 76-82.

刘纪远, 邓祥征. 2009. LUCC 时空过程研究的方法进展. 科学通报, 54 (21): 3251-3258.

刘纪远, 张增祥, 庄大方, 等. 2003. 20 世纪 90 年代中国土地利用变化时空特征及其成因分析. 地理研究, 22 (1): 1-12.

刘建兴, 顾晓薇, 李广军, 等. 2005. 中国经济发展与生态足迹的关系研究. 资源科学, 27 (3): 33-39.

刘年康, 汪云桥, 皮天雷. 2012. 环境污染与经济增长的脱钩分析: 来自中国 1990—2010 年省际面板数据的检验. 开发研究, 05: 60-62.

刘瑞, 王文文, 刘笑, 等. 2013. 二氧化碳排放与经济增长脱钩关系研究. 环境科学与技术, 11: 199-204.

刘伟玲, 朱京海, 胡远满. 2007. 辽宁省及其沿海区域生态足迹的动态变化. 生态学杂志, 27 (6): 968-973.

刘昕, 谷雨, 邓红兵. 2010. 江西省生态用地保护重要性评价研究. 中国环境科学, 30 (5): 716-720.

刘新卫. 2007. 中国农业结构调整中的耕地保护. 国土资源情报, 11: 44-49.

刘艳军, 刘静, 何翠, 等. 2013. 中国区域开发强度与资源环境水平的耦合关系演化. 地理研究, 32 (3): 507-517.

刘耀斌, 李仁东, 宋学锋. 2005. 中国城市化与生态环境耦合度分析. 自然资源学报, 20 (1): 105-112.

刘宇辉, 彭希哲. 2004. 中国历年生态足迹计算与发展可持续性评估. 生态学报, 24 (10): 2257-2262.

刘宇辉. 2005. 中国 1961-2001 年人地协调度演变分析——基于生态足迹模型的研究. 经济地理, 25 (2): 219-223.

刘哲, 魏皓, 蒋松年. 2003. 渤海多年月平均温盐场的季节变化特征及形成机制的初步分析. 青岛海洋大学学报 (自然科学版), 01: 7-14.

柳海鹰, 高吉喜, 李政海. 2001. 土地覆盖及土地利用遥感研究进展. 国土资源遥感, 4: 7-12.

陆钟武, 王鹤鸣, 岳强. 2011. 脱钩指数: 资源消耗、废物排放与经济增长的定量表达. 资源科学, 01:
　　2-9.

吕真真, 刘广明, 杨劲松, 等. 2014. 环渤海沿海区域土壤养分空间变异及分布格局. 土壤学报, 05:
　　944-952.

马万栋, 吴传庆, 殷守敬, 等. 2015. 环渤海围填海遥感监测及对策建议. 环境与可持续发展, 03: 63-65.

马宗文, 许学工, 卢亚灵. 2011. 环渤海地区 NDVI 拟合方法比较及其影响因素. 生态学杂志, 07:
　　1558-1564.

毛汉英, 余丹林. 2001a. 区域承载力定量研究方法探讨. 地球科学进展, 16 (4): 549-555.

毛汉英, 余丹林. 2001b. 环渤海地区区域承载力研究. 地理学报, 56 (3): 363-371.

梅安新, 彭望琭, 秦其明, 等. 2001. 遥感导论. 2001 年 7 月第 1 版. 北京: 高等教育出版社.

孟林. 2012. 城市化背景下土地利用变化及其生态环境质量评价——以环渤海沿海城市为例. 辽宁师范
　　大学硕士研究生学位论文.

孟伟庆, 王秀明, 李洪远, 等. 2012. 天津滨海新区围海造地的生态环境影响分析. 海洋环境科学, 01:
　　83-87.

彭保发, 胡曰利, 吴远芬, 等. 2007. 基于灰色系统模型的城乡建设用地规模预测——以常德市鼎城区为
　　例. 经济地理, 27 (6): 999-1003.

彭飞, 韩增林. 2013. 环渤海沿海城市气候变化特征及其对城市发展的响应. 海洋开发与管理, 11:
　　30-34.

彭再德, 杨凯, 王云. 1996. 区域环境承载力研究方法初探. 中国环境科学, 16 (1): 6-9.

秦文翠, 罗维, 刘运明. 2015. 天津滨海新区海岸带土地利用时空格局变化. 西南师范大学学报 (自然科
　　学版), 05: 135-141.

邱炳文, 陈崇成. 2008. 基于多目标决策和 CA 模型的土地利用变化预测模型及其应用. 地理学报,
　　63 (2): 165-174

曲福田, 陈江龙, 陈雯. 2005. 农地非农化经济驱动机制的理论分析与实证研究. 自然资源学报, 3:
　　231-240.

曲明哲, 邢军伟. 2010. 环渤海视角下辽宁沿海经济带发展要处理好六种关系. 党政干部学刊, 03:
　　36-40.

沈渭寿, 张慧, 邹长新, 等. 2010. 区域生态承载力与生态安全研究. 北京: 中国环境科学出版社.

史培军, 陈晋, 潘耀忠. 2000. 深圳市土地利用变化机制分析. 地理学报, 55 (2): 151-160.

史志华. 2003. 基于 GIS 和 RS 的小流域景观格局变化及其土壤侵蚀响应. 华中农业大学博士研究生学位
　　论文.

宋戈, 郑浩. 2008. 黑龙江省地级市土地集约利用评价及驱动力——以佳木斯市为例. 经济地理,
　　28 (2): 297-300.

宋开山, 刘殿伟, 王宗明, 等. 2008. 1954 年以来三江平原土地利用变化及驱动力. 地理学报 63 (1):
　　93-104.

苏伟忠, 杨桂山, 甄峰. 2007. 长江三角洲生态用地破碎度及其城市化关联. 地理学报, 62 (12):
　　1309-1317.

隋昕, 齐晔. 2007. 黄河流域青海片生态承载力动态评价. 生态学杂志, 26 (3): 406-412.

孙才志, 杨羽頔, 邹玮. 2013. 海洋经济调整优化背景下的环渤海海洋产业布局研究. 中国软科学, 10:
　　83-95.

孙才志, 于广华, 王泽宇, 等. 2014. 环渤海地区海域承载力测度与时空分异分析. 地理科学, 05:

513-521.

孙丽，刘洪滨，杨义菊，等．2010．中外围填海管理的比较研究．中国海洋大学学报（社会科学版），05：
　　40-46.

孙晓蓉，邵超峰．2010．基于 DPSIR 模型的天津滨海新区环境风险变化趋势分析．环境科学研究，01：
　　68-73.

唐华俊，吴文斌，杨鹏，等，2009．土地利用/土地覆被变化（LUCC）模型研究进展．地理学报，64（4）：
　　456-468.

汪东川，龚建华，张利辉．2011．土地利用覆盖动态变化格局分析——以天水耤河流域为例．中南林业科
　　技大学学报（自然科学版），9：69-75.

汪东川，张利辉．2011．轨迹分析与元胞自动机在土地利用动态模拟中的应用．天津城市建设学院学报，
　　17（2）：135-139，152.

汪东川．2013．环渤海地区生态格局及其生态承载力时空分异评估．北京：中国科学院研究生院．

王国刚，刘彦随，方方．2013．环渤海地区土地利用效益综合测度及空间分异．地理科学进展，04：
　　649-656.

王鹤鸣，岳强，陆钟武．2011．中国1998—2008年资源消耗与经济增长的脱钩分析．资源科学，09：
　　1757-1767.

王慧．2013．1956—2011年环渤海地区气候的变化特征及其与 ENSO 的相关性分析．西北师范大学硕士
　　研究生学位论文．

王家骥，姚小红，李京荣，等．2000．黑河流域生态承载力估测．环境科学研究，13（2）：44-48.

王莉，陈浮，陈海燕，等．2012．低碳经济和土地集约利用的脱钩分析体系研究——以江苏省昆山经济开
　　发区为例．水土保持研究，04：218-222.

王利文．2009．中国北方农牧交错带生态用地变化对农业经济的影响分析．中国农村经济，4：80-85.

王仰麟，韩荡．2000．农业景观的生态规划与设计．应用生态学报，11（2）：265-269.

王中根，夏军．1999．区域生态环境承载力的量化方法研究．长江职工大学学报，16（4）：9-12.

邬建国．2007．景观生态学–格局、过程、尺度与等级（第二版）．北京：高等教育出版社．

吴次芳，陆张维，杨志荣，等．2009．中国城市化与建设用地增长动态关系的计量研究．中国土地科学，
　　2：18-23.

吴次芳，杨志荣．2008．经济发达地区农地非农化的驱动因素比较研究：理论与实证．浙江大学学报，
　　38（2）：29-37.

吴德星，李强，林霄沛，等．2005．1990～1999年渤海 SSTa 年际变化的特征．中国海洋大学学报（自然科
　　学版），02：173-176，182.

吴德星，万修金，鲍献文，等．2004．渤海1958年和2000年夏季温盐场及环流结构的比较科学通报，
　　49（3）：287-292.

吴莉，侯西勇，徐新良．2014．环渤海沿海区域耕地格局及影响因子分析．农业工程学报，09：1-10.

夏军，王中根，左其亭．2004．生态环境承载力的一种量化方法研究——以海河流域为例．自然资源学
　　报，19（6）：786-794.

鲜明睿，侍昊，徐雁南，等．2013．基于景观格局的常州市生态承载力动态分析．南京林业大学学报（自
　　然科学版），37（1）：25-30.

肖笃宁，李秀珍，高峻，等．2003．景观生态学．北京：科学出版社．

肖丽群，吴群．2012．基于脱钩指数的2020年江苏省耕地保有量目标分析．资源科学，03：442-448.

肖庆聪，魏源送，王亚炜，等．2012．天津滨海新区湿地退化驱动因素分析．环境科学学报，02：480-488.

谢高地，曹淑艳，鲁春霞，等．2011．中国生态资源承载力研究．北京：科学出版社．

谢高地，甄霖，鲁春霞，等．2008．一个基于专家知识的生态系统服务价值化方法．自然资源学报，23（5）：911-919.

谢高地，周海林，鲁春霞，等．2005．我国自然资源的承载力分析．中国人口·资源与环境，15（5）：93-98.

谢花林，李秀彬．2011．基于 GIS 的区域关键性生态用地空间结构识别方法探讨．资源科学，33（1）：112-119.

徐春迪，苟克宁，宋军林，等．2011．三原县土地利用变化及驱动力分析．山西农业科学，57（3）：227-230.

徐昔保．2007．基于 GIS 与元胞自动机的城市土地利用动态演化模拟与优化研究——以兰州市为例．兰州：兰州大学博士学位论文.

许联芳，杨勋林，王克林，等．2006．生态承载力研究进展．生态环境，15（5）：1111-1116.

许学工，林辉平，付在毅．2001．黄河三角洲湿地区域生态风险评价．北京大学学报（自然科学版），37（1）：111-120.

焉莉．2003．基于 3S 技术的西部石羊河流域土地利用/土地覆盖变化研究．地质与资源，12（3）：188-192.

杨朝现，陈荣蓉，谢德体．2005．重庆市不同经济区土地利用变化及其驱动力差异性分析．中国农学通报，21（2）：291-294.

杨劲，杨艳娟．2015．环渤海地区主要海滨城市旅游气候舒适度评价．现代农业科技，（02）：286-288.

杨克，陈百明，宋伟．2009．河北省耕地占用与 GDP 增长的脱钩分析．资源科学，11：1940-1946.

杨良杰，吴威，苏勤，等．2014．江苏省交通运输业能源消费碳排放及脱钩效应．长江流域资源与环境，10：1383-1390.

杨怡光．2009．武汉城市圈的生态承载力动态仿真研究．管理学报，6（S）：16-20.

叶懿安，朱继业，李升峰，等．2013．长三角城市工业碳排放及其经济增长关联性分析．长江流域资源与环境，03：257-262.

伊利，等．1982．土地经济学原理．北京：商务印书馆．

易平，方世明，马春艳．2014．地质公园旅游经济增长与生态环境压力脱钩评价——以嵩山世界地质公园为例．自然资源学报，08：1282-1296.

余庆年，王万茂．2002．中国耕地面临四大挑战．生态经济，（1）：67-68.

俞孔坚，乔青，李迪华，等．2009．基于景观安全格局分析的生态用地研究——以北京市东三乡为例．应用生态学报，20（8）：1932-1939.

元相虎，李华，陈彬．2005．基于生态足迹模型中国可持续发展动态分析．中国人口·资源与环境，15（3）：38-42.

岳东霞，马金辉，巩杰，等．2009．中国西北地区基于 GIS 的生态承载力定量评价与空间格局．兰州大学学报（自然科学版），45（6）：68-75.

岳健，张雪梅．2003．关于我国土地利用分类问题的讨论．干旱区地理，26（1）：78-88.

曾辉，高凌云，夏洁．2003．基于修正的转移概率方法进行城市景观动态研究——以南昌市区为例．生态学报，23（11）：2201-2209.

曾招兵，陈效民，李英升，等．2007．上海市青浦区生态用地建设评价指标体系研究．中国农学通报，23（11）：328-332.

翟文侠，黄贤金．2003．我国耕地保护政策运行效果分析．中国土地科学，17（2）：8-13.

张安定，李德一，王大鹏，等．2007．山东半岛北部海岸带土地利用变化与驱动力——以龙口市为例．经济地理，27（6）：1008-1010.

张安录．1999．城乡生态经济交错区农地城市流转机制与制度创新．中国农村经济，（7）：43-49.

张传国，方创琳．2002．干旱区绿洲系统生态-生产-生活承载力相互作用的驱动机制分析．自然资源报，17（2）：181-187.

张凤荣，王立新，牛振国，等．2002．伊金霍洛度土地利用变化与可持续利用．中国沙漠，22（2）：166-171.

张红旗，王立新，贾宝全．2004．西北干旱区生态用地概念及其功能分类研究．中国生态农业学报，12（2）：5-8.

张宏斌．2001．土地非农化机制研究．浙江大学博士研究生学位论文．

张可云，傅帅雄，张文彬．2011．基于改进生态足迹模型的中国31个省级区域生态承载力实证研究．地理科学，39（9）：1084-1089.

张林波，李伟涛，王维，等．2008．基于GIS的城市最小生态用地空间分析模型研究——以深圳市为例．自然资源学报，23（1）：69-78.

张林波．2009．城市生态承载力理论与方法研究．北京：中国环境科学出版社．

张明莉，杜超，马艳芳．2009．环渤海地区经济发展分析．开发研究，S1：50-52.

张木子．2014．环渤海地区城市群、产业群、港口群协调发展时空变化分析．辽宁师范大学硕士研究生学位论文．

张佩芳，许建初．2003．云南境内澜沧江流域土地利用时空变化特征及动因分析．地球科学进展，18（6）：947-953.

张秋菊，傅伯杰，陈利顶．2003．关于景观格局演变研究的几个问题．地理科学，23（3）：264-270.

张世文，唐南奇．2006．土地利用/覆被变化（LUCC）研究现状与展望．亚热带农业研究，2（3）：221-225.

张衍广，李茂玲．2009．基于EMD的中国生态足迹与生态承载力的动力学预测．干旱区资源与环境，23（1）：13-17.

张永民，赵士洞，Verburg P H．2003．CLUE-S模型及其在奈曼旗土地利用时空动态变化模拟中的应用．自然资源学报，18（3）：310-318.

张勇，汪应宏，张乐勤，等．2013．安徽省建设占用耕地与经济发展的脱钩分析．中国土地科学，05：71-77.

赵东霞，韩增林，王利，等．2015．环渤海地区产业地域分工的基本格局．经济地理，06：8-16.

赵建军，张洪岩，乔志和，等．2009．基于CA-Markov模型的向海湿地土地覆被变化动态模拟研究．自然资源学报，24（12）：2178-2186.

赵卫，沈渭寿，张慧，等．2011．后发地区生态承载力及其评价方法研究——以海峡西岸经济区为例．自然资源学报，26（10）：1789-1800.

赵文武．2004．黄土丘陵沟壑区土地利用变化与土壤侵蚀．中国科学院生态环境研究中心博士研究生学位论文．

赵先贵，肖玲，兰叶霞，等，2005．陕西省生态足迹和生态承载力动态研究．中国农业科学，38（4）：746-753.

赵兴国，潘玉君，赵庆由，等．2011．科学发展视角下区域经济增长与资源环境压力的脱钩分析——以云南省为例．经济地理，07：1196-1201.

郑凤燕．2009．基于GIS的CA-MARKOV模型的土地利用变化研究——以招远市为例．泰安：山东农业大学.

郑宇, 刘彦随. 2007. 工业化城市化进程中土地利用类型转换驱动力研究——以无锡市为例. 经济地理, 27 (5): 805-808.

郑元文. 2014. 快速城市化地区人地系统时空耦合演化研究——以环渤海城市群为例. 济南: 山东师范大学.

钟太洋, 黄贤金, 韩立, 等. 2010. 资源环境领域脱钩分析研究进展. 自然资源学报, 08: 1400-1412.

周诗赟, 陈聚法, 马绍赛, 等. 1997. 渤海增殖水文环境及年代变异特点. 海洋水产研究, 02: 86-100.

Akumu E, Pathirana S, Baban S, et al. 2011. Examining the potential impacts of sea level rise on coastal wetlands in north-eastern NSW, Australia. Journal of Coastal Conservation, 15: 15-22.

Alig R J, Kline J D, 2004. Lichtenstein M. Urbanization on the US landscape: Looking ahead in the 21st century. Landscape & Urban Planning, 69 (s 2 – 3): 219-234.

Behera M D, Chitale V S, Shaw A, et al. 2011. Wetland Monitoring, Serving as an Index of Land Use Change-A Study in Samaspur Wetlands, Uttar Pradesh, India. Journal of the Indian Society of Remote Sensing, 40 (2): 287-297.

Beça P, Rui S. 2014. A comparison between GDP and ISEW in decoupling analysis. Ecological Indicators, 46: 167-176.

Carvera S, Comberb A, McMorranc R, et al. 2012. A GIS model for mapping spatial patterns and distribution of wild land in Scotland. Landscape and Urban Planning, 104 (4): 395-409.

Chai T Y, Yue H. 2005. Multivariable Intelligent Decoupling Control System and its Application. Zidonghua Xuebao/acta Automatica Sinica, 31 (1): 123-131.

Chen L H, Gao G M. 2015. Coupling coordination relationship of economic growth and environmental quality in Hebei Province. Ecological Economy, 3: 216-222.

Crews-Meyer K A. 2004. Agricultural landscape change and stability in northeast Thailand: Historical patch-level analysis. Agriculture, Ecosystems and Environment, 101 (2-3): 155-169.

Domon G, Bouchard A. 2007. The landscape history of Godmanchester (Quebec, Canada), two centuries of shifting relationships between anthropic and biophysical factors. Landscape Ecology, 22 (8): 1201-1214.

Forman R, Godron M. 1986. 景观生态学. 肖笃宁, 等译. 北京: 科学出版社.

Haines-Young R. 2000. 景观格局: 背景与过程. 国际景观生态学会中国分会译. 长沙: 湖南科学技术出版社.

Haines-Young R. 2005. Landscape pattern: Context and process. In: Wiens J A, Moss M R., Issues and Perspectives in Landscape Ecology, Cambridge: Cambridge University Press: 103-111.

Han M, Sun Y, Xu S. 2007. Characteristics and driving factors of marsh changes in Zhalong wetland of China. Environmental Monitoring and Assessment, 127: 363-381.

Hanley N, Moffatt I, Faichney R, et al. 1999. Measuring sustainability: A time series of alternative indicators for Scotland. Ecological Economics, 28: 55-73.

He C, Tian J, Shi P, et al. 2011. Simulation of the spatial stress due to urban expansion on the wetlands in Beijing, China using a GIS-based assessment model. Landscape and Urban Planning, 101 (3): 269-277.

Kennedy R E, Cohen W B, Schroeder T A. 2007. Trajectory-based change detection for automated characterization of forest disturbance dynamics. Remote Sensing of Environment, 110: 370-386.

Lambin E F, Baulies X, Bockstael N E, et al. 2002. Land-use and land-cover change: Implementation Strategy. shock, 30 (3).

Lambin E F, Rounsevell M D A, Geist H J. 2000. Are agricultural land-use models able to predict changes in land-use intensity? Agriculture, Ecosystems & Environment, 82 (1): 321-331.

Lambin E F, Turner B L, Geist H J, et al. 2001. The causes of land-use and land-cover change: Moving beyond the myths. Global Environmental Change, 11: 261-269.

Li Y, Yi L, Yan Z, et al. 2012. Investigation of a coupling model of coordination between urbanization and the environment. Journal of Environmental Management, 98 (1): 127-133.

Lu I J, Lin S J, Lewis C. 2007. Decomposition and decoupling effects of carbon dioxide emission from highway transportation in Taiwan, Germany, Japan and South Korea. Energy Policy, 35 (6): 3226-3235.

László O. 2009. Multi-scale trajectory analysis: Powerful conceptual tool for understanding ecological change. Frontiers of Biology in China, 4 (2): 158-179.

Margaret B M. 2006. Urban landscape conservation and the role of ecological greenways at local and metropolitan scales. Landscape and Urban Planning, 76: 23-44.

Matthews R B, Gilbert N G, Roach A, et al. 2007. Agent-based land-use models: A review of applications. Landscape Ecology, 22 (10): 1447-1459.

Mertens B, Lambin E F. 2000. Land-cover-change trajectories in southern Cameroon. Annals of the Association of American Geographers, 90: 467-494.

Monfreda C, Wackernagel M, Deumling D. 2004. Establishing national natural capital accounts based on detailed ecological footprint and biological capacity assessments. Land Use Policy, 21 (3): 231-246.

Monteiro T, Fava F, Hiltbrunner E, et al. 2011. Assessment of land cover changes and spatial drivers behind loss of permanent meadows in the lowlands of Italian Alps. Landscape and Urban Planning, 100 (3): 287-294.

Moran E F. 2003. News on the land project. Global Change News Letter, 54 (6): 19-21.

Munroe D K, Southworth J, Tucker C M. 2002. The dynamics of land-cover change in western Honduras: Exploring spatial and temporal complexity. Agricultural Economics, 27: 355-369.

OECD. 2001. Decoupling: A Conceptual Overview. Oecd Papers, 5 (11): 37-37.

Papastergiadou E S, Retalis A, Apostolakis A, et al. 2008. Environmental Monitoring of Spatio-temporal Changes Using Remote Sensing and GIS in a Mediterranean Wetland of Northern Greece. Water Resources Management, 22: 579-594.

Rees W E. 1990. The ecology of sustainable development. Ecologist, 20: 18-23.

Rees W E. 1992. Ecological footprint and appropriated carrying capacity: What urban economics leaves out. Environ Urbanization, 4: 121-130.

Rees W E. 2000. Eco-footprint analysis: Merits and brickbats. Ecological Economics, 32 (3): 371-374.

Rees W, Wackernagel M. 1996. Urban ecological footprints: Why cities cannot be sustainable and why they are a key to sustainability. Environmental Impact Assessment Review, 16 (4-6): 223-248.

Ruiz J, Domon G. 2009. Analysis of landscape pattern change trajectories within areas of intensive agricultural use: Case study in a watershed of southern Quebec, Canada. Landscape Ecology, 24: 419-432.

Southworth J, Nagendra H, Tucker C. 2002. Fragmentation of a landscape: incorporating landscape metrics into satellite analyses of land-cover change. Landscape Research, 27: 253-269.

Tang Z. 2015. An integrated approach to evaluating the coupling coordination between tourism and the environment. Tour. Manag, 46：11-19.

Tapio P. 2005. Towards a theory of decoupling：Degrees of decoupling in the EU and the case of road traffic in Finland between 1970 and 2001. Transport Policy, 12（2）：137-151.

Turner M G. 1989. Landscape Ecology：The Effect of Pattern on Process. Annual Review of Ecology and Systematics, 20：171-197.

Wachernagel M, Monfreda C, Schulz N B, et al. 2004a. Calculating national and global ecological footpr int time series：Resolving conceptual challenges. Land Use Policy, 21：271- 278.

Wackernagel M, Galli A. 2007. An overview on ecological footprint and sustainable development：A chat with math is Wackernagel. International Journal of Ecodynamics, 2（1）：1-9.

Wackernagel M, Monfreda C, Erb K H, et al. 2004b. Ecological footprint time series of Austria, the Philippines, and South Korea for 1961- 1999：Comparing the conventional approach to an "actual land area" approach. Land Use Policy, 21：261-269.

Wackernagel M, Onisto L, Bello P, et al. 1997. Ecological Footprints Nations. Commissioned by the Earth Council for the Rio+ 5 Focum. International Council for Local Environmental Imtiatives, Toronto, 4-12.

Wackernagel M, Onisto L, Bello P, et al. 1999. National natural capital accounting with the ecological footprint concept. Ecological Economics, 29：375-390.

Wang D C, Gong J H, Chen L D, et al. 2012. Spatio- temporal pattern analysis of land use/cover change trajectories in Xihe watershed. International Journal of Applied Earth Observation and Geoinformation, 14（1）：12-21.

Wang Y X. 2014. Empirical Study of the Coupling Coordination Relationship of urbanization and ecological environment in Nanchang and Jiujiang urban belts. J Interdiscip Math, 17：511-526.

Wei J, Zhou J, Tian J, et al. 2006. Decoupling soil erosion and human activities on the Chinese Loess Plateau in the 20th century. Catena, 68（1）：10-15.

Wei S, Liu M. 2015. Assessment of decoupling between rural settlement area and rural population in China. Hypertension, 65（5）：331-341.

Xu C, Sheng S, Zhou W, et al. 2011. Characterizing wetland change at landscape scale in Jiangsu Province, China. Environmental Monitoring and Assessment, 179：279-292.

Yu F M, Du Z C, Zhou D H. 2011. Dynamic analysis of coupling relationship between economic development and ecological environment based on entropy method—A case study of Xi' an city. Meteorological & Environmental Research, 9：62-66, 76.

Zhai L, Chai T. 2006. Nonlinear Decoupling PID Control Using Neural Networks and Multiple Models. Journal of Control Theory & Applications, 4（1）：62-69.

Zhang Y, Wang G, Wang Y. 2011. Changes in alpine wetland ecosystems of the Qinghai- Tibetan plateau from 1967 to 2004. Environmental Monitoring and Assessment, 180：189-199.

Zhou Q, Li B, Kurban A. 2008a. Trajectory analysis of land cover change in arid environment of China . International Journal of Remote Sensing, 29（4）：1093-1107.

Zhou Q, Li B, Kurban A. 2008b. Spatial pattern analysis of land cover change trajectories in Tarim Basin, northwest China. International Journal of Remote Sensing, 29（19）：5495-5509.

Zhou Z L, Cao Q Q. 2014. Coupling coordination degree model of oil-economy-environment system in the western region. International Conference on Management Science & Engineering. IEEE, 827-832.

Zhu H, Li W, Yu J, et al. 2013. An analysis of decoupling relationships of water uses and economic development in the two provinces of Yunnan and Gnizhon during the first ten years of implementing the great western development strategy. Procedia Environmental Sciences, 18: 864-870.

索　引